Ernst Peter Fischer
Vom Staunen in der Welt

Ernst Peter Fischer

Vom Staunen in der Welt

Was Wissenschaft möglich macht – und was nicht

HIRZEL

Bibliografische Information der Deutschen Nationalbibliothek
Die Deutsche Nationalbibliothek verzeichnet diese Publikation in der Deutschen
Nationalbibliografie; detaillierte bibliografische Daten sind im Internet unter
https://portal.dnb.de abrufbar.

1. Auflage 2021
ISBN 978-3-7776-2874-5 (Print)
ISBN 978-3-7776-2875-2 (E-Book, epub)

© 2021 S. Hirzel Verlag GmbH
Birkenwaldstraße 44, 70191 Stuttgart
Printed in Poland
Lektorat: Maximilien Vogel, Heidelberg
Einbandgestaltung: semper smile, München
Satz: Satzpunkt Ursula Ewert GmbH, Bayreuth
Druck und Bindung: Drukarnia Dimograf, Bielsko-Biała

www.hirzel.de

Inhalt

Ein Prolog
Rettendes Wissen

Wissen ist beliebt und wird in den Quizsendungen des Fernsehens eifrig beklatscht. In meinen Kindertagen hieß eine dieser Shows »Was man weiß, was man wissen sollte«. Bei ihr konnten die Kandidaten erst nach der Beantwortung von vielen keinesfalls banalen Fragen mit etwas Glück einen Kleinwagen gewinnen, während es heute in zugleich flotten und eher simplen Raterunden in rascher Folge um zunehmend viel Geld geht. In den entsprechenden TV-Produktionen sucht Deutschland seinen Quizchampion oder einmal die Woche einen neuen Millionär, und das alles passiert mit der Nebenwirkung, dass die im Fernsehen auftretenden Quizmaster von den zusehenden Bundesbürgern als die klügsten Leute im Lande eingestuft und für höhere Aufgaben empfohlen werden. Dabei beziehen einige von ihnen ihr Wissen vornehmlich von den Kärtchen, die ihnen vor Sendebeginn von Redakteuren in die Hand gedrückt wurden und die sie nach der Show vermutlich liegen lassen, während sie ihr Glas Wein trinken und mit den Kandidaten plaudern. Wie das Wissen auf die Kärtchen kommt, woher es stammt und was daran wichtig sein sollte, bleibt dem Publikum – und wohl auch der Redaktion – verborgen.

Unabhängig davon gilt: Sobald der mediale Spaß mit den Quizfragen vorbei ist und der Ernst des Lebens erneut seinen Tribut fordert, bekommt das Wissen eher einen schweren Stand. In der Schule werden Streber häufig verachtet, und nicht nur die Jugendlichen, sondern auch viele Erwachsene meinen, dass sie selbst nichts mehr zu wissen brauchen, da sie über smarte handliche Apparate verfügen, auf deren Displays sie dank Google und anderen Anbietern neben vielen unerwünschten auch alle gewünschten Informationen mit den Fingerspitzen herbeizaubern und auf diese Weise sichtbar machen können. Ich sehe es, also weiß ich es, und ich kann sogar nachsehen, dass das deutsche »wissen« aufs Engste mit dem lateinischen »videre« (sehen) verwandt ist. Wie in anderen indogermanischen Sprachen ist das Verb »wissen« tatsächlich auf eine Vergangenheitsform des Verbs »sehen« zurückzuführen. Anders gesagt: »Ich weiß, weil ich gesehen habe.« Vielleicht werden sich einige Leser jetzt daran erinnern, dass sie auch einmal das Umgekehrte gehört oder gelesen haben, nämlich bei Goethe, der meinte: »Man sieht nur, was man weiß.« Bei unserem Anschauen der Welt richtet sich unsere Aufmerksamkeit vor allem auf die Dinge, die wir schon kennen. Von ihnen ausgehend versuchen wir unser bereits vorhandenes Wissen zu erweitern, um uns ein Gesamtbild machen zu können.

Mit dem Wissen beginnt das Denken, das man leider nicht seinem Smartphone anvertrauen kann, das aber trotzdem dem Wissen erneut einen eher niedrigen Rang im menschlichen Gespräch einräumt. Jeder scheint nämlich den Spruch zu kennen und zu schätzen, dass Fantasie wichtiger als Wissen ist, da Letzteres begrenzt zu sein scheint, was die Wissenden selbst jetzt im Wortsinn beschränkt dastehen und aussehen lässt. Film- und Romantitel warnen zudem vor den Gefahren des Wissens. Dem »Mann, der zu viel wusste« wurde es ebenso wie seinen Mitmenschen schier zum Verhängnis, dass er sich im Besitz von Informationen befand, die nicht für ihn bestimmt waren. In Debatten um die mögliche Einsicht von genetischen Daten freuen sich mutlose staatliche Ethikkommissionen nicht etwa über die verfügbaren Kenntnisse. Sie verlangen vielmehr für die privat Betroffenen vehement ein »Recht auf Nicht-Wissen«, auch wenn diese Forderung sowohl die Natur der Menschen leugnet als auch den Gedanken an eine Verbraucheraufklärung für mündige Bürger ad absurdum führt. Und selbst das berühmte Diktum »Wissen ist Macht« aus dem 17. Jahrhundert, auf das noch ausführlich einzugehen ist, wird entweder sprachlich durch den Kakao gezogen – »Nichts wissen macht auch nichts« –, oder es erscheint vielen Menschen als anrüchig, weil sie bei »Macht« bevorzugt an ihren Missbrauch denken, der von der herrschenden Klasse mit ihrem Verfügungswissen betrieben werden kann. Die Öffentlichkeit fragt an dieser Stelle gern, wer die Verantwortung für das Wissen übernimmt. Man vermutet es bei irgendwelchen Eliten, die sich in ihrem Elfenbeinturm verschanzen und denen man deshalb misstraut. Es ist ja auch so einfach, mit dem Finger auf die Wissensverwalter zu zeigen und die Kunst zu praktizieren, von nichts etwas gewusst zu haben und es auch nicht gewesen zu sein. Aber mit Scheuklappen kommt man nicht weiter. Es wäre viel gewonnen, wenn die Menschen stattdessen versuchen würden, mehr über die Welt zu erfahren, und mit dem Erwerb dieses Wissens sollten sie am besten bei sich selbst beginnen.

Übrigens: Der Satz »Fantasie ist wichtiger als Wissen, denn Wissen ist begrenzt« wird gern Albert Einstein zugeschrieben. Er findet sich in einem Artikel über Einstein, der am 26. Oktober 1929 in der amerikanischen Zeitung »The Saturday Evening Post« erschienen ist. Darin will der Physiker seine Arbeit als ein Kunstwerk, als ein Werk seiner Fantasie verstanden wissen: »Ich bin Künstler genug, um frei aus meiner Fantasie zu schöpfen. Fantasie ist wichtiger als Wissen. Wissen ist begrenzt. Fantasie hingegen umspannt die ganze Welt«, lautet das vollständige Zitat. Dieser Weisheit des westlichen Physikers kann man die daoistische Weisheit des chinesischen Wortkünstlers Zhuangzi entgegenhalten, der mehr als 2000 Jahre vor Einstein festgestellt hat: »Wissen ist grenzenlos«, wobei er hinzufügte, dass die eigene Existenz nicht ausreiche, um es zu erwerben, denn »unser Leben ist begrenzt«. Diese Einschränkung verdient besondere Beachtung, denn »mit Begrenztem Grenzenloses zu verfolgen, ist gefährlich und erschöpfend«, was einen aber nicht daran hindert, nach Wissen zu streben. Allerdings: »Wer sich darin erschöpft, Wissen zu sammeln, der schwebt in Gefahr, sich völlig zu erschöpfen«, wie der Rat östlicher Weisheit lautet, den westliche Kulturen dahin gehend befolgen, dass sie von Anfang an zur Tat schreiten und handeln. »Es gibt nichts Gutes, außer man tut es.« Man muss nur wissen, was richtig ist.

Wissen und Welt

Wer viel weiß, hat wenig Muße und vor allem Schwierigkeiten, sich zu entscheiden. Wissen wirkt in vielerlei Hinsicht nicht nur merkwürdig unheimlich, es erscheint auch zwiespältig und oftmals unsympathisch, und so wird vielfach versucht, seine Bedeutung herunterzuspielen, etwa wenn unentwegt zitiert wird, was ein großer Philosoph der Antike versichert hat: »Ich weiß, dass ich nicht weiß.« Der berühmte Satz des Sokrates aus vorchristlicher Zeit ist im 20. Jahrhundert durch den Blick nach vorne ergänzt und konkretisiert worden: »Ich weiß, dass ich nicht weiß, was ich in Zukunft weiß« – ein bestechender, zweifellos richtiger Gedanke, der sich bei Sir Karl Popper findet. Der aus Wien stammende Philosoph hat in seinen Schriften – etwa in seinem wissenschaftstheoretischen Hauptwerk »Logik der Forschung« – zudem Wert auf die Feststellung gelegt, dass alles Wissen der Menschen nur hypothetisch sein kann und bei geeigneter Nachprüfung jederzeit die Möglichkeit besteht, es als unzutreffend auszuweisen und zu falsifizieren. Wissen wird in philosophischen Texten deshalb gern und oft als fehlbar oder belanglos dargestellt, was einige der tiefgründigeren Denker dazu verführt hat, selbst nicht viel Zeit auf seinen Erwerb zu verschwenden und es mit einer irgendwie zustande gekommenen und vielleicht sogar gerechtfertigten Überzeugung gleichzusetzen, die Menschen in bestimmten Gesellschaften – auf keinen Fall in allen – und zu bestimmten Zeiten – auf keinen Fall zu allen – gerade vertreten und entsprechend austauschen oder ändern können. Wie soll solch ein metaphysisches Wissen die Welt retten?

Um hierauf antworten zu können, muss auch über das zweite Substantiv in der Frage gesprochen werden. Es gilt, genauer zu bestimmen, was mit dem großen Wort »Welt« erfasst wird. In dem hier aufgespannten Rahmen wird es weniger um kosmische Weiten und mehr um menschliche Nähe gehen. Mit »Welt« ist vornehmlich die lebendige Sphäre gemeint, die von den Erdenbürgern besiedelt ist. Sie haben als Mitglieder der biologischen Spezies Homo sapiens eine Konzeption wie »Welt« geformt und gebildet, und das dazugehörige Denken drücken sie in wechselnden Weltbildern aus. Zu ihnen trägt maßgeblich das Wissen bei, das Menschen seit Beginn der Neuzeit systematisch und methodisch im Rahmen wissenschaftlicher Experimente erwerben. Wenn man in aller Kürze sagen soll, was Wissenschaft zustande bringt, kann man sagen, dass ihre empirisch geleiteten Ergebnisse den Menschen Möglichkeiten zum Handeln liefern, was unter anderem zur Hervorbringung von immer neuen Techniken geführt hat. Mit Hilfe des aus dem Griechischen entlehnten Wortes »Sphäre«, das eine Kugel und ursprünglich vor allem die schützende Himmelskugel meinte, lässt sich sagen, dass im Laufe der Geschichte aus der natürlichen Biosphäre heraus eine Technosphäre geschaffen worden ist, also eine komplexe Organisation aus Maschinen und industrieller Infrastruktur, mit der die eigentliche Welt bezeichnet ist, in der sich Menschen aufhalten. Ihr im Laufe der Geschichte erworbenes Wissen hat sie ermöglicht und geliefert, und ihr Wissen kann und muss sie für die Zukunft erhalten.

Das vorliegende Buch widmet sich dem Menschen und seiner Forschung. Größte Aufmerksamkeit kommt dabei gleich zu Beginn einer (merkwürdig unbeliebten) Wissenschaftsdisziplin zu, die täglich mit ihrem Wissen die Welt rettet, da sie mit ihren Anwendungen eine Art biblischen Auftrag erfüllt, indem sie die Nackten kleidet, die Hungrigen mit Nahrung versorgt und den Kranken Heilmittel anbietet, wie Dieter Neubauer in seinem Buch »Demokrit lässt grüßen« eher vergnüglich und freundlich, aber auf jeden Fall überzeugend geschrieben und ausgeführt hat. Bei besagter Disziplin handelt es sich um die Chemie, von der die Menschen in ihrem Herzen wissen, dass sie stimmen muss, wenn das Leben harmonisch verlaufen soll.

Neben der Universalvorgabe eines rettenden Wissens lassen sich spezielle Beispiele aus der Geschichte anführen, in denen konkretes Wissen geholfen hat, das menschliche Leben und damit die Welt zu retten. Dazu zählt unter anderem die im Lauf des 19. Jahrhunderts entwickelte Bakteriologie, deren Einsichten es Ärzten und anderen Bioforschern erlaubt haben, erst Krankheitserreger zu identifizieren und dann in jahrzehntelanger Arbeit Antibiotika wie das Chloramphenicol zu entwickeln, mit denen etwa die Tuberkulose kausal behandelt und todkranke Patienten geheilt werden konnten.

Wie dringend die Expertise von Fachgelehrten gebraucht wird, zeigen auch die Verheerungen durch das Coronavirus, die die Staatengemeinschaft spätestens seit dem Frühjahr 2020 in Atem halten. Nach Tausenden von Toten weltweit musste die Weltgesundheitsorganisation (WHO) den Ausbruch und die Ausbreitung des Virus Anfang 2020 als Pandemie einstufen, und so rigoros die Behörden unter Zustimmung weiter Teile der Bevölkerung handeln und Ausgangssperren anordnen, um Corona einzudämmen – alle Hoffnungen auf ein Ende der Pandemie ruhen auf den Arbeiten und dem Wissen von Virologen und den Erfahrungen von Medizinern, die mit all ihren Kräften und Methoden versuchen, möglichst rasch einen zuverlässigen Impfstoff gegen den Erreger zu entwickeln. Dabei konnte jeder Zeitungsleser schon früh erfahren, dass die dramatische Ausbreitung des Krankheitserregers dadurch begünstigt (und vielleicht überhaupt erst ermöglicht) wurde, dass die Behörden die ersten Meldungen von aufmerksamen Ärzten am Ort des Ausbruchs unterdrückt und jede Kommunikation ihres medizinischen Wissens unter Strafe gestellt haben. Wissen mag nicht sofort die Welt retten, aber die Unterdrückung von Wissen bringt Menschen auf jeden Fall in Gefahr, und zwar in großer Zahl und in aller Welt.

Wie mühsam das Ringen um belastbare Erkenntnisse sein kann, zeigt wohl kaum ein Phänomen besser als die Pandemie. Wer weiß was? Wenn man diese Frage nicht nur mit der Betonung auf dem zweiten der drei Wörter stellt, sondern sie so ausspricht, dass alle drei wie einzelne Hammerschläge gleicher Stärke klingen, dann passt sie bestens zum allgegenwärtigen Corona-Thema. Die Medien und das Handy informieren zwar unentwegt mit überbordenden Details und interaktiven Karten über die Ausbreitung des Virus, aber die verfügbare Fülle an Daten hilft den meisten Bürgern nicht bei der weitergehenden Frage, wessen Wissen – genauer: wessen Verlautbarungen – für sie von Bedeutung ist und wem sie vertrauen können. In den Medien melden sich die Fachleute für Hygiene und Virologie mit unterschiedlichen Positionen aus verschiedenen Instituten zu Wort. Zwischen ihnen herrscht nicht immer Einigkeit, aber alle geben ihr besonderes Wissen an die politisch Verantwortlichen weiter, die auf der Grundlage dieser Auskünfte schwerwiegende Entscheidungen über Einschränkungen des öffentlichen Lebens zu treffen haben, gegen die Skeptiker dann wiederum protestieren. Und während die medizinischen Experten Regierung und Parlament informieren und beraten, werden die Mandatsträger zugleich mit Ratschlägen von Ökonomen überhäuft, die sich um die wirtschaftliche Stabilität ihrer Länder sorgen und über Konjunkturaussichten nachdenken, und die Sozialwissenschaftler, die sich im Hintergrund über den gesellschaftlichen Zusammenhang äußern und die Folgen von Homeoffice und Hausunterricht analysieren, sind in der Aufzählung noch gar nicht vorgekommen. Sie alle wissen etwas, sie alle möchten davon erzählen, und sie alle tauchen in den unterschiedlichen Medienformaten auf, deren Aufgabe darin besteht, das Publikum, die Öffentlichkeit, zu unterrichten. Wissen und Wissensvermittlung in Corona-Zeiten stellen schillernde Spektren dar, die sich auf der biochemischen oder molekularen Ebene ebenso entfalten wie in der Gesundheitspolitik, der Ökonomie und der sozialen Agenda, und zwar weltweit.

Als Gustav Heinemann 1969 zum dritten Bundespräsidenten gewählt wurde, wunderte er sich bei seinem Amtsantritt, dass man zwar sehr viel wisse über das Wechselspiel von Atomen und Zellen, aber kaum etwas über das Verhalten von Menschen im Einzelnen und in der globalen Gemeinschaft, wobei der Bundespräsident offenließ, ob er mit Wissen die Fähigkeit meinte, eine Situation nur verstehen oder auch beherrschen und vorhersagen zu können. Es versteht sich von selbst, dass die Menschen gerne wüssten, was sie in Zukunft erwartet – vor allem in Hinblick auf die Ausweitung der Coronapandemie und den nach wie vor stattfindenden Klimawandel, dem die Medien derzeit weniger Aufmerksamkeit schenken –, aber auch wenn Sozialphilosophen von der Entzauberung der Welt durch ihre Berechenbarkeit palavern, bleibt das Bonmot gültig, dass Prognosen vor allem dann schwierig sind, wenn sie sich auf die Zukunft beziehen. Die physikalischen und biomedizinischen Naturwissenschaften können trotz zunehmender Datenfülle die Entwicklung der Welt ebenso wenig vorhersagen wie die des Wetters, und das war schon so, als der Bundespräsident sich über das fehlende Wissen im Sozialbereich wunderte. Dummerweise treten Soziologen nicht so bescheiden auf. Sie verkünden in immer neuen Begriffen, in welcher Gesellschaft Menschen leben – in einer Risikogesellschaft, einer Palliativgesellschaft, einer Dienstleistungsgesellschaft, einer Informationsgesellschaft oder einer Mediengesellschaft, und ihre wortreich vorgetragenen Erklärungen haben letztlich dazu geführt, dass der Mann und die Frau auf der Straße meinen, irgendjemand wüsste Bescheid und könnte ihnen Auskunft geben, und zwar so wie ihr iPhone, nämlich sofort und auf Knopfdruck. Mit anderen Worten: Die Menschen sind durch die schiere Menge des medial ausgeplauderten und im Handy verfügbaren Wissens ungeduldiger und anspruchsvoller geworden, und sie meinen, wenn man in kürzester Zeit die Struktur des Coronavirus und seine genetischen Informationen ermitteln kann, dann müsste sich das winzige Biest doch auch leicht mit einem Impfstoff ausschalten lassen. Aber die Verhältnisse, sie sind nicht so, und auch wenn populistische Präsidenten und diktatorische Regierungen von den Forschern verlangen, Wunder zu vollbringen und sofort ein Mittel gegen die Pandemie zu präsentieren, wird der Weg zum Ziel dadurch nicht kürzer. Denn anders als das Volk kann man die Natur nicht betrügen und nur geduldig und gelassen abwarten, bis sie sich dazu bequemt, die Fragen der Mediziner zu beantworten, die wissen wollen, wie sie helfen können und was im Detail passiert, wenn sie neu entwickelte Substanzen in die Körper von Patienten einbringen.

Was die organische oder medizinische Seite des Coronavirus angeht, so wurde über einen Erreger noch nie zuvor in so kurzer Zeit so viel Wissen zusammengetragen, was allerdings niemanden zu der Annahme verleiten sollte, dass damit alle Fragen von medizinischem Interesse und persönlichem Nutzen beantwortet wären. Man weiß zum Beispiel noch nicht, wie viele Menschen immun gegen das Virus geworden sind und wie lange dieser Schutzzustand vorhält. Was ist mit der viel diskutierten Herdenimmunität, über die selbst die Experten streiten? Unmittelbar interessanter und spannender bleibt die Frage, wie ansteckend Kinder sind. Mögliche Antworten werden durch zwei Umstände verzögert: Zum einen sind Studien mit Kindern aus nachvollziehbaren Gründen problematisch, zum anderen bleibt eine Infektion wohl bei vielen Kindern unbemerkt. Sie zeigen keinerlei Symptome und spielen munter weiter. Wissen möchte man zudem, warum manche Menschen – ältere oder vorbelastete – schwer an Covid-19 erkranken und andere eine Infektion einfach abschütteln. Es bleibt auch unklar, wie viele Viren ein Mensch in seinem Körper aufnehmen muss, bevor sich Symptome zeigen. Die lang ersehnten Impfstoffe konnten in beeindruckendem Tempo entwickelt und zugelassen werden. Damit ist ein wichtiger Etappensieg im Kampf gegen das Virus errungen, aber natürlich verschwindet die Pandemie nicht über Nacht. Die Beschaffung und Verteilung der Vakzine stellt die Gesellschaft und die Staatengemeinschaft vor neue Probleme. Wer wird zuerst geimpft? Wer muss sich in Geduld üben, bis er an die Reihe kommt? Es wird dauern, bis aureichend Impfdosen für alle Menschen weltweit zur Verfügung stehen, und solange nicht jedem ein Impfangebot gemacht werden konnte, wird man auch über die ethisch schwierige Frage der Priorisierung nachdenken und debattieren müssen. Eine noch größere Herausforderung für Wissenschaft und Politik sind allerdings die Mutationen. Zwar kennt man das Phänomen von der Grippe – auch Viren stehen unter Selektionsdruck und passen sich neuen Gegebenheiten an –, aber niemand vermag mit Sicherheit zu sagen, welche Auswirkungen die genetischen Veränderungen beim Coronavirus haben werden. Halbwegs gesichert ist nur, dass einige Mutanten zwar nicht unbedingt gefährlicher, dafür aber deutlich ansteckender sind als die ursprüngliche Variante des Erregers. Entsprechend schnell breiten sie sich aus, und mit jeder neuen Mutation stellt sich die bange Frage, ob die Impfstoffe weiterhin wirksam bleiben. Es zeigt sich, wie wenig man das Verhalten eines Virus vorhersagen kann – und der Bundespräsident träumte 1969 davon, über das Leben menschlicher Gesellschaften besser Bescheid zu wissen. Und noch etwas zur Nachtseite des Lebens: Zwar hört man immer wieder, dass sich durch coronabedingte Einschränkungen beim Reisen und in der Industrie die Umwelt erholen kann, aber wer beim Spaziergang in den Straßen die Augen nicht verschließt, kann nur wütend werden angesichts der Unmengen an Schutzmasken, die dort einfach entsorgt werden – ähnlich den Kippen, die die Raucher achtlos wegschnippen, ohne dass sie ob der Verschmutzung und Vergiftung des Bodens von Gewissensbissen geplagt würden. Inzwischen hat durch Corona der Verbrauch an Plastikmaterial zur Einmalnutzung – Strohhalme und Becher zum Beispiel – derart zugenommen, dass schon von einer »Plastikpandemie« die Rede ist, von der die Konsumenten aber nur wenig wissen wollen. Hier zeigt sich die fatale Folge eines einseitigen soziologischen Diskurses, der den Menschen eingeredet hat, die Wissenschaft selbst sei verantwortlich für alle Innovationen, die auf ihren Erkenntnissen beruhen. Man sollte allmählich gelernt haben und endlich wissen, dass die Folgen der Wissenschaft die menschliche Geschichte und damit das alltägliche Leben sind, und dafür sind alle zusammen und jeder Einzelne verantwortlich. Es ist albern, mit dem Finger auf andere zu zeigen. Wer dies tut, wird feststellen, dass dabei drei Finger auf ihn selbst zurückweisen. Auch darauf hat Gustav Heinemann 1969 aufmerksam gemacht, als er das demokratische Gemeinwesen stärken wollte, dessen Präsident er geworden war. Es lohnt sich ungemein, dies zu wissen und zu beherzigen.

In der Wissenschaft macht man sich große Sorgen über etwas, das kaum zu den Politikern vordringt und damit auch nicht in die Nachrichten gelangt. Gemeint ist die Tatsache, dass das Coronavirus den drei tödlichsten Infektionskrankheiten – Aids, Malaria und Tuberkulose –, die derzeit zusammen mehr als zwei Millionen Menschen pro Jahr das Leben kosten, genug Raum lässt, um die durch sie bedingte Todesrate zu verdoppeln. An dieser Stelle müsste die derzeit mit Corona beschäftigte Politik global handeln – etwa durch die WHO –, sie müsste die Menschen über diesen gefährlichen Anstieg informieren und entsprechend Finanzmittel abrufen und bereitstellen. Die Wissenschaft weiß, was los ist, aber die Politik handelt nicht. Die Ökologen wissen zudem längst, dass der allzu leichtfertig hingenommene Verlust an Biodiversität eine Zunahme von Organismen bewirkt, die mit wachsender Wahrscheinlichkeit Pathogene mit sich führen. Diese können auf Menschen überspringen und Pandemien auslösen, gegen die sich das Coronavirus nachgerade harmlos ausnimmt.

Es ist eben so, und es gilt zu wissen: Menschen sind nicht die einzigen Bewohner der Erde. Wir teilen den Blauen Planeten mit anderen Lebewesen. Wir sind Leben, das umgeben ist von Leben, das auch leben will, wie Albert Schweitzer einmal geschrieben hat. Menschen sind keine Insel im Überlebenskampf, mit dem die Natur ihre Schäfchen auswählt. Und vielleicht sollten Historiker nicht die Geschichte der Menschen mit den Seuchen erzählen, sondern umgekehrt davon berichten, wie sich die Seuchen mit den Menschen entwickelt und entfaltet haben. Wenn die vermeintlichen Herren der Schöpfung weitere Wünsche von der Wissenschaft erfüllt bekommen wollen, dann muss man zurückhaltender und bescheidener werden, was ein nachhaltiges ökonomisches Wachstum und die Globalisierung angeht. Die Wirtschaftsleistung geht weltweit zurück, und die Versorgungssicherheit gerät in Gefahr, um zwei Risikopunkte hervorzuheben, ohne dabei die Gesundheit explizit zu erwähnen. Es ist erstaunlich, dass die Welt das alles weiß oder wissen könnte und trotzdem noch unvorstellbare Summen in das Militär und die Aufrüstung steckt, neben denen die finanziellen Hilfen für die Nöte der Erde und der Menschen lächerlich gering wirken.

Auch gesellschaftliche Entwicklungen gilt es zu berücksichtigen. Seit das Coronavirus sich ausbreitet und die globale Gesellschaft herausfordert, haben viele Menschen ihr Glück in dem gesucht, was früher schlicht Heimarbeit hieß und heute als Homeoffice beworben wird. Das hat es alles schon gegeben, aber nicht so massenhaft wie in diesen Corona-Tagen, und sofort macht die Sozialwissenschaft ein neues Forschungsfeld auf, um Wissen über den Einfluss des Daheimbleibens und Bildschirmarbeitens ohne persönlichen Kontakt zu erwerben. Zwar hat der Management-Guru Peter Drucker bereits 1993 vorhergesagt, dass es vor allem darauf ankommt, Informationen dorthin zu bringen, wo sich die Leute aufhalten, wenn sie arbeiten, und das kann auch in den eigenen vier Wänden sein. Aber wie immer, wenn eine Prognose umgesetzt wird und einen richtigen Kern zu zeigen scheint, wachsen auch die Sorgen, ob dies nun zu begrüßen ist oder nicht. Offenbar – so zeigen erste Studien – sinkt die Produktivität nicht, aber abgesehen von der trotz aller Gleichberechtigung wieder zunehmenden Belastung der Frauen als berufstätige Mütter – »Alle Frauen sind alleinerziehend, vor allem die verheirateten«, wie es die Kabarettistin Lisa Eckart ausgedrückt hat –, scheint etwas in Bewegung zu geraten, was man »soziales Kapital« nennt. Der Begriff umschreibt so etwas wie die Macht, die man durch die Zugehörigkeit zu einer Gruppe bekommt, die man im Büro aufbauen konnte und jetzt aus den Augen zu verlieren droht. Studien zufolge breitet sich das Coronavirus dort am stärksten aus, wo das soziale Kapital groß ist, weil dies vermehrt zu Gruppentreffen geführt hat, in denen es natürlich zu körperlichen Kontakten kam. Jetzt ist Abstandhalten angesagt, und man darf fragen, wie dabei das Vertrauen hergestellt oder erhalten wird, das in den Bürotagen mit den persönlichen Treffen einhergegangen ist. Wissen wird man dies, wenn alles vorbei ist. Aber wer weiß, wann das der Fall sein wird?

Die Lage bleibt unübersichtlich. Aber Anlass zur Hoffnung gibt uns ein Blick in die Vergangenheit, die viele Beispiele für die rettende Wirkung des Wissens bereithält. Die bereits erwähnten Errungenschaften der Bakteriologie gehören ebenso dazu wie die Einsicht in die Evolution des Lebens, die nach ihrer Verbreitung im 19. Jahrhundert gezielt in der Landwirtschaft bei der Entwicklung von Pflanzensorten mit höheren Erträgen eingesetzt werden konnte. Mit diesen Kenntnissen und den daraus abgeleiteten Fähigkeiten konnten die dramatischen Hungersnöte verhindert werden, die für das industrialisierte England bereits am Ende des 18. Jahrhunderts vorhergesagt worden waren, als man erstmals dank wissenschaftlicher Methoden registrierte, dass die Bevölkerung in den Städten viel schneller zu wachsen schien als die Lebensmittelproduktion auf dem Land, was ohne intelligente, von Menschen vorgenommene Eingriffe in die Landwirtschaft zu tödlichen Verteilungskämpfen geführt hätte.

Während im 19. Jahrhundert »die Welt retten« – wie erwähnt – vor allen Dingen bedeutete, den Menschen zu helfen, hat eine Entwicklung des 20. Jahrhunderts diesen Blick ungemein erweitert und ein Szenario des Schreckens von enormer Größe ermöglicht. Gemeint ist die Freisetzung der Atomenergie, die erst im heißen und dann im kalten Krieg zur Anfertigung von Nuklearwaffen führte, was manche Menschen vom bevorstehenden »Doomsday« sprechen ließ, also vom Tag des Jüngsten Gerichts, mit dem das Ende allen Lebens auf Erden einhergeht. 1962 tauchte in der westlichen Welt der Agent James Bond auf, der – im Film von Sean Connery gespielt – einen Schurken namens Dr. No jagte und besiegte. Der Finsterling betrieb einen Kernreaktor, mit dessen Energie er den Kurs amerikanischer Raketen beeinflusste, um auf diesem Weg die Weltherrschaft an sich zu reißen.

Während der britische Geheimagent James Bond die Welt nur auf der Kinoleinwand rettete, gelang dies im wirklichen Leben zur gleichen Zeit dem russischen Marineoffizier Wassili Archipov. Als die Kuba-Krise sich zuspitzte, ignorierte er 1962 einen Befehl seiner Vorgesetzten und verhinderte dadurch mutig den Abschuss eines mit nuklearen Sprengköpfen bestückten Torpedos, dessen Einsatz höchstwahrscheinlich einen Dritten Weltkrieg ausgelöst hätte. Dessen Folgen hat sich Albert Einstein einmal ausgemalt, als er nach dem Abwurf der Atombombe im Zweiten Weltkrieg sarkastisch meinte, im übernächsten Krieg kämpften die Menschen wieder mit Pfeil und Bogen.

Ein solches Ende der Zivilisation drohte den historischen Quellen zufolge erneut im Jahre 1983, als der sowjetische Oberst Stanislaw Petrow einen von den Computern in einem Luftüberwachungszentrum bei Moskau gemeldeten US-Raketenangriff als Fehlalarm deutete, was ein mögliches nukleares Inferno verhinderte und Petrow zu dem Mann machte, »der die Welt rettete«, wie Zeitungen damals titelten. Interessanterweise drehte Sean Connery als James Bond mit genau dieser Mission im selben Jahr 1983 seinen letzten Film als Geheimagent 007. Der Streifen heißt »Sag niemals nie« und handelt von dem Versuch einer Verbrecherorganisation, nukleare Sprengköpfe in ihre Gewalt zu bekommen, was Bond zum Glück erneut abzuwenden vermochte.

Die dunkle Seite des Mondes

Es scheint unausweichlich zu sein: Wenn von der Rettung der Welt die Rede ist, denken die Menschen zunächst eher an die Bekämpfung des organisierten Verbrechens als an den systematischen Erwerb von Wissen, und darüber hinaus fällt ihnen neben der bedrohlich strahlenden Atomenergie noch der Ausstoß von Kohlendioxid in die Atmosphäre ein. Auf beide Gefahrenquellen wird in diesem Buch noch genauer einzugehen sein, es sollen aber hier schon zwei Vorbemerkungen zum dazugehörigen Wissen gemacht werden. Zum einen kann sich – bei gleichbleibenden Kenntnissen – die Einstellung zu den Kernkraftwerken ändern, wie ein Blick in die jüngste Geschichte der Bundesrepublik zeigt, der heute gerne unterlassen wird. Noch in den 1960er-Jahren, als James Bond die Welt retten musste, sahen viele Politiker »in der Atomenergie ein zivilisatorisches Heilmittel, das besonders Entwicklungsländern dabei helfen könne, mit der wachsenden Weltbevölkerung und mit Hungersnöten umzugehen«, wie Friedensforscher damals schrieben, ohne sich später daran zu erinnern. Und auch wenn heute jemand im satten Europa meint, beim Lesen solcher Ansichten lächeln zu können, sollte er nicht vergessen, dass unseren Planeten heute ein Klimawandel bedroht, vor dem Wissenschaftler schon seit dem 19. Jahrhundert gewarnt haben – es dauert eben, bis das Wissen von Einzelnen sich im allgemeinen Bewusstsein niederschlägt und Aktionen nach sich zieht – und zu dessen Bewältigung Kernreaktoren durchaus einen wichtigen Beitrag leisten könnten, da sie den Energiehunger der Menschheit CO_2-arm bedienen, auch wenn das zur Zeit ein Tabu zu sein scheint.

Unabhängig von dieser umstrittenen Möglichkeit bringen die Freisetzung der Atomenergie und die Gefährdung oder gar Zerstörung der Umwelt eine allzu oft übersehene Nachtseite der Naturwissenschaft zum Vorschein, die in den gelehrten Abhandlungen der Moralphilosophen und Ethiker vornehm unter den Teppich gekehrt wird, wo sie aber unvermindert wirksam bleibt. Die Naturforscher erwerben ihr Wissen nämlich nicht nur dank logischer Exerzitien und mittels ihrer Vernunft durch rationale Schlüsse aus umfangreichen Versuchsprotokollen, auch wenn sich Wissenschaftstheoretiker das so wünschten. Praktizierende Forscher unterliegen vielmehr bei ihrem Suchen nach Wissen auch Einflüssen aus unbekannten Tiefen und unbewussten Sphären, und sie können sich der davon ausgehenden Faszination in vielen Fällen kaum entziehen. »Jeder Mensch ist ein Mond, und er hat eine dunkle Seite, die er niemandem zeigt«, und die dennoch ans Licht drängt, wie Mark Twain 1897 die An- und Einsicht aphoristisch ausgedrückt hat, dass das Böse untrennbar zum Menschen gehört und sich das Dämonische immer und überall einmischen kann. Wer mit seinem Wissen die Welt retten will, sollte auch das wissen.

Wissenschaftler sprechen nur selten über diese tatsächlich vorhandene und wirksame irrationale Schattenseite ihres kollektiven Tuns, und wahrscheinlich würden sie diesen Aspekt ihrer Arbeit am liebsten völlig übergehen, aber mit ihm wird es nötig, dem von Galileo Galilei verkündeten »einzigen Ziel« der Wissenschaft, das darin besteht, »die Bedingungen der menschlichen Existenz zu erleichtern«, ein umfassenderes an die Seite zu stellen. Es geht künftig im Angesicht und bei Kenntnis der Nachtseite der Wissenschaft wohl weniger darum, die Bedingungen der menschlichen Existenz zu erleichtern, als vielmehr darum, sie zu erhalten und die mühsam im historischen Prozess erreichte und von den meisten Bewohnern der Erde geschätzte Form des menschlichen Daseins zu bewahren. Die Frage lautet, was Menschen dazu wissen müssen und wie sie die dazugehörigen Kenntnisse erlangen können.

Am Anfang
»Das einzige Ziel der Wissenschaft«

»Der wissenschaftliche Mensch ist heute eine ganz unvermeidliche Sache; man kann nicht nicht wissen wollen«, heißt es in dem ab 1930 erscheinenden Roman »Der Mann ohne Eigenschaften« von Robert Musil, dem der Wissensdurst des Menschen als das Beste erschien, was der Erde und ihren zahlreichen Bewohnern passieren konnte. Zum Glück ist »das Bedürfnis der Menschen nach Wissen [...] so elementar wie das Bedürfnis nach Nahrung«, wie der Soziologe Nobert Elias einmal überzeugend gemeint hat, und in der Neuzeit gelangte die in uns angelegte Neugier zu ihrer vollen Entfaltung, sodass die Neuzeit in den Worten des Philosophen Hans Blumenberg zu Recht als »Zeitalter der Wissenschaft« bezeichnet werden kann. An dieser Stelle sei dem unmissverständlich hinzugefügt, dass es dabei vor allem um das naturwissenschaftlich erworbene Wissen und seine daraus sich entwickelnden technischen Anwendungen geht, auch wenn beide immer noch nicht die öffentliche Anerkennung finden, die sie in unserer Gesellschaft erwarten dürfen. Wir schwärmen zwar vom Wert der Bildung, aber die sich daraus ergebenden Aufgaben nehmen wir nicht ernst. Zur Bildung gehören sicher Kunstgenuss und Kennerschaft großer Werke der Literatur, zur Bildung gehört aber auch ein Wissen der Art, dass »die Industrialisierung die einzige Hoffnung der armen Leute« ist, die mit Ergebnissen der Naturforschung möglich wird, wie Charles P. Snow bereits 1959 geschrieben hat. Der als Physiker und Romancier tätige Snow beklagte damals die Diskrepanz zwischen der literarischen und der naturwissenschaftlichen Intelligenz, und bis heute gilt, dass sich »die zwei Kulturen«, wie er sie nannte, nicht nähergekommen sind. Noch 1999 konnte in Deutschland ein Buch zum Bestseller werden, das die Naturwissenschaften ausdrücklich davon ausnahm, etwas zur Bildung des Menschengeschlechts beizutragen, und das Feuilleton klatschte voller Begeisterung in die Hände, fühlte man sich doch von der Last befreit, etwas wissen zu müssen.

Das eingangs zitierte Werk von Musil mit weit mehr als tausend Seiten Umfang ist ursprünglich in drei Bänden erschienen, und mit diesem europäischen Epochenroman reagierte der Dichter auf die im 19. Jahrhundert zu beobachtende »Verwandlung der Welt«, die der Historiker Jürgen Osterhammel in seiner gleichnamigen Monografie beschrieben hat. Sie ist unter anderem einer »Autorität der Wissenschaft« zu verdanken, die, so Osterhammel, »zu einer Weltmacht und zu einer kulturellen Instanz von außerordentlichem Prestige geworden« war. Als Folge dieser Entwicklung lebten in Europa und den USA immer mehr Forscher nicht mehr *für* die Wissenschaft, sondern *von* ihr. Sie war damals längst zum Beruf geworden und bestimmt heute mehr denn je die Geschicke der Welt, auch wenn professionelle Historiker davor gern die Augen verschließen. Seit dem 19. Jahrhundert zeigt sich unübersehbar, dass ein Verständnis der Welt und ihrer Wirklichkeit, die die Menschen als ihre Gegenwart erleben, nur demjenigen gelingen kann, der sich auf die Entwicklung der Wissenschaften und der von ihren Disziplinen gelieferten Möglichkeiten einlässt. Zwar hört und sieht man in den Nachrichtensendungen vor allem viele Politiker und andere Figuren des öffentlichen Lebens agieren und auftreten, die der Wissenschaft möglichst fernstehen und zum Beispiel von der DNA eines Ministeriums faseln, ohne eine genaue Vorstellung davon zu haben, was DNA überhaupt ist. Aber im täglichen Leben benötigen die Menschen ununterbrochen Arzneimittel, Automobile, Telefone, Kühlschränke, Fernsehgeräte mit Fernbedienung, Laptops und viele andere Produkte, die sie den Fähigkeiten von mathematisch versierten Forschern und praktisch orientierten Ingenieuren und niemandem sonst verdanken. Den genannten Geräten gemeinsam ist die wunderbare und erstrebenswerte Eigenschaft, dabei helfen zu können, »die Bedingungen der menschlichen Existenz zu erleichtern«, wie Bertolt Brecht den Helden seines Theaterstücks »Leben des Galilei« ausrufen lässt, der mit diesen bereits zitierten Worten das verkündet, was er sogar »das einzige Ziel der Wissenschaft« nennt. Wohlgemerkt: Es ist »das einzige Ziel«, und beim Erreichen dieses Ziels geht es nicht um Wahrheit, die man getrost den Theologen oder Philosophen überlassen kann. Es geht vielmehr darum, mit dem erworbenen Wissen etwas anfangen und dank der gesammelten Kenntnisse ausreichend und angemessen agieren zu können, um die Mühsal des Lebens zu mildern und das Da- oder Hiersein im Diesseits so angenehm wie möglich zu gestalten. Wissen muss nicht wahr sein. Es muss funktionieren und helfen, wenn es eingesetzt wird.

Sich an diese humane Grundhaltung der Forschung zu erinnern, scheint schon allein deshalb geboten, weil die von Galileo Galilei formulierte Idee aus dem 17. Jahrhundert im 19. Jahrhundert eine große Blütezeit erleben konnte und weltbestimmend wurde. Tatsächlich erhebt die moderne Form der Wissenschaft ihr Haupt in der Epoche, in der Europa unter dem Dreißigjährigen Krieg und seinen Grausamkeiten zu leiden hat, was Historiker immer noch mehr interessiert als die Entstehung der modernen Naturerforschung. Sie setzte spätestens um das Jahr 1610 in Europa ein und ist viel wichtiger und lebenswirksamer geworden als das religiös bedingte Gemetzel, das vor allem Verwüstungen und immer wieder aufflammende Konflikte hinterlassen hat. Bedeutsam ist für das Verständnis der menschlichen Existenz vor allem die Tatsache, dass im frühen 17. Jahrhundert ein Gedanke aufkam und ausgesprochen wurde, den wir heute gerne mit der griffigen Formel »Wissen ist Macht« wiedergeben. Das Besondere, das in diesem kurzen Satz steckt und das zu dem damaligen Zeitpunkt etwas Neues verhieß, ist die Aufkündigung der kirchlich verordneten Demutshaltung, der zufolge Menschen die Mühen des irdischen Jammertals klaglos zu erdulden haben, um nach ihrem diesseitigen Dahindämmern in himmlischen Höhen ein Halleluja anstimmen zu können. »Ora et labora«, lautet die berühmte Weisung aus der Tradition der Benediktiner, die diese doch eher ungemütliche Lebensaussicht sprachlich elegant zusammenfasst.

Eine derart erbarmungslose Vorschrift wirkte allerdings nur, solange die Menschen sich nur an den Glauben klammern konnten und keine Hilfe bekamen, die es ihnen erlaubt hätte, sich aus ihrem geistigen Gefängnis zu befreien und etwas über die Welt vor ihren Augen zu wissen. Dies änderte sich im frühen 17. Jahrhundert, als man erkannte, dass die Zukunft besser als die Vergangenheit werden kann, wenn man sich mit dem nötigen Wissen ausrüstet und tatkräftig darum bemüht. Und als diese Konzeption eines Fortschritts in die Welt kam, also die Vorstellung, dass man die Natur besser beherrschen müsse, um den Menschen angenehmere Lebensbedingungen zu verschaffen und sie aus ihrem weltlichen Elend zu erlösen, da stellte diese Idee das dar, was Manager heute eine Innovation nennen würden. Die unmittelbar vorausgegangene Renaissance war noch sehr auf die Vergangenheit bezogen. Ihr Ideal war die Rückbesinnung auf die Welt der Antike. Sie wurde von der Geburt der modernen Wissenschaft überwunden und durch den neuen Blick nach vorne in eine aus eigener Kraft zu gestaltende Zukunft ersetzt. Es sollte von da an nicht mehr lange dauern, bis die tradierte Überzeugung, dass die Geschichte die Menschen macht, ins Gegenteil verkehrt wird. Immer stärker setzt sich nun die innovative Vorstellung durch, dass die Menschen die Geschichte machen, und zwar durch das Wissen, das sie von nun an systematisch erwerben wollen.

Wissen ist Macht

Wissen gibt den Menschen die Macht, ihr Leben – ihre Zukunft und ihre Geschichte – selbst zu gestalten, ohne auf Hilfe aus der Höhe zu hoffen. Als Urheber dieser pragmatischen Überzeugung führen die Historiker den Briten Francis Bacon an, der in seinen im frühen 17. Jahrhundert verfassten Schriften die dialektische Überzeugung formulierte, dass man die Natur beherrschen könne, wenn man sich ihren – damals größtenteils noch zu entdeckenden und zu formulierenden – Gesetzen unterwirft. Bacon verstand in seinen Schriften den Begriff der »Macht« nicht als eine Fähigkeit, die eigenen Vorhaben auch gegen den Willen von anderen durchzusetzen. Bacon meinte vielmehr das, was im Lateinischen »potentia« heißt und auf die Möglichkeiten hinweist, die Menschen bekommen, wenn sie das entsprechende Wissen erworben haben. »Wissen ist Handlungsvermögen«, sollte man den Grundgedanken Bacons besser zusammenfassen, um dabei anzudeuten, was Wissenschaft den Menschen bringt und liefert, nämlich Möglichkeiten, die Welt zu beeinflussen und – sofern erforderlich – zu retten. So wie Eltern mit ihren Kindern Möglichkeiten in die Welt setzen, so setzen die Wissenschaftler mit ihren Ergebnissen Möglichkeiten frei, mit deren Hilfe die Welt entwickelt und hoffentlich besser werden kann – wobei der platte Menschenverstand, der Common Sense, immer schon weiß, dass Probleme auftauchen, wenn man zu viel des Guten will. Allzu viel ist bekanntlich ungesund, und viele Köche verderben den Brei. Entsprechend kann man sich fragen, ob inzwischen vielleicht nicht nur zu viele Menschen auf der Erde leben, sondern auch zu viele Forscher jeden kleinsten Winkel der Natur auskundschaften und dabei mehr besetzen als befreien.

Ein Ausdruck wie »Macht« ist natürlich deutlich eleganter als das sperrige Wort »Handlungsvermögen«, aber er ist zugleich auch weniger scharf umrissen, und es bedarf einer näheren Beschäftigung mit dem Begriff, um die Rolle des Wissens klar zu erkennen. Im Alltag siedelt man Macht eher im Bereich der Politik an, wo man sie auch unmittelbar zu spüren bekommt. Wesentlich für eine demokratisch verfasste Gesellschaft ist seit der Französischen Revolution bekanntlich eine Dreiteilung der Macht, ihre Aufgliederung in eine ausführende, eine gesetzgebende und eine rechtsprechende Gewalt. Mit dieser Vorgabe versteht man das Bemühen mancher Philosophen und Historiker, etwa die Medien oder die Wirtschaft – vor allem durch die von ihr beauftragten und bezahlten Lobbyisten – als vierte oder gar fünfte Macht im Staate auszumachen. Es ist nicht zu bestreiten, dass Medien und Manager Macht ausüben. Trotzdem wird hier die Ansicht vertreten, dass es vor allem das Wissen ist, das zu einer vierten (gewaltfreien) Ordnungsmacht herangewachsen ist, die man in klanglicher Anlehnung an das obige Ausgangstrio mit einem neuen Wort als »Konzeptive« bezeichnen könnte. Es lohnt sich, mehr von dieser Macht ohne Mandat zu wissen und zu verstehen, da nur sie in der Lage ist, die Welt zu retten, wie anhand zahlreicher Beispiele gezeigt werden kann.

Formen des Wissens

Bevor dies im Detail passiert, gilt es noch, in Anlehnung an den Romanisten Ernst Robert Curtius drei Formen des Wissens zu unterscheiden. Die oben von Bacon angesprochene Fähigkeit zur Naturbeherrschung und die damit einhergehende technische Fähigkeit zur Weltveränderung nennt Curtius in seinem Buch »Elemente der Bildung« aus naheliegenden Gründen das »Herrschaftswissen«, und er stellt es dem »Bildungswissen« gegenüber, das sich bei Fragen nach dem Lebenssinn meldet und sich um ein Verständnis der verschiedenen Kulturen und ihrer Zusammenhänge bemüht. Bevor Menschen sich mit diesen beiden Formen des Wissens befassten, kannten sie schon die Vorstellung einer höheren (transzendenten) Sphäre, in der man einen Gott verortete, der diejenigen, die sich strebend bemühen, erlösen konnte. Das Vertrauen in solch eine Institution nennt man auch Erlösungswissen. Doch so wichtig diese Überzeugung, die auch Ideologien für sich beanspruchen, für viele Menschen ist, in diesem Buch geht es vor allem um das Herrschafts- und das Bildungswissen, wobei die zweite Variante ihren Wert allein dadurch bekommt, dass Wissen wie angedeutet immer zu einem Handeln führen muss. Und für die dazu nötigen Entscheidungen braucht man die geeignete Orientierung, eben das Bildungswissen, das in einer Welt mit wachsenden Möglichkeiten den Weg weisen kann.

Eine Liste aus dem 17. Jahrhundert
Bitten um ein besseres Leben

Der Historiker Paolo Rossi meint, zu Beginn des 17. Jahrhunderts die »Geburt der modernen Wissenschaft in Europa« ausmachen zu können. Voller Respekt spricht Rossi in diesem Zusammenhang davon, dass »von allem Wissen, das der Welt vom Abendland geschenkt wurde«, »das wertvollste die sogenannte ›wissenschaftliche Methode‹« ist. Entworfen von dem europäischen Quartett aus Francis Bacon (Brite), Johannes Kepler (Deutscher), Galileo Galilei (Italiener) und René Descartes (Franzose), wurde sie vielfach eingesetzt und schließlich bis heute weiterentwickelt. Mit dem systematischen Vorgehen – Gegenstände beobachten, Parameter messen, Erklärungen geben, Vorhersagen treffen – wollte man weder Gottes Pläne erkunden noch Wissen um des Wissens willen erwerben. Vielmehr ging es darum, das menschliche Wohlergehen zu mehren, indem man sich um verlässliche Antworten auf scheinbar einfache Fragen bemühte: Wie macht man Lebensmittel länger haltbar? Wie schützt man sich vor Blitzeinschlägen? Was kann man gegen Kopfschmerzen unternehmen? In seiner »Geschichte des Wissens« weist der amerikanische Historiker Charles Van Doren auf einige Kennzeichen der damals noch im Entstehen begriffenen Naturwissenschaften hin – etwa auf die Kunst der Fragestellung an die Natur, die man in Form von Experimenten praktizierte, oder auf die dabei vorgenommene Verwandlung der Wirklichkeit in Messwerte, über die man sich dann in der Sprache der Mathematik verständigen kann.

Dabei stellt er klar, dass den Menschen »in ihrem Verständnis und ihrer Beherrschung der Natur« immer dann große Fortschritte gelungen sind, »wenn sie in der Lage waren, Dinge zu quantifizieren.« Aus den allgemeinen »Dingen« wurden bei diesem wissenschaftlichen Vorgehen die konkreten Gegenstände, die dem beobachtenden und sie vermessenden Menschen wörtlich gegenüberstanden und von ihm als Objekt und in diesem Sinne objektiv erfasst werden sollten. Ihn selbst machte das zum Subjekt, das sich den Ergebnissen seiner Forschung buchstäblich zu unterwerfen hatte, denn das lateinische Wort »subjectus« bedeutet nichts anderes als »der Unterworfene« – was vielleicht erklären mag, warum so viele Menschen das Attribut »subjektiv« gern als Vorwurf oder zumindest abwertend verwenden. Menschen sind Subjekte und urteilen damit im Wortsinn subjektiv.

Die moderne Suche nach (objektivem) Wissen – die Wissenschaft – setzt ein, als der Mensch sich als Subjekt – als ein Ich – begreift, das den Objekten der Welt entgegentritt, um sie besser handhaben oder manipulieren zu können. Das Programm kann in der Folgezeit erfolgreich umgesetzt werden, und Van Doren zieht daraus den bemerkenswerten und überzeugenden Schluss, dass das 17. Jahrhundert das für die Geschichte der Menschheit wichtigste gewesen sei. Es habe unwiderrufliche Veränderungen hervorgebracht, nach denen die Menschen »niemals zur Lebensweise beispielsweise der Renaissance zurückkehren« konnten und nur noch die Frage zu beantworten blieb, »ob die Veränderungen insgesamt zum Besseren waren«, ob also das erworbene Wissen die Welt lebenswerter und sicherer oder unberechenbarer und prekärer gemacht hat. Rettet Wissen die Welt, oder führen die wachsenden Kenntnisse nur dazu, dass die Menschen einander schneller und gezielter töten oder dass sich am Ende gar die gesamte Spezies an den Rand der Selbstauslöschung manövriert?

Wer von den Anfängen des wissenschaftlichen Wissens hört oder liest, will natürlich wissen, ob sich dieser historische Vorgang – vor allem sein Zeitpunkt nach der Renaissance und sein Ort auf dem kleinen Kontinent Europa – verstehen, erklären und nachvollziehen lässt. Diese spannende Frage umfassend zu beantworten, würde den Rahmen dieses Buches bei Weitem sprengen, aber einige Anmerkungen zum Thema sind dennoch erforderlich.

Auf der einen Seite zeigt jeder Blick in die Geschichte, dass Neugierde und Spaß an Kuriositäten von Kindesbeinen an zur Natur des Menschen gehören, und so lässt sich verstehen, dass Adlige und vermögende Bürger seit dem 14. Jahrhundert das eingerichtet haben, was heute als Kunst- oder Wunderkammer bezeichnet wird und in Museen zu bestaunen ist – etwa die Sammlung der sächsischen Kurfürsten aus dem 16. Jahrhundert in den Staatlichen Kunstsammlungen in Dresden. Dabei stand das in den Ausstellungsstücken steckende und zusammengestellte Wissen ursprünglich nur einer kleinen (elitären) Schar von Privilegierten zur Verfügung, und es wurde zudem wie ein Geheimnis oder eine Geheimsache gehütet und dem Volk vorenthalten. Es konnte nur eine Frage der Zeit sein, bis die eingesperrten Schätze in Form von verständlichem Wissen ihren Weg nach außen fanden und allen Menschen zugänglich gemacht wurden. Im 17. Jahrhundert war es schließlich so weit. Als maßgebliche Wegbereiter fungierten Philosophen, allen voran der Franzose René Descartes, die nicht mehr auf Latein, sondern in den jeweiligen Landessprachen Regeln erarbeiteten, um aus den Objekten des Wunderns das Wissen herauszuholen, das die menschlichen Subjekte anwenden konnten. Descartes schlug zum Beispiel vor, komplexe Gegenstände solange zu zerlegen, bis die Teile einfach genug waren, um vom wissenschaftlichen Blick und durch Bestimmung von Quantitäten erfasst zu werden – eine Vorgehensweise, die im Reduktionismus bis heute praktiziert wird. Anschließend könne man sich vornehmen, so der französische Gelehrte, stufenweise von einfachen Aussagen zu komplizierteren aufzusteigen, ohne dabei das Ganze, von dem die Fragestellung ausgegangen war, aus den Augen zu verlieren. Wer beispielsweise wissen will, wie Vogelgesang zustande kommt, muss sich zu den Stimmbändern vorarbeiten und anschließend versuchen, ihre organische Anordnung in Relation zum Brustkorb zu verstehen. Und wer sich fragt, warum Wasser nass ist und uns im Sommer eine Abkühlung verschafft, muss zunächst herausfinden, aus welchen Teilen (Molekülen) die köstliche Substanz besteht, und sich dann bemühen, ihre Wechselwirkungen zu erfassen. In allen Einzelheiten ist das bis heute nicht gelungen, was dem Wasser seinen wissenschaftlichen Reiz lässt.

Neben diesem methodischen Schritt gibt es noch einen psychologischen Aspekt, der für das Verständnis der nach 1600 entstehenden modernen Wissenschaften von Bedeutung ist. Er findet sich beim Philosophen Friedrich Nietzsche, der 1882 in seinem Werk »Die fröhliche Wissenschaft« geschrieben hat, dass Physik, Chemie und Biologie nicht »entstanden und groß geworden wären, wenn ihnen nicht die Zauberer, Alchimisten, Astrologen und Hexen vorangelaufen wären«. Deren Funktion sei vor allem gewesen, »mit ihren Verheißungen und Vorspiegelungen erst Durst, Hunger und Wohlgeschmack an verborgenen Mächten« zu schaffen. Aus der genannten Gruppe der quirligen Vorläufer soll hier die arabisch klingende Alchemie herausgegriffen werden. Diese gab im 17. Jahrhundert ihre Vorsilbe auf und mauserte sich zur europäischen Chemie, deren Wert für das Wohl der Menschen gar nicht hoch genug veranschlagt werden kann.

Ansichten zur Alchemie

Wer sich im 21. Jahrhundert zu den modernen Wissenschaftlern rechnet oder wer ein ernsthafter Anhänger streng rationaler Wissenschaftlichkeit ist, wird alles, was mit dem Namen der Alchemie in Verbindung gebracht wird, bestenfalls als harmlosen Aberglauben und schlimmstenfalls als groben Unfug und Beutelschneiderei betrachten. Die Alchemie wurde lange Zeit entsprechend von vielen Zeitgenossen als »eine verbreitete und hartnäckige Verirrung der Kulturgeschichte« abgetan, die man längst überwunden glaubte. So drückte es Hermann Kopp aus, ein Chemiehistoriker aus dem 19. Jahrhundert. Tatsächlich setzen viele Wissenschaftler (und andere gebildete Menschen) bis heute die Alchemie mit mühsamer und vergeblicher Goldmacherei in dunklen, qualmenden Laboratorien gleich. Sie denken, die moderne Physik mit ihrer Kenntnis vom Aufbau der Materie und der daraus entwickelten Fähigkeit, Elemente umzuwandeln, habe längst bewiesen, dass der alte Alchemistentraum von der Verwandlung unedler Metalle in Gold nur eine Phantasmagorie ist, mit der heute niemand mehr seine Zeit verschwendet. Indes sollte man nicht aus den Augen verlieren, dass Chemiker des 20. Jahrhunderts – zum Beispiel die Nobelpreisträger Otto Hahn und Ernest Rutherford – ihre Arbeit als moderne Alchemie einstuften, nachdem sie verstanden hatten, wie chemische Elemente durch Beschuss mit Neutronen umgewandelt werden können – Uran zum Beispiel in Barium, ein Prozess, bei dem die Energie aus dem Innersten der Welt freigesetzt wird, was man sich in Kernkraftwerken und fatalerweise auch in Atombomben zunutze macht.

Die Frage »Was ist Alchemie?« kann man auf raffinierte und einfache Weise beantworten. Die zweite Variante verweist auf die Geschichte und handelt davon, dass sich Alchemisten tatsächlich vordergründig um die Herstellung von unvergänglichem Gold bemüht haben, wobei ihnen als Mittel zu diesem Zweck der sogenannte Stein der Weisen diente, der die erwünschte »Transmutation« bewirken sollte. Das Ausgangsmaterial des alchemistischen Prozesses war das unedle Blei. Darin steckte, so meinten die Alchemisten, das edle, seiner Befreiung harrende Gold. Blei wurde in der Antike dem römischen Gott Saturn zugeordnet, der für die Aussaat zuständig war und im Griechischen mit Kronos identifiziert wurde, was sich über den Namen des Zeitgottes Chronos mit der Vergänglichkeit in Verbindung bringen ließ. Mit diesem temporalen Bezug erklärt sich eine andere Definition der Alchemie, die hier als raffinierte Antwort auf die Frage nach ihrem Wesen vorgestellt wird. Sie findet sich zum Beispiel in der französischen »Encyclopædia Universalis« (1968), in der es heißt: »Die Alchemie stellt den Menschen die Möglichkeit vor Augen, über die Zeit zu triumphieren, sie ist die Suche nach dem Absoluten. Der Weg dazu ist die Vervollkommnung dessen, was vor dem Menschen geschaffen, aber von der Natur unvollkommen gelassen wurde«, und wer dies liest, meint, einen allgemeinen Zug des menschlichen Tuns hier beschrieben zu finden, nämlich das Streben nach Vollkommenheit, das spätestens im 18. Jahrhundert alchemistische Rezepte für die Fertigung von besseren Menschen hervorbrachte. Im zweiten Teil des »Faust« bringt Goethe mit der Erschaffung des Homunculus einen solchen Vorgang auf die Bühne. In der Szene im Laboratorium lässt er Wagner, Fausts ehemaligen Famulus, stolz verkünden, dass Menschen von nun an »einen höhern Ursprung« haben und die tierhaft-natürliche Zeugung durch wissenschaftlich-kreatives Tun abgelöst wird.

Es macht tatsächlich überhaupt keine Mühe, den eben zitierten alchemistischen Gedanken einer Verbesserung oder gar Vervollkommnung in vielen menschlichen Tätigkeiten zu finden, wobei man nicht einmal an aktuelle gentechnische Eingriffe in das Erbgut denken muss, sondern bereits den gewöhnlichen Schulunterricht heranziehen kann. Schließlich nehmen Eltern und Lehrkräfte an, dass sich im Innenleben der Jungen und Mädchen die Qualitäten und Anlagen finden, die durch einen transformativen Unterricht nach außen gebracht werden und dort aufscheinen können, was unfertige Schülerinnen und Schüler in zuverlässige und fähige Erwachsene verwandelt oder sie, wie man sagt, zu solchen erzieht.

Die Liste von Robert Boyle

Einen entscheidenden Beitrag zur Revolution der Wissenschaften im 17. Jahrhundert leistete der heute als Chemiker eingestufte Engländer Robert Boyle, dessen Namen manche vielleicht noch aus dem Schulunterricht kennen. In meinen Tagen auf den dazugehörigen Bänken lernte man noch das nach ihm und dem französischen Physiker Edme Mariotte benannte Boyle-Mariotte-Gesetz kennen, mit dem das physikalische Verhalten von Gasen beschrieben wird und das besagt, dass das Produkt aus dem Druck und dem Volumen eines Gases immer dieselbe und folglich eine konstante Zahl ergibt. Boyle war auf diesen quantitativen Zusammenhang gestoßen, als er sich Mitte des 17. Jahrhunderts um die Entwicklung einer Luftpumpe bemühte und dazu mit selbst konstruierten Glasrohren Luftdruckmessungen vornahm. Er fertigte auch Glasglocken an, die er leer pumpen konnte, was ihm zu zwei neuen Erkenntnissen verhalf: Erstens stellte er fest, dass sich Schall in einer luftleeren Hülle nicht ausbreiten kann, was es ihm nebenbei erlaubte, sich Gedanken über die Natur der hörbaren Geräusche zu machen. Zweitens beobachtete er, dass in dem entleerten Gefäß alle Körper unabhängig von ihrem Gewicht mit derselben Geschwindigkeit zu Boden fallen – genauso, wie es Galileo Galilei bei seinen Untersuchungen zum freien

Fall bereits vermutet und behauptet hatte, ohne diese Übereinstimmung verstehen und erklären zu können. Sie war (und bleibt) verwunderlich, vor allem für Boyles auf die Unfehlbarkeit von Autoritäten vertrauende Zeitgenossen, denn schließlich hatte schon Aristoteles gemeint, es sei doch sonnenklar, dass schwere Körper schneller fallen müssen als leichte. Boyle wusste nun, dass das falsch war. Der große Grieche hatte sich offenbar geirrt.

Bei aller modern klingenden und experimentell ausgerichteten Wissenschaftlichkeit verstand sich Boyle zunächst als Alchemist, der in jungen Jahren fest an die Möglichkeit der Transmutation von Metallen glaubte und viele Versuche unternahm, um Wandlungen dieser Art zu erreichen – wobei anzumerken ist, dass der damalige englische König Heinrich IV. bald ein Gesetz erlassen sollte, das solchen Transmutationen einen Riegel vorschob, und zwar aus Angst davor, dass die aus Edelmetallen gefertigten Geldmünzen gefälscht werden könnten. Boyle indes brauchte keine derartigen Tricks, um Reichtümer zu erlangen oder sein Leben zu finanzieren. Er war vermögend geboren und verfügte stets über ausreichende Geldmittel, um ein eigenes Laboratorium zu betreiben. Dieses befand sich im Londoner Haus seiner Schwester, in dem der unverheiratete Boyle bis zu seinem Tod lebte und arbeitete.

Das Jahr 1660 spielt in Boyles Leben und in der Geschichte der Wissenschaft eine große Rolle. Zum einen wird der damals 33-jährige Forscher Gründungsmitglied der Royal Society in der englischen Hauptstadt. Diese erste wissenschaftliche Gesellschaft dient als Vorbild für viele weitere Organisationen dieser Art, die sich in den folgenden Jahrzehnten bilden sollten. Wissenschaft bekommt zum ersten Mal einen institutionellen Charakter, der ihre gesellschaftliche Relevanz wachsen lässt. Zum zweiten beobachtet Boyle in seinem Laboratorium, dass eine Maus, die in einer geschlossenen Kammer mit einer Kerze sitzt, genau in dem Moment stirbt, in dem auch die Flamme verlöscht. Dies hat ihn auf die Spur jenes Elements gebracht, das erst 100 Jahre später genauer charakterisiert werden konnte. Gemeint ist der Sauerstoff, der offenbar sowohl für den Erhalt des Lebens als auch den des Feuers unverzichtbar war. Boyle arbeitet darüber hinaus in dem genannten Jahr an dem Text, der ihn bis in die Gegenwart berühmt macht und dem er den Titel »The Sceptical Chymist« gibt. Boyle versucht in dieser Schrift, die Alchemie mit ihren qualitativen Künsten weiterzuentwickeln zu einer Disziplin namens Chemie mit Elementen und quantitativen Mischungen, und während er an dieser gedanklichen Transmutation seiner Wissenschaft arbeitet, veröffentlicht er eine bemerkenswerte Wunschliste an die Gemeinschaft der Forscher. Boyle führt konkret auf, welches Wissen er sich in Zukunft von der wissenschaftlichen Zunft und von seinen Mitstreitern erhofft, die ganz allgemein die Bedingungen der menschlichen Existenz erleichtern wollen. Hier folgen einige der insgesamt 24 Punkte, die ihm lohnenswert zu sein scheinen:

- Die Verlängerung des Lebens
- Die Rückgewinnung der Jugend oder zumindest einiger Merkmale derselben, als da wären: neue Zähne und neue Haare in der Farbe der frühen Jahre
- Die Fähigkeit, lange unter Wasser zu bleiben und sich daselbst frei zu bewegen
- Das Heilen von Verletzungen aus der Ferne
- Das Heilen von Krankheiten aus der Ferne, zumindest aber durch Transplantationen
- Das Erreichen von riesenhafter Größe
- Die Nachahmung von Fischen allein durch Übung und ohne Zuhilfenahme von Maschinen
- Die Beschleunigung der Produktion von Dingen aus Samen
- Die Transmutation der Metalle
- Die Herstellung von formbarem Glas
- Die Transmutation der Arten
- Die Herstellung von leichten und zugleich äußerst harten Rüstungen
- Ein Weg zur verlässlichen Bestimmung des Längengrads
- Wirksame Präparate zur Steigerung und Veränderung der Vorstellungskraft und des Gedächtnisses, zur Gewährung unschuldiger Träume und zur Linderung der Schmerzen
- Ein Schiff, das mit allen Winden fährt und nicht sinkt
- Ein ewiges Licht

- Lackierung, die durch Reibung duftet
- Ein Elixier, das angenehme Träume macht
- Ein flüssiges Universalmedikament und Lösungsmittel

An der Spitze von Boyles To-do-Liste findet man »die Verlängerung des Lebens«. Im 21. Jahrhundert mit seinem Generationen- und Rentenproblem sollte vielleicht daran erinnert werden, dass die durchschnittliche Lebenserwartung von Boyles Zeitgenossen kaum mehr als 30 Jahre betrug. Diese heute mehr als verdoppelte Zahl lässt erkennen, dass Boyles erster Wunsch an die Wissenschaft in den kommenden Jahrhunderten mehr als erfüllt werden konnte, auch wenn sicher nicht allein die wissenschaftliche Medizin dazu beigetragen hat. Manchmal reichte schon das Einhalten von Hygienevorschriften, die vor allem im 19. Jahrhundert ihre lebensrettende Wirkung entfalteten. Dies wird noch ausgeführt, wenn wir auf die Zeit zu sprechen kommen, als die Ärzte lernten, dass es sich dem unbewaffneten Auge entziehende mikroskopische Krankheitserreger gibt, die Menschen infizieren und umbringen können.

Das Wort »Hygiene« leitet sich vom griechischen Ausdruck für »gesundheitsdienlich« ab, und vermutlich lassen sich religiöse Gebote aus der Frühgeschichte des Menschen bei der Zubereitung etwa von koscheren Speisen als Hygieneanweisungen verstehen, deren Einhaltung Familien vor Krankheiten bewahrte. Im Mittelalter wurden eigens Polizeiverordnungen erlassen, um den oftmals stinkenden Straßenschmutz in den Griff zu bekommen und um das Töten von Tieren in Schlachthäuser zu verbannen. Trotzdem breiteten sich häufig Seuchen aus, deren Ursache niemand nennen konnte. Berühmtestes Beispiel ist der Schwarze Tod, die Pestepidemie, die Europa zwischen 1346 und 1353 heimsuchte und ein Drittel der damaligen Bevölkerung dahinraffte. Dies verschaffte ihr einen Platz unter den »Apokalyptischen Reitern«, die Albrecht Dürer kurz vor 1500 in einem Holzschnitt zeichnete. Der Historiker Klaus Bergdolt stellt in seinem 1994 erschienenen Buch »Der Schwarze Tod in Europa« die Frage, wie wir heutigen Menschen reagieren würden, »wenn wir plötzlich mit einer der Pest des 14. Jahrhunderts vergleichbaren Seuche konfrontiert würden, das heißt, wenn von heute auf morgen der Tod wie eine Grippe oder wie Schnupfen übertragen würde«. Bergdolt meint, »die Erfahrung mit der, was die Ansteckungsgefahr betrifft, im Vergleich zur Pest geradezu harmlosen Immunschwäche AIDS« lasse nichts Gutes ahnen. Und man muss diese Befürchtung teilen, wenn man auf den hektischen und fast verzweifelten Aktionismus blickt, den erst chinesische Behörden und Institutionen und bald die Zuständigen weltweit an den Tag legten, um das Coronavirus zur Strecke zu bringen. Jede Seuche ist unheimlich und jede kann Panik auslösen, wenn den Menschen das erforderliche Wissen fehlt, um mit dem Erreger fertigzuwerden. Im Mittelalter wusste man noch gar nicht, dass der Schwarze Tod eine biologische (materielle) Ursache in Form eines infektiösen Bakteriums haben kann, und ängstliche Zeitgenossen zeigten sich davon überzeugt, dass Gott mit der Pest die Menschheit strafen wolle – eine unsinnige Rede, die christliche und wissenschaftsfeindliche Kreise bei der Aids-Epidemie auf infame Weise nahezu wollüstig aufnahmen und genüsslich verbreiteten und die auch heute wieder zu hören ist. Im Gegensatz zur mittelalterlichen Gesellschaft verfügen wir heute zwar über gut ausgestattete medizinische Einrichtungen und über solide Kenntnisse zu Virusinfektionen, aber im Detail fehlt noch viel Wissen, etwa zu den Übertragungswegen des neuen Erregers und zu seiner weiteren Wandlungsfähigkeit. Es ist nicht zuletzt dieser Mangel an Wissen – und nicht etwa mangelnder Wille oder mangelnde Hilfsbereitschaft –, der den Menschen zu schaffen macht. Im Angesicht der Coronapandemie konnte man als Zeitungsleser im Frühjahr 2020 mit Händen greifen, wie die Welt oder mindestens ihre Ordnung ohne Wissen verloren geht und dass es keinen Ersatz für die nötigen Einsichten gibt, die sie bewahren oder retten könnten.

Der zweite Punkt auf Boyles Liste ist der verständliche Wunsch, dass es den Menschen gelingen möge, ihre Jugend zurückzugewinnen oder zumindest das dazugehörige Aussehen präsentieren zu können. Dabei möchte Boyle konkret, dass die Wissenschaft die notwendigen Mittel ersinnt und bereitstellt, jemanden mit neuen Zähnen zu versorgen und das mit dem Alter zunehmende Grau der dünner werdenden Haare auf den Köpfen mit Farben aufzufrischen. Es braucht niemandem erzählt zu werden, dass die moderne Welt diese Wünsche in fast jedem erdenklichen Maß erfüllen kann. In meinen Jugendtagen waren mit den dritten Zähnen die mir immer etwas wacklig vorkommenden Gebisse gemeint, die man abends herausnehmen und in einem Glas aufbewahren musste, während heute in hochgerüsteten Zahnkliniken Implantate angeboten werden, die laut Internetwerbung »ein Plus an Lebensqualität« durch »feste Zähne und ein gesundes Lächeln« versprechen. Boyle würde sich darüber ebenso wundern und freuen wie über die nahezu überall und in jeder Preisklasse zu findenden Fitness- oder Wellness-Hotels, deren Hochglanzbroschüren den Gästen in wissenschaftlich verbrämter Sprache Badekuren anpreisen, bei denen Essenzen auf das limbische System einwirken und das Gehirn »über Transmitter berührt« wird, was die Kurgäste erfrischend juvenil werden lässt. Solche Versprechungen erinnern Kunstkenner an das Bild vom Jungbrunnen, das Lucas Cranach der Ältere (!) im 16. Jahrhundert gemalt hat und auf dem zu sehen ist, wie ältliche Frauen (keine Männer) badend verjüngt werden.

Übrigens: Als der Schriftsteller Louis-Sébastien Mercier 1781 in einem vorrevolutionären »Tableau de Paris« von den Sitten seiner Zeit schrieb, meinte er, dass elegante Damen ihren 39. Geburtstag feiern, bis sie 70 werden, denn »Frauen über 40 gibt es nicht«, wie er galant anmerkte. Ich selbst gratuliere einer guten Freundin seit fast 50 Jahren zu ihrem 29. Geburtstag, und was auch immer an besonderen Mittelchen und Cremes eingenommen und benutzt wird, es ist davon auszugehen, dass die bei diesem Jugendwahn oder -kult Mitmachenden vor allem versuchen, etwas zu verdrängen oder zu vergessen, was ihnen nur zu bewusst ist, nämlich dass sie wie alle Menschen sterblich sind, dass ihre Zeit knapp ist.

»Knappe Zeit« – so nennt der Romanist Harald Weinrich sein Buch über die »Kunst und Ökonomie des befristeten Lebens«, und weil alles seine Frist hat, legen viele in ihrem Handeln große Eile an den Tag, um das ihnen verfügbare Zeitpaket so voll wie möglich zu stopfen. Knappe Zeit, das heißt auch, dass Ärzte, seit sie sich mit ihrem Wissen um das Wohlergehen von Patienten kümmern – also spätestens seit der

Antike –, alles unternehmen, um das zu erreichen, was Boyle an den Anfang seiner Liste stellte, nämlich eine Verlängerung des Lebens.

Der griechische Arzt Hippokrates äußerte dazu einen berühmten Satz, der meist in etwas geraffter Form wiedergegeben wird: »Kurz ist das Leben, lang ist die Kunst.« Die hippokratische »Kunst« meint dabei allerdings nicht die Fertigkeit, ein Bild zu malen oder eine Sonate zu komponieren, sondern eine »Weise des Wissens«, also einen lehr- und lernbaren Wissensbestand, der natürlich seine Zeit braucht, um zu wirken. Diese Bedeutung tritt deutlicher hervor, wenn man den zum Aphorismus verdichteten Satz des griechischen Arztes vollständig zitiert: »Das Leben ist kurz, die Kunst lang, die Gelegenheit flüchtig, die Erfahrung trügerisch, das Urteil schwierig. Denn man muss nicht nur selber [als Arzt] das Richtige tun, sondern auch dafür sorgen, dass der Kranke, seine Umgebung und die ganzen Umstände dabei mithelfen.«

Mit anderen Worten: Beide müssen etwas wissen – der Arzt, was er als Fachmann zu diagnostizieren hat und welche Therapie er empfehlen soll, und der Patient, wie er sich auf diese Informationen einstellen und zu seinem Heilungsprozess beitragen kann. Der Gesundheit ist es ganz sicher am zuträglichsten, wenn beide wissen, dass sie sich auf den anderen verlassen können. Der Patient soll sich nicht als unbeteiligtes Objekt eines medizinischen Geschehens betrachten, sondern den Status des Subjektes behalten, der ihm seiner Natur nach sowieso zukommt.

Was die Gesundheit angeht, so gehört sie schon immer zu den großen Zielen der Menschheit – »Gesundheit ist nicht alles, aber ohne Gesundheit ist alles nichts« –, weshalb es nicht verwundert, dass sie noch einige Male auf Boyles Wunschliste vorkommt. Hervorgehoben sei an dieser Stelle nicht zuletzt das von ihm angemahnte Projekt der Schmerzerleichterung und der Entwicklung eines »flüssigen Universalmedikaments«, denn tatsächlich gibt es heute – wenn auch nicht in flüssiger Form – eine Arznei, mit der wir der Verwirklichung dieses Traums schon ein großes Stück näher gekommen sind. Gemeint ist die 1899 auf den Markt gebrachte Tablette namens Aspirin. Das Mittel besiegt Kopfschmerzen und bekämpft Entzündungen, lässt das Fieber sinken und verhindert das Zusammenkleben von Blutplättchen, weshalb es auch als Blutverdünner wirkt und selbst in der Krebsvorsorge Verwendung finden kann. All das vermag Aspirin, ohne bei geeigneter Dosierung schwerwiegende Nebenwirkungen hervorzurufen. So kann man sich die Erfüllung von Boyles Gebeten vorstellen – eine kleine weiße Pille, die Krebs verhindert, einem Herzinfarkt vorbeugt, vor Zivilisationskrankheiten schützt und somit bei sachgemäßer Anwendung letztlich dazu beiträgt, das übergeordnete Ziel der Lebensverlängerung zu erreichen. Doch woher kommt eigentlich dieses Medikament, das bis heute als unentbehrlich gilt und schon bei seiner Einführung in unzähligen Zeitungsberichten als das beste gepriesen wurde, das den Menschen jemals zur Verfügung stand?

Der ursprünglich aus der Weidenrinde extrahierte Stoff mit dem chemischen Namen Acetylsalicylsäure – bereits Hippokrates wusste, dass in der Pflanze eine Arznei steckte, wenn ihm auch nicht bekannt war, wie er sie herausholen konnte – gab den Biochemikern lange Zeit Rätsel auf. Sie verstanden nicht, was das Aspirin im Körper und seinen Zellen genau bewirkt. Heute weiß die Wissenschaft, dass das Wundermittel hemmend wirkt und ein Genprodukt mit dem kompliziert klingenden Namen Cyclooxygenase bei seinem biochemischen Treiben behindern kann, was aber hier nicht im molekularen oder zellulären Detail ausgeführt wird und die Frage nach der wundersamen Vielfalt des Aspirins unberührt lässt. Dafür kann etwas anderes angesprochen werden, an das sich gewöhnen muss, wer auf den Spuren der Wissenschaft wandeln möchte. Das Mittel Aspirin zeigt exemplarisch, dass wissenschaftlich erarbeitetes Wissen genau genommen kein Rätsel löst, sondern immer nur neue Fragen aufwirft und somit weitere Tiefen offenbart, die noch darauf warten, erkundet und mit weiterem Wissen gefüllt zu werden. Eine dieser Fragen lautet: Warum stellen Weidenrinden eigentlich die Acetylsalicylsäure her? Wozu brauchen die Pflanzen den Stoff, der den Menschen solchen Nutzen bringt, aber zum Beispiel ihr eigenes Wachstum nicht beeinflusst?

In der einschlägigen Literatur ist von einem Abwehrmechanismus gegen Schädlinge und vom Kampf gegen Raupenfraß die Rede, schließlich können Pflanzen vor ihren Feinden nicht weglaufen. Sie erhöhen dafür ihre Resistenz ihnen gegenüber, und dies gelingt ihnen mit geeigneten Molekülen, die sie selbst produzieren. Dazu zählt unter anderem die milde Säure Aspirin. Es ist daher nicht verwunderlich, dass das Medikament auch als Zusatz für Blumenwasser empfohlen wird, um das Leben der zu pflegenden Schnittblumen in den Vasen zu verlängern.

Boyle würde staunen, wenn er hören könnte, was modernes Wissen alles vermag und dass das heute verfügbare Universalmedikament womöglich sogar Pflanzen hilft – auch wenn er Letzterem wohl nur wenig Bedeutung beigemessen hätte, denn sein vorrangiges Interesse galt den Menschen. In seiner Liste beschäftigt er sich auch mit deren Schlaf und den dazugehörigen Träumen, die er gerne in unschuldiger und angenehmer Form genießen möchte, wobei er seltsamerweise sogar hofft, auf die Nachtruhe insgesamt verzichten zu können. Meint Boyle wirklich, man könne oder wolle nach des Tages Mühsal auf die Lust der Nacht verzichten? Dem erholsamen Schlummer kann er nicht viel abgewinnen, und auch die Wonnen der Liebe unter einer wärmenden Decke hält er offenbar für entbehrlich, aber er scheint von Träumen zu wissen, deren moderne Erkundung erst in späteren Jahrhunderten zu vermelden ist und dann häufig mit dem Namen von Sigmund Freud in Verbindung gebracht wird. Der Wiener Psychoanalytiker hat um 1900 seine »Traumdeutung« vorgelegt und in dem nächtlichen Kino im Kopf das Abspielen von Erfahrungen aus der Kindheit vermutet, die der Träumende nachts Revue passieren lässt, um am Tag besser mit ihnen leben zu können. Zu Boyles Lebzeiten griffen die Gelehrten auf die Traumdeutungen des anglikanischen Geistlichen und Schriftstellers Robert Burton zurück, der in seiner »Anatomie der Melancholie« von 1621 natürliche, dämonische und göttliche Träume unterschied. In den barocken Theaterstücken kamen zusätzlich Wahrheitsträume in Mode, mit denen sich vorhersagen ließ, was auf die Menschen zukam. In Shakespeares Dramen erfüllen Träume ebenfalls einen prophetischen Zweck, und in seinen Sonetten leben die Liebenden im Traum eine Sexualität aus, die ihnen im wirklichen Leben oftmals verwehrt bleibt.

Boyle möchte helfen, solche Erregungen zu vermeiden, was ihn fast wie einen Seelendoktor erscheinen lässt, der seinen Schutzbefohlenen unschuldige, unaufgeregte und eher erholsame Träume verschaffen möchte, indem er ihnen Elixiere und »potent drugs« verschreibt, wobei das zweite Wort bei Boyle nicht etwa ein Rauschmittel bezeichnet, sondern vielmehr etwas »Dröges«, also getrocknete Extrakte etwa aus Pflanzen, wie sie zum Beispiel als Teeblätter bis heute im Handel sind. Elixier nannte und nennt man im Volksmund einen Zaubertrank, dem im mittelalterlichen Denken neben der Fähigkeit zur Verwandlung von Metallen auch eine verjüngende und lebensverlängernde Wirkung zugeschrieben wurde. In Goethes »Faust« wird dem Helden in einer Hexenküche mit allerlei Zaubersprüchen und Hokuspokus ein solches Elixier verabreicht, damit er sich auf diese Weise »wohl dreißig Jahre vom Leibe« schaffen kann. Was Goethe an Faust vornimmt, nannten die Alchemisten noch eine Transmutation, und der Begriff kommt auf Boyles Liste gleich zweimal vor – das eine Mal sogar im Zusammenhang mit seiner Forderung nach einer Wandlung der lebenden Arten. Es braucht nicht eigens betont zu werden, dass er damit im Kern Charles Darwins Evolutionstheorie vorwegnimmt. Ebenso bemerkt man, dass seit jeher die Bemühungen der Pflanzenzüchter und heute die Anstrengungen der modernen Genetik darauf abzielen, im Konkreten genau das zu erreichen, was die Alchemisten sich ganz allgemein vorgestellt hatten, nämlich die Vervollkommnung dessen, was die Natur selbst eher unvollkommen hervorgebracht hat. Dieses Wünschen macht die Menschen aus, es wird für alle Zeit zu ihnen gehören und sie anspornen, ihr Wissen zu erweitern.

Längengrade und Menschenleben

Bekanntlich lebte Boyle in England, dem »in einem silbernen Meer eingefassten Edelstein«, wie William Shakespeare seine geliebte Heimat nennt. Die Umschreibung spielt auf die Bedeutung an, die das Wasser und die Seefahrt für einen Bewohner der Insel hatten. Nicht von ungefähr nennt Boyle auf seiner Liste die Fähigkeit, lange unter Wasser bleiben und sich dort wie ein Fisch bewegen zu können. Unklar bleibt indes, was er genau damit bezweckt. Hofft er, einen Weg aufs europäische Festland zu erschließen? Oder will er einen besseren Zugriff auf die Meeresfrüchte? Boyle meint sicher mehr als das sportliche Tauchen, das im 21. Jahrhundert für viele Menschen längst zum Freizeitvergnügen geworden ist. Vielleicht will er sich wie die Tiere des Meeres bewegen können, um ihre Welt besser zu verstehen. Sein Interesse gilt jedoch nicht nur der Unterwasserwelt, sondern auch der Seefahrt. Er träumt von Schiffen, die nicht untergehen, oder sucht nach Wegen und Instrumenten, um beim Durchkreuzen der Weltmeere den Längengrad bestimmen zu können. In beiden Fällen geht es Boyle um Menschenleben. Um sich vor Augen zu führen, wie wichtig eine genaue Positionsbestimmung für die Navigation und die Rettung Schiffbrüchiger ist, braucht man nur an den Untergang der als unsinkbar beworbenen Titanic im frühen 20. Jahrhundert zu denken. Im 17. Jahrhundert war die Gefahr noch weitaus größer, da sich der Ort, an dem sich die Segelschiffe auf ihrer Reise befanden, oft nur ungenau erfassen ließ. Immer wieder gab es Berichte von Kollisionen mit gefährlichen Klippen, wenn der Kapitän die Position seines Schiffes fehlerhaft ermittelt hatte, und immer wieder fanden ungezählte Seeleute bei diesen eigentlich vermeidbaren Katastrophen den Tod. Nach einem besonders verheerenden Unglück mit vielen Opfern zu Beginn des 18. Jahrhunderts schrieb die britische Krone einen exorbitanten Geldpreis – sagenhafte 20 000 Pfund – für denjenigen aus, der das heute dank GPS triviale, damals aber lebensrettende Problem der Navigation auf hoher See lösen konnte und der Schiffsbesatzung die Möglichkeit an die Hand gab, die genaue Position ihres Schiffes zu kennen. Genaue Position – das bedeutete die Kenntnis von Längen- und Breitengraden, die als Linien auf einem Globus oder den Seekarten eingezeichnet waren und die ein Netz bildeten, das die Geografen über die Erdkugel gelegt hatten, um jeden Ort durch ein Zahlenpaar erfassen zu können.

Die Bestimmung des befahrenen Breitenkreises gelang ziemlich zuverlässig, wie Boyle wusste. Dazu benutzte man bereits seit dem 13. Jahrhundert einen »Jakobsstab« – und später raffiniertere Instrumente namens Sextanten –, also mehr oder weniger einen Stock mit einem verschiebbaren Querstück an seinem Ende, und kombinierte seine Messungen mit inzwischen angesammeltem Wissen. Spätestens seit den ers-

Mander Gracibook/ ofi Dey Gdaf Baculus.

Tem int erste om die Leydeller te leeren kennen/ soo weet dat die twee achterste wielen
vande Waghen/ die om Leyden ghaet/ wisen op die Leydeller/ als ghy hier figuerlick
by den Staf Baculus Jacob (oft sose hier te lande van dat Zee baernde volck ghemeen-
lick ghenoemt wort den Gracdtboock) ghemaerckt ziet / ende oock by die Instrumenten van
die uren by der nacht.

Verwendung des Jakobsstabs zur Bestimmung des Breitengrades.

ten Weltumseglungen im 16. Jahrhundert kannten die Menschen nämlich wenigstens annähernd den Umfang ihres Planeten, und wenn man mit dem Jakobsstab den Stand der Sonne vermessen hatte, ließ sich mittels einiger in jahrelanger Arbeit angefertigten Tabellen – auch als Deklinationstafeln bekannt – der Breitengrad ermitteln, auf dem man gerade entlangsegelte.

Um den dazugehörigen Längengrad zu bestimmen, also die Frage beantworten zu können, wie weit die Reise einen nach Osten oder Westen geführt hatte, konnte man sich grundsätzlich auch am Sonnenhöchststand orientieren. Allerdings ging es dabei um dessen Zeitpunkt, da die Sonne scheinbar von Ost nach West über den Himmel wandert. Man benötigte also eine Uhr, um den Längengrad berechnen zu können, allerdings eine Uhr, die die Zeit auf die Sekunde genau angibt, da die Messung ansonsten Dutzende oder Hunderte von Seemeilen neben dem Ziel, also dem Ort des Aufenthalts, liegen würde und folglich unbrauchbar wäre. Die Uhr musste nicht nur genauer als alle damals bekannten Chronometer die Tageszeit anzeigen. Ihr Werk durfte auch nicht, wie es damals üblich war, von einem Pendel in Schwung gehalten werden, da solch ein Mechanismus auf einem schaukelnden Schiff – sofern überhaupt funktionsfähig – nur unzuverlässig hätte Auskunft geben können.

In ihrem Roman »Längengrad« hat die amerikanische Schriftstellerin Dava Sobel beschrieben, wie sich ein gelernter Tischler namens

John Harrison im 18. Jahrhundert einen neuen Antrieb ausdachte und in Jahrzehnten mühevoller Kleinarbeit Uhr um Uhr anfertigte, eine jede davon präziser als ihre Vorgängerin, bis ihm schließlich eine Konstruktion gelang, die die Zeit ausreichend genau anzeigen konnte. Sein Meisterstück aus dem Jahre 1759 nannte er H4, und James Cook nahm bei seiner zweiten Weltreise nach 1770 eine Kopie dieser kompakten Taschenuhr mit an Bord, was die Vermessung der Welt auf eine neue Qualitätsstufe hob.

Das Licht der Vernunft

Der vorletzte Eintrag auf Boyles Liste bittet um ewiges Licht, was in den folgenden Jahrhunderten gern als »Licht der Vernunft« gedeutet wird, das nun zu leuchten beginnt und Menschen den Weg erkennen lässt, der ihnen offensteht und den sie mit ihrem wachsenden Wissen finden können. Wer aus dem 21. Jahrhundert auf Boyles Liste blickt, kommt in Versuchung, sich dem Ausruf Wagners anzuschließen, der zu Beginn von Goethes »Faust« den Dialog des Helden mit einem Geist unterbricht, um seine Überzeugung zu verkünden, dass die Menschen es mit ihrem Wissen »so herrlich weit gebracht« haben. Er möchte daran teilhaben und hat sich deshalb »mit Eifer [...] der Studien beflissen« – in der Hoffnung, zuletzt »alles wissen« zu können. Natürlich amüsiert sich der abgeklärte, am Wert der Gelehrsamkeit zweifelnde Faust über diesen frommen Wunsch einer naiven Seele, aber in seinen Kommentaren lässt er dennoch selbstbewusst durchblicken, wie weit er und seinesgleichen in den zurückliegenden Jahrhunderten den Erdenkreis ausgemessen haben und ausschreiten konnten, wie weit er und seine Generation das Wissen vorantreiben konnten. In den folgenden Kapiteln soll es um die Frage gehen, welchen Nutzen sie damit der Welt gebracht haben.

Selbstbefreiung durch Wissen
Die Aufklärung und ihre Chemie

»Die Wahrheit wird euch frei machen.« So steht es an der Fassade der Universität in Freiburg. So steht es in englischer Sprache – »The truth shall set you free« – am Eingang des California Institute of Technology in Pasadena bei Los Angeles. So steht es aber vor allem in der Bibel, genauer gesagt im Johannesevangelium (Kapitel 8, Vers 32), wo Jesus diese Worte zu seinen Jüngern spricht. »Die Wahrheit wird euch frei machen« stellt also ein Glaubenswort dar, ein Glaubenswort indes, das die Wissenschaften provoziert hat, denn in säkularisierter Zeit fühlen auch sie sich zuständig für die Wahrheit, zumindest wenn man darunter das technisch verwertbare Wissen versteht, das sie über die Natur und ihre Abläufe gewinnen konnten. Wer über dieses Vorgehen nachsinnt, meint meistens unmittelbar, dass mehr Wissen automatisch größere Handlungsspielräume eröffnet, die dann einzelnen Akteuren mehr Freiheiten gewähren. Aber paradoxerweise oder durch eine dialektische List tritt das Gegenteil ein. Menschen bekommen ihre Macht durch das Wissen zunächst und in erster Linie dadurch, dass sie sich den erkannten Gesetzen fügen, ihr Vorgehen daran ausrichten und sich durch die übergeordneten Vorgaben der Natur festlegen lassen, sich also selbst in ihrer Freiheit einschränken. Wissen gibt Macht nur dem, der sich unterwirft, was die sich so verhaltenden Beobachter – im ursprünglichen Sinn des Wortes – zu Subjekten macht.

Bei aller biblischen oder universitären Euphorie, nicht nur das Wissen selbst, sondern auch der Umgang damit erweist sich als zwiespältig, was bereits im ausgehenden 17. Jahrhundert zu einem Zwist zwischen dem Chemiker Robert Boyle und dem Physiker Isaac Newton führte. Der Disput drehte sich um die Frage, wem das erworbene Wissen zur Verfügung stehen sollte und wer von einer Teilhabe auszuschließen war. Während Boyle nichts dagegen hatte, wenn sich Zuschauer in seinem Laboratorium aufhielten – also zu ihm nach Hause kamen, um sich instruieren und informieren zu lassen –, hielt es Newton für angebracht, das Wissen, das doch den Menschen potenziell Macht verlieh, geheim zu halten. Als Newton über die Untersuchungen der mechanischen Bewegungen hinausging und sich den »offenkundigen Gesetzen und Prozessen der Natur in der Vegetation« – also den Vorgängen des organischen oder lebendigen Wachsens – zuwandte, schien es ihm sogar, als ob da ein »vegetativer Geist« seine Arbeit verrichtete, was ein anderer Ausdruck für das Wirken Gottes war. Nun konnte dessen Arbeitsweise nur heilig sein und musste folglich unter Verschluss gehalten werden. Weder das gemeine Volk, wie Newton es abschätzig nannte, noch ein niederer Wissenschaftler, wie es der Chemiker Boyle in den Augen des gefeierten Physikers war, sollten in den Genuss jener gottgleichen Macht kommen, die durch Wissen zu erlangen war.

Newton, Kant und die Romantik

Heute gilt Newton als der rational argumentierende Physiker, dessen großes Werk »Die mathematischen Prinzipien einer Naturphilosophie« seit seiner Veröffentlichung im Jahre 1687 unwiderlegbar zu zeigen scheint, dass das Buch der Natur in der Sprache der Mathematik geschrieben ist, wie es eine berühmte Feststellung von Galileo Galilei rund fünfzig Jahre zuvor angekündigt hatte. Darüber hinaus wird Newtons Physik aber auch zum Ausgangspunkt eines Hauptwerkes der Philosophie, nämlich der »Kritik der reinen Vernunft« von Immanuel Kant, dessen erste Auflage 1781 erschienen ist. Es sollte nach Ansicht einiger Wissenschaftstheoretiker besser »Kritik der newtonschen Physik« heißen, da die darin enthaltene Theorie der Erkenntnis – oder die durchgeführte Analyse der Bedingungen der Möglichkeit von Wissen, wie man gelehrt sagen könnte – mit den grundlegenden Konzepten von Raum und Zeit beginnt und sie so versteht, wie Newton sie eingeführt und definiert hat, um seine Bewegungsgleichungen konzeptionell auf sicheren Grund zu stellen. Mit Kants philosophischen Bemühungen und der dazugehörigen Anerkennung erfährt Newtons mechanische Wissenschaft im 18. Jahrhundert eine ungeheure Aufwertung, die vielen Beobachtern die in seinem Hauptwerk gelieferten Beschreibungen der Wirklichkeit als unverrückbare Wahrheiten erscheinen lässt. Unberücksichtigt bleibt dabei häufig, dass reale Gegenstände wie Steine oder Planeten durch die Konstruktion von idealen Massenpunkten erfasst werden, die es in der Natur nicht gibt und die Newton erfinden musste, um überhaupt die mathematischen Gleichungen aufstellen zu können, für die er berühmt geworden ist. Kant übersieht diesen Sachverhalt nicht und gelangt so zu der ungeheuren Ein- und Ansicht, dass die Gesetze der Natur nicht in der Natur zu finden sind, sondern von Menschen stammen und der Welt von ihnen vorgeschrieben werden. Mit anderen Worten: Naturgesetze werden nicht entdeckt, sie werden erfunden – eine Sichtweise, die es bis heute schwer hat, akzeptiert zu werden.

Der Göttinger Gelehrte Georg Christoph Lichtenberg verweist in seinen »Sudelbüchern« in einem Aphorismus auf den Satz von Hamlet, der meinte, es gebe viele Dinge zwischen Himmel und Erde, von denen die Schulweisheit der Menschen nichts wisse und verstehe. Lichtenberg dreht den Satz nun spöttisch um, indem er sagt, dass es auch Dinge in den Lehrbüchern gebe, die man in der Welt vergeblich suche – und vielleicht hat er dabei konkret die Massenpunkte gemeint, mit denen Newton seine Mechanik betreibt und der Natur ihre Bewegungsgesetze gibt. Heute fände Lichtenberg so viele Beispiele für seine umgekehrte These, dass er aus dem Staunen nicht mehr herauskäme – oder glaubt jemand, dass es etwa Atome oder DNA-Moleküle oder Viruskügelchen tatsächlich in der Form gibt, in der sie auf bunten Bildchen und in Video-Animationen präsentiert werden?

Man stößt noch auf andere Überraschungen, wenn man sich näher auf Newtons »Prinzipien« einlässt. Auf den Gedanken, dass ein fallender Apfel und ein kreisender Mond derselben Kraft unterliegen, kam er zum Beispiel wohl nur deshalb, weil er intensiv eine hermetische Schrift aus antiken Tagen mit dem Titel »Tabula smaragdina« studiert hatte, die als kosmisches Prinzip die Idee verkündete: »Die Dinge unten sind wie die Dinge oben.« Die Kraft auf Erden ist demnach wie die Kraft am Himmel, und dieses Gleichsetzen erlaubte es Newton, sein Gesetz der Gravitation zu formulieren und damit eine Kraft zu beschreiben, die einen Apfel zu Boden fallen und den Mond auf seiner Umlaufbahn umherziehen lässt. Doch bei aller Verstrickung in alchemistische Traditionen liefert Newtons Werk in den Augen des Philosophen Kant doch die Grundlage für das Konzept der Aufklärung, das er in einem berühmten Aufsatz aus dem Jahr 1784 als »Ausgang des Menschen aus seiner selbst verschuldeten Unmündigkeit« definiert. Kant fordert seine Zeitgenossen auf, Mut zu zeigen, sich ihres eigenen Verstandes zu bedienen, und Karl Popper hat im 20. Jahrhundert diese »entscheidende Idee der Aufklärung« als »Selbstbefreiung durch das Wissen« charakterisiert. Kant sah in seiner Beschwörung der Aufklärung eine philosophisch und menschlich notwendige Aufgabe, »die jeden Menschen hier und jetzt zur sofortigen Tat aufruft; denn nur durch das Wissen können wir uns *geistig* befreien – von der Versklavung durch falsche Ideen, Vorurteile und Idole«, wie Popper 1961 in einem Vortrag über Kant emphatisch ausgeführt hat, nicht ohne dieser Überzeugung die Ankündigung hinzuzufügen, dass solch eine Selbstbefreiung oder Selbsterziehung maßgeblich dazu beitragen kann, »unser Leben sinnvoll zu machen«.

Wie angedeutet wurde und wie sich immer wieder unvermeidlich zeigt, erweist sich Wissen als ambivalent, und so steht der aufklärerischen Hoffnung auf Selbstbefreiung durch Wissen die Sorge gegenüber, durch die dabei erkannten Gesetzmäßigkeiten den Handlungsspielraum einzubüßen, der zu einem selbstbestimmten Leben gehört. Auch hier spielt die newtonsche Physik ihre besondere historische und kulturelle Rolle, denn als im Verlauf des 18. Jahrhunderts gezeigt werden konnte, dass ihre Gesetze das Geschehen auf und mit der Erde beherrschen und präzise Vorhersagen ermöglichen – Ebbe und Flut wurden jetzt ebenso verständlich wie die Abweichung der Erdenform von einer perfekten Kugel und manch anderes Geschehen im Alltag –, da befürchteten die Menschen, ihr gesamtes Leben auf dem Planeten unterliege so etwas wie einer newtonschen Schwerkraft, und sie reagierten mit dem, was heute als »fantastische Literatur« bezeichnet wird. Sie »beginnt in der Mitte des 18. Jahrhunderts, auf dem Höhepunkt der klassischen Aufklärung und auf dem Höhepunkt des Newton-Kultes«, wie der Literaturwissenschaftler Peter von Matt in seiner zu Beginn des 21. Jahrhunderts in Zürich gehaltenen Abschiedsvorlesung betont hat, der er den Titel »Hoffmanns Nacht und Newtons Licht« gegeben hat. Die Nacht gehört dabei dem romantischen Dichter E. T. A. Hoffmann, der den Helden in seinen Erzählungen ein unermesslich reiches Innenleben zugesteht, was sie in ihrer Existenz frei erscheinen lässt, auch wenn sie eher unbeholfen durchs Leben stolpern und sich als unfähig erweisen, entschlossen auf ein Ziel zuzuhalten.

Krieg der Welten

Im Jahrhundert Kants entwickelten Menschen die Vorstellung und Überzeugung, dass sich die Natur und die Wirklichkeit verstehen lassen, wenn man zuerst vernünftige Fragen über das Verhalten der Dinge stellt und auf diese dann vernünftige Antworten gibt: Woraus besteht Materie? Aus Atomen. Wie bewegt sich das Licht? Wie eine Welle. So erhält man ein Wissen, an dem nicht zu rütteln ist, wie die Aufklärer in der Annahme meinten, dass bei dem vorgegebenen Schema keine Widersprüche zu erwarten sind und sich Klarheit durchsetzt und dominiert. Zwar haben die Romantiker schon früh verstanden, dass sich auf vernünftige Fragen zum Verhalten des Menschen widersprüchliche Antworten geben lassen – Soll ich vor der Obrigkeit kuschen oder es riskieren, offen meine Meinung zu sagen? Soll ich meinem Land als Soldat dienen oder auf mein Gewissen hören, das mich vor Waffen warnt? –, aber wenn ein persönlicher (subjektiver) Bezug fehlte und es um die angestrebte Objektivität der Naturwissenschaften ging, dann sollten die Antworten eindeutiges Wissen liefern. Diese Hoffnungen erwiesen sich allerdings als trügerisch. Im 20. Jahrhundert stellte sich heraus, dass sich Licht auch als Teilchenstrom verstehen lässt, und solche Erkenntnisse raubten den Menschen die lieb gewonnenen Gewissheiten, die sie mit ihrem systematisch erworbenen Wissen zu verbinden gewohnt waren.

All dies liegt noch in ferner Zukunft, als die Wissenschaften sich im 17. Jahrhundert anschicken, die Natur durch Beobachtung zu erforschen, wozu konkret auch technische Entwicklungen beitragen, die zum Beispiel den für das menschliche Auge einsehbaren Bereich der Natur stark erweitern. Gemeint sind das Fern- und das Nahrohr, Letzteres besser bekannt unter dem Namen Mikroskop. Dieses anfänglich noch recht primitiv wirkende Instrument zeigte den Zeitgenossen trotz seiner Beschränkungen sogleich eine neue Welt der kleinen Dimensionen, und der Erste, der sich den entsprechenden Einblick durch eine Kombination von geeignet gefertigten optischen Linsen verschaffte, war der aus Delft stammende Niederländer Antoni van Leeuwenhoek. Im Sommer des Jahres 1674 erspähte Leeuwenhoek in einem durch sein Mikroskop betrachteten Wassertropfen aus einem Teich viele verschiedenfarbige, kugelförmige Winzlinge, die sich mithilfe von Geißeln flink bewegten. In heutiger Sprechweise kann man sagen, dass Leeuwenhoek einzellige Lebensformen entdeckt hat, die bald Protisten – Urwesen – genannt wurden und die der modernen Biologie trotz gründlicher Erforschung nach wie vor Rätsel aufgeben. Von diesem zunächst unsichtbaren Leben zu wissen, erlaubte es Ärzten im 19. Jahrhundert, die Bakteriologie zu entwickeln, deren frühe segensreiche Wirkung man sich kaum groß genug vorstellen kann.

Von Bakterien haben Menschen im Allgemeinen keine allzu hohe Meinung, sie bringen sie mit Infektionen und tödlichen Krankheiten in Verbindung, aber in der Belletristik gibt es immerhin eine Geschichte, die die Mikroorganismen in ein besseres Licht rückt. Erzählt wird sie vom britischen Science-Fiction-Autor H. G. Wells im Bestseller »Krieg der Welten«, der 1901 ins Deutsche übersetzt wurde. In diesem Roman wird die Erde von Marsianern überfallen. Mit ihren auf drei Beinen herumstaksenden Kampfrobotern sind sie bald drauf und dran, den ressourcenreichen Heimatplaneten der Menschen in ihre Gewalt zu bringen und ihre Bewohner auszurotten. Gerettet werden die Erdlinge in höchster Not durch winzige Helfer, mit denen niemand gerechnet hatte: Bakterien. Sie befallen die Eindringlinge und lassen sie erst erkranken und dann verenden. Ihnen fehlt nämlich ein angepasstes Abwehrsystem, um sich vor den Mikroben zu schützen. Und so sind es zu guter Letzt die vielen wimmelnden Einzeller, die den Fortbestand der Menschheit gewährleisten. Es geht beim Krieg der Welten am Ende weniger um den Kampf Mars gegen Erde als vielmehr um das Duell Mikrokosmos gegen Makrokosmos, und es ist schön zu sehen, dass einmal mehr der kleine David den Riesen Goliath besiegt. Natürlich lässt sich diese Geschichte nicht ohne Weiteres auf unsere Wirklichkeit übertragen, aber vielleicht hilft sie uns, zu einem etwas differenzierteren Bild von Bakterien zu gelangen. Denn schließlich gibt es in unserem Körper neben den gefürchteten Krankheitserregern auch Heerscharen von nützlichen Bakterien, ohne die unser Organismus nicht funktionsfähig wäre, ganz zu schweigen von den zahlreichen Anwendungsgebieten in der modernen Biotechnologie oder in der traditionellen Nahrungsmittelproduktion, wo verschiedene Bakterienstämme schon seit Tausenden von Jahren zum Einsatz kommen, auch wenn das unseren Vorfahren nicht bewusst war.

Der Einfluss der Chemie

»Wie könnten auf die alles entscheidende, jegliche Bewertung naturwissenschaftlich-technischer Entwicklungen leitende Frage – Wie möchten wir in Zukunft leben? – Antworten gefunden werden, wenn nicht im Bewusstsein der Geschichte, deren Gegenwart die Industriegesellschaft ist?«

So fragte der Politiker und Naturphilosoph Klaus Michael Meyer-Abich in seinem bereits 1988 erschienenen Buch »Wissenschaft für die Zukunft«, in dem er für ein holistisches Denken in ökologischer und gesellschaftlicher Verantwortung warb. Die angesprochene Industriegesellschaft entstand infolge historischer Ereignisse, die Geschichtsbücher als »Industrielle Revolution« kennzeichnen und deren Anfang in der zweiten Hälfte des 18. Jahrhunderts gesehen wird. Vielen Menschen fällt bei dieser Entwicklung bevorzugt die Konstruktion einer ersten Dampfmaschine ein, für die James Watt 1769 ein Patent erhielt, und sie denken dann den historischen Fortschritt weiter entlang anderer Kraftmaschinen und Verbrennungsmotoren. Dabei verlieren sie oftmals die wahrscheinlich viel wesentlichere Entwicklung der Chemie aus den Augen, die mehr zur Rettung der Welt beigetragen hat als viele andere Wissenschaftsdisziplinen. In den Worten des Technikhistorikers Karl H. Metz aus dem Jahre 2006:

»Die Chemie ist eine der Voraussetzungen der modernen Welt, materiell wie symbolisch. Sie ist unabdingbar für die Ernährung einer rasch wachsenden Bevölkerung mit einer Überfülle von Lebensmitteln, sie ist unabdingbar für die Versorgung einer rasch wachsenden Industrie mit Stoffen, einer rasch wachsenden Mobilität mit Antriebsmitteln. Sie ist aber auch wesentlich für die Selbstauffassung der modernen Gesellschaft, die Natur nicht nur technologisch zu nutzen, sondern zu übertreffen. In der Herstellung von Materialien, die es in der Natur nicht gibt, vollendet sich die Auffassung der Natur als etwas, dessen Sinn allein im Nutzen für den Menschen liegt. Kein Zufall, dass der erste Blick in das Innerste der Stoffe, in Atome und Moleküle, ein Blick des Chemikers war, kein Zufall auch, dass es die Chemie war, die den bedingenden Nexus von Technik und Wissenschaft, Produktion und Forschung als erste knüpfte.«

Zu den angesprochenen Chemikern mit dem ihnen eigenen neugierigen Blick in das Innerste der Welt zählt auch der bereits erwähnte Robert Boyle, der als »Sceptical Chymist« über »Grundstoffe, Urkörper und Urbestandteile der Materie« nachdachte und aus ihren »Ureigenschaften« bei geeigneten Zusammenballungen die Größe, Form und Reaktionsfähigkeit etwa von Salzen, Schwefel und Quecksilber ableiten und verstehen wollte. Seine neue Wissenschaft hatte es damals an den noch jungen Universitäten schwer, sich von der alten Alchemie zu lösen, und sie hat es heute in vielen intellektuellen Kreisen nicht leichter, vielleicht weil ihr Name eine griechische Herkunft vermissen lässt, wie sie die Physik und die Biologie für sich beanspruchen können. Es macht wenig Mühe, Bücher zu finden, die eine Philosophie der Biologie oder der Physik anbieten. Aber es braucht Geduld, eine Philosophie der Chemie ausfindig zu machen, obwohl die Vorgänge, die in dieser Disziplin untersucht werden, so elementar für das Leben sind, dass man sagen kann: »Sie sind das Leben selbst«. »Alles ist Chemie« lautet der Titel eines Wissenschaftsbuchs für Jugendliche, und so pauschal die Aussage klingen mag, sie ist im Grunde richtig, auch wenn das zum Beispiel den Physiker Erwin Schrödinger nicht daran hindert, in seinem Buch »Was ist Leben?« so zu tun, als könne er von seiner Wissenschaft direkt zur Biologie springen und die Chemie dabei übergehen. Doch die Chemie ist längst keine vergebliche Goldherstellerei mehr; viele der von ihr ermöglichten Prozesse stehen vielmehr am Beginn der menschlichen Kultur. Das gilt fürs Brauen ebenso wie fürs Kochen, fürs Schmelzen von Metallen ebenso wie fürs Brennen von Keramik und fürs Färben von Tuchen, und die Aufzählung ließe sich mühelos fortsetzen.

Und dennoch: Es erforderte einiges an Hartnäckigkeit, um das überwiegend nutzlos bleibende Bemühen um Transmutationen durch ein sorgfältiges und einsichtiges Experimentieren abzulösen, weil es anfänglich im Jahrhundert der Aufklärung enormer Anstrengungen bedurfte, um autoritative Schriften mit magischen Zeichen durch eigenhändig durchgeführte Versuche unter kontrollierten Bedingungen mit dem dazugehörigen Zahlenwerk zu ersetzen. Geholfen haben dabei unter anderem Untersuchungen zur Wirkung des Feuers, die ein Medizinprofessor namens Georg Ernst Stahl anfänglich durch das Entweichen eines Stoffes erklärte, der nach dem griechischen Wort für »verbrannt« den Namen Phlogiston bekam. Stahl bekämpfte die Alchemie als Aberglauben, er warf ihren Vertretern vor, der erwachenden Vernunft den Weg zu versperren, und forderte seine Kollegen auf, nach wissenschaftlich abgesicherten und zuverlässigen Verfahren vorzugehen, um Öle, Seifen, Farbstoffe, Schmiermittel und andere nützliche Stoffe herzustellen. In diesem Geist entstand 1736 in London eine erste chemische Fabrik. Sie konzentrierte sich auf die Herstellung von Schwefelsäure, mit der sich die Bleichzeit von Stoffen von drei Wochen auf einen Tag verkürzen ließ. Und der bedeutende Schritt hin zu einer Entwicklung der chemischen Großindustrie gelang der wachsenden Wissenschaft mit der Herstellung von Soda, das in der modernen Nomenklatur korrekt Natriumkarbonat heißt, im 18. Jahrhundert als Wasch-, Speise-, Back-

und Ätzsoda eine Fülle von Diensten leistete und bis heute im Sodawasser geschätzt wird. Als die französische Akademie der Wissenschaften 1775 einen Preis für die Entdeckung eines zufriedenstellenden Verfahrens zur industriellen Herstellung – also zur Großproduktion – von Soda ausschrieb, zeichnete sich durch diesen Schritt die künftige Verbindung von Wissenschaft, Industrie und Wirtschaft ab, die zum Erfolgsmodell wurde und die Entwicklung von Politik und Gesellschaft maßgeblich beeinflussen sollte.

Kurz vor dem eben genannten Jahr hatte der Chemiker Antoine Lavoisier in Paris die Versuche abgeschlossen, von denen er überzeugt war, dass sie »eine Revolution in der Chemie« bewirken würden. Was der damals 30-jährige Forscher bemerkt hatte, stellte er in einem Brief vom Februar 1773 vor, der mit den Worten beginnt: »Vor ungefähr acht Tagen habe ich entdeckt, dass der Schwefel beim Verbrennen, weit davon entfernt, sein Gewicht zu verlieren, im Gegenteil schwerer wird.« Im weiteren Verlauf des in die Geschichte eingegangenen Schreibens zieht Lavoisier den für seine Zeitgenossen verwirrenden Schluss, dass allgemein Stoffe, die verbrennen, nicht leichter, sondern schwerer werden, und er erkennt, dass mit den lodernden Flammen weder das Phlogiston noch irgendein anderer flüchtiger Stoff entweicht, sondern dass im Gegenteil ein Bestandteil aus der Luft geholt werden und sich mit der brennenden Substanz verbinden muss, auch wenn dieser Gedanke weder mit der antiken Idee eines Elements namens Luft noch mit dem gesunden Menschenverstand zu vereinbaren war und im Gegensatz zu sämtlichen intuitiven Vorstellungen von chemischen Prozessen stand.

Dieser letzte Punkt wird hier deshalb betont, weil der französische Wissenschaftsphilosoph Gaston Bachelard, der sich unter anderem Gedanken über die »Psychoanalyse des Feuers« gemacht hat, insgesamt wissenschaftliches Erkennen dadurch zutreffend charakterisiert, dass seine Ergebnisse dem gesunden Menschenverstand widersprechen und insofern Mühe erfordern (was populäre Kommunikatoren gerne unter den Teppich kehren oder mit fuchtelnden Armen und dem Abspielen von bunten Bildchen weggrinsen). Und mag es auch noch so offensichtlich sein, dass Flammen entweichen, wenn etwa ein Klumpen Schwefel brennt, das Verbrannte nimmt bei diesem Geschehen an Gewicht zu. Kontraintuitive Erkenntnisse sind in der Wissenschaft gang und gäbe. Der gesunde Menschenverstand stützt sich zwar auf die Mehrheitsmeinung und mag sich somit demokratisch geben, tatsächlich ist sein Urteil aber allzu oft dogmatisch, wenn er die Natur und ihre Abläufe betrachtet und sich sein in die Irre führendes Wissen zurechtlegt.

Zurück zu Lavoisier: Wie es der herausragende französische Chemiker in jungen Jahren vorhergesagt hatte, lösten seine Experimente und Überlegungen eine Revolution in seiner Disziplin aus, und dies gelang ihm und seinen Mitstreitern vor allem durch den konsequenten Einsatz einer Waage, mit deren Hilfe Quantitäten bestimmt werden konnten, was die seitdem moderne Chemie – anders als die Alchemie – zu einer exakten Wissenschaft macht. Lavoisiers Beobachtung, dass beim Lodern der Flammen der Luft etwas entnommen wird und der verbrennende Stoff sich dieses Etwas einverleiben muss, bedeutete allerdings keineswegs, dass man das Feuer jetzt verstanden hatte. Es war – im Gegenteil – rätselhafter oder geheimnisvoller geworden. So verhielt es sich mit vielen Naturphänomenen, nachdem die Chemiker im 18. Jahrhundert insgesamt mutig damit begonnen hatten, die klassische antike Grundordnung von vier Elementen – Feuer, Erde, Wasser und Luft – infrage zu stellen. Ersetzt wurden die alten Überzeugungen durch im Wortsinn abwägende Beobachtungen, wie sie zum Beispiel der britische Chemiker Joseph Priestley 1772 in seiner Abhandlung »Versuche und Beobachtungen zu verschiedenen Arten von Luft« beschrieben hat. Die Untersuchung der Luft gehörte überhaupt zu den faszinierenden Themen der Wissenschaft im 18. Jahrhundert. Eine Veranschaulichung hierfür liefert ein sowohl von seiner Fläche als auch von seinem künstlerischen Wert her großes Gemälde des englischen Malers Joseph Wright of Derby aus dem Jahr 1768. Die mehrere Quadratmeter ausmachende Leinwand des Bildes, das heute in der National Gallery in London hängt, zeigt ein »Experiment an einem Vogel in der Luftpumpe«. Eine kleine Zuschauerschar drängt sich um eine Apparatur mit einem Vogel, die so ausgeleuchtet ist, wie es in der damaligen Kunst sonst religiösen Gegenständen der Verehrung vorbehalten war. Die Pumpe erinnert an

Joseph Wright of Derby, »Experiment an einem Vogel in der Luftpumpe«, 1768.

Versuche Robert Boyles, der zu seiner Zeit bereits die Vermutung geäußert hatte, dass Luft an Verbrennungen beteiligt sei. In dem Jahrhundert nach ihm konnten die Chemiker dann Schritt für Schritt nachweisen, dass die ursprünglich als elementar und einheitlich betrachtete Luft in der physikalischen Wirklichkeit aus unterschiedlichen Komponenten bestand, die man heute Gase nennt, unter anderem Stickstoff, Sauerstoff, Kohlendioxid und Wasserstoff. Interessant in dem Zusammenhang ist die Herkunft des Wortes »Gas«. Es geht auf den flämischen Naturforscher Johan Baptista van Helmont zurück, der ursprünglich den bei Kälte über einem Wasser entstehenden Dunst oder Hauch so genannt hat, und zwar in Anlehnung an das aus dem Griechischen stammende Wort »Chaos«, das im Niederländischen wie »Gas« ausgesprochen wird.

Lavoisier hat sich im Laufe seiner chemischen Experimente ein antikes Element nach dem anderen vorgenommen, um seine Zusammensetzung zu erkunden. Er hat dabei zusätzlich die moderne Nomenklatur der Chemie eingeführt und dem Luftanteil, der beim Verbrennen gebunden wird, den Namen »oxygène« gegeben. Das »Säure erzeugende Gas« – so die ursprüngliche Bedeutung des Wortes – wurde in der deutschen Sprache zum »Sauerstoff«, von dem heute bekannt ist, dass Organismen wie der Vogel auf dem obigen Bild ihn einatmen müssen, um leben zu können. 1783 kommt Lavoisiers Abhandlung »Über die Zusammensetzung des Wassers« heraus, mit der er das letzte der vier alten Elemente zerlegt und zur allgemeinen Überraschung – also zur großen Verwunderung des Common Sense – zeigt, dass die Flüssigkeit aus zwei Gasen, nämlich Sauerstoff und Wasserstoff, in einer Knallgasreaktion gebildet werden kann. Mit der Abschaffung der antiken Viererbande von Elementen stellt sich das allgemeine Problem, wie man neue Grundstoffe an ihre Stelle setzt, und Lavoisier versucht sich daran im Jahre 1789 in seiner Schrift »Traité élémentaire de chimie«, die in der deutschen Übersetzung mit dem hochgelehrten Titel »System der antiphlogistischen Chemie« erscheint und mindestens zwei Auffälligkeiten aufweist. Zum einen geht Lavoisier mit keinem Wort auf seine Vorgänger ein; voller Stolz auf die eigenen Leistungen spricht er den damals etablierten Wissenschaftlern jegliche Qualität und Relevanz ab. Und zweitens vertritt er die Ansicht, dass sich die Chemie ihre eigenen Objekte schafft, indem sie zum Beispiel nicht das als Element bezeichnet, was sie in der Natur findet, sondern das, was sie durch eine zerlegende Analyse im Laboratorium erreichen und herstellen kann. Die Chemie fabriziert ihr eigenes Universum, wie Lavoisier meint. Es ist eine Welt, die der wissenschaftlichen Vernunft und dem Sachverstand zugänglich und durchsichtig ist. Damit erfüllt er genau die Bedingung der Möglichkeit, die Immanuel Kant als philosophische Voraussetzung aller Erkenntnis erfasst hat. Denn »der Verstand«, so Kant in der »Kritik der reinen Vernunft«, »schöpft seine Gesetze nicht aus der Natur, sondern schreibt sie dieser vor« – und Chemiker betrachten als Elemente nicht das, was ihnen die Natur etwa in Form von Feuer, Erde, Wasser und Luft zu fassen gibt, sondern was sie bei ihren gezielten Eingriffen zuletzt in der Hand halten – oder im Reagenzglas finden – und nicht weiter zerlegen können.

Mit Lavoisier befreit sich die Chemie aus ihrer selbst verschuldeten Unmündigkeit, um erneut Worte von Kant aufzugreifen, und es wird aufgefallen sein, dass die wissenschaftliche Revolution dieser Disziplin zeitlich mit der politischen zusammenfällt. Durch historische Umwälzungen wie die Französische Revolution erhält der altehrwürdige Begriff der Revolution eine neue, radikale Bedeutung. Revolution, das heißt jetzt nicht mehr nur »zu einem Ausgangspunkt zurückkehren«, wie es die Erde nach einem Umlauf um die Sonne tut – für dieses planetarische Kreisen am Himmel hatte Kopernikus das Wort »Revolution« eingeführt –, jetzt sollen mit Revolutionen auch Fortschritte verbunden sein, etwa die Verbesserung der eigenen Lebensverhältnisse oder das Gewähren bürgerlicher Freiheiten, auf die das Volk nach dem Sturm auf die Bastille und dem Sturz des Königs gehofft hatte.

Die dramatischen politischen Abläufe werden hier angesprochen, weil Lavoisier nicht nur als Gelehrter, sondern zugleich auch als Steuereintreiber arbeitete und damit ein Verwaltungsbeamter des Ancien Régime war. Und in dieser Funktion fällt er den sozialen Umbrüchen in seiner Heimat am Ende des 18. Jahrhunderts zum Opfer. Zwar schließt sich der Bürger Lavoisier der revolutionären Bewegung an, er lässt sich auch in den Gemeinderat von Paris wählen, beteiligt sich sogar an einer Reform der Maße und Gewichte, verhandelt darüber hinaus seit 1791 als Schatzmeister der Akademie über die Zahlung der Gehälter und zeigt sich sogar bereit, eigenes Geld in die von ihm gehütete und ziemlich ausgeschöpfte Schatztruhe zu füllen, um den schlimmsten Engpässen bei der Bezahlung seiner Kollegen vorzubeugen. Er versucht wahrlich alles, um die Akademie am Leben zu halten und in eine »Freie und brüderliche Gesellschaft für den Fortschritt der Wissenschaften« umzuwandeln, aber die Verhältnisse lassen solche Pläne nicht zu. Das Unternehmen, mit dessen Hilfe er Steuern eingetrieben hatte, stand längst in einem schlechten Ruf, und als die rabiaten Führer der Französischen Revolution sich daranmachten, die Vertreter des Ancien Régime festzunehmen, um Rache an ihnen zu üben, wurde auch Lavoisier erst ins Gefängnis geworfen und dann zur Guillotine geführt. Im Mai 1794 starb der gerade einmal 50 Jahre alte Begründer der modernen Chemie unter dem Fallbeil. Es ranken sich um diesen tief traurigen Moment zwei Geschichten. Die erste erzählt davon, dass Lavoisier um einen Hinrichtungsaufschub gebeten haben soll, um seine wissenschaftlichen Arbeiten noch abschließen zu können, was mit dem Satz abgelehnt wurde, dass »die Republik keine Gelehrten braucht«, wobei heute niemandem gesagt werden muss, wie weit diese Behauptung an der Wahrheit vorbeigeht (und das Gleiche wie die Jakobiner dachten auch die Nationalsozialisten, als sie die jüdischen Professoren aus dem Lande trieben und meinten, dass man auch ohne deren Wissen zurechtkommen könne). In der zweiten Geschichte geht es um den Moment, in dem Lavoisiers Kopf fiel. Als dies passierte, blickte der unter den Zuschauern weilende Mathematiker Joseph Lagrange auf seine Uhr und meinte: »Eine Sekunde brauchen sie nur, um seinen Kopf zu nehmen, vielleicht werden hundert Jahre vergehen, bis ein ähnlicher wieder wächst.« Wissenschaftler wie Lavoisier sind in der Tat Ausnahmeerscheinungen. Nur in den seltensten Fällen gelingt es einem Einzelnen, auf seinem Fachgebiet einen Entwicklungsschub auszulösen, der mit dem vergleichbar wäre, den Lavoisier ausgelöst hat.

Die Idee des Fortschritts

Lavoisier hatte versucht, den Fortschritt der Wissenschaften institutionell zu festigen, und heute gehört die Idee des Fortschritts zum Standardrepertoire der Argumentation, wenn zum Beispiel Ökonomen über die Notwendigkeit von Innovationen sprechen oder zur Freude der Politiker ihre Wachstumsprognosen abgeben. Fortschritt, das heißt mehr Verfügungsgewalt über die Natur und bessere Vorhersagen für die Zukunft, und bei aller Fortschrittseuphorie vergessen wir oft, dass auch die Idee des Fortschritts erst entstehen und sich entfalten musste. Wie dies abgelaufen ist, erzählt der Historiker John B. Bury in seinem Buch »The Idea of Progress«. Der griechische Geist meinte, das goldene Zeitalter sei schon seit Längerem vorbei, im Mittelalter fügte man sich in das gottgewollte Schicksal und sah vor sich nur das Jüngste Gericht, und auch die Renaissance richtete den Blick – wie es die Vorsilbe »Re-« andeutet – eher in die Vergangenheit und orientierte sich dabei am Ideal der klassischen Antike. Diese Einstellung änderte sich grundlegend zu Beginn des 17. Jahrhunderts, als es zur Geburt der modernen Wissenschaft in Europa kam. Ihre Praxis ermöglichte die Selbstbefreiung durch das Wissen und erlaubte es den Menschen, ihr Schicksal in die eigenen Hände zu nehmen. Während man davor meinte, dass die Geschichte den Menschen macht, konnte man nun erkennen, dass das Gegenteil der Fall war. Die Menschen waren dazu in der Lage, ihre Geschichte selbst zu machen, in gleicher Weise, wie die Physiker bald ihre Gesetze und die Chemiker ihre Elemente machen sollten. Und spätestens in den Jahren der Französischen Revolution tauchten philosophische Schriften auf, die sich ganz allgemein zutrauten, den »Entwurf einer historischen Darstellung der Fortschritte des menschlichen Geistes« zu liefern. Unter dieser Überschrift erschien 1795 eine mutige Abhandlung über die künftigen Möglichkeiten der Gesellschaft, verfasst vom französischen Philosophen, Mathematiker und Politiker Marie Jean Antoine Marquis de Condorcet, der vom Potenzial der aufkommenden Wissenschaften überzeugt war. Dem Autor war es leider nicht vergönnt, die Veröffentlichung seines Textes zu erleben. Er hatte ihn in einem Versteck geschrieben, das er 1793 aufsuchen musste, weil die Jakobiner ihn festnehmen wollten, nachdem sich Condorcet kritisch zur neuen Verfassung geäußert hatte, die sich in wesentlichen Punkten von seinem eigenen Entwurf unterschied. Als Condorcet seinen Unterschlupf verließ, um weiter zu fliehen, weil er sich am alten Ort nicht mehr sicher fühlte, wurde er verhaftet und starb kurz nach seiner Festnahme im Gefängnis. Über die Todesursache herrscht keine Einigkeit. Mal ist von einer Herzkrankheit die Rede, der er erlegen sei, mal von einer Vergiftung oder gar von einem Suizid.

In vielen gesellschaftlichen Fragen war Condorcet seiner Zeit weit voraus. Als Pionierleistung zu würdigen ist sein Einsatz für das Frauenwahlrecht, für die Gleichberechtigung von Menschen unterschiedlicher Hautfarbe und sein Plädoyer für die Abschaffung der Sklaverei. Als Mathematiker beschäftigte er sich zudem mit statistischen Problemen, die den Schluss nahelegen, dass er über einen ausgeprägten Gerechtigkeitssinn verfügte. So erkannte er zum Beispiel, dass es bei Vorzugswahlen unter Umständen unmöglich ist, einen Sieger zu ermitteln. Dies ist etwa dann der Fall, wenn sich die Präferenzen in den Ranglisten so verteilen, dass jeder Kandidat in der Abstimmung besser abschneidet als einer seiner beiden Gegenkandidaten. Ebenso befasste er sich mit der Verlässlichkeit von Jury-Entscheidungen und untersuchte dabei besonders das Verhältnis zwischen der Anzahl der Jurymitglieder und der Wahrscheinlichkeit, dass die einzelnen Juroren mit ihrer jeweiligen Entscheidung richtigliegen. Diese kniffligen Fragen können hier nicht im Detail erörtert werden, aber sie zeigen auf jeden Fall, dass Condorcet hoffte, das Zusammenleben und gemeinschaftliche Vorgehen von Menschen mit mathematischer Hilfe besser organisieren zu können.

1795 lag Condorcets großer »Entwurf« zum Fortschritt vor, in dem er seine Ansicht verkündete, dass die Fehler der Politik durch das Ignorieren von physikalischen und mathematischen Gesetzen zu erklären seien, und die Hoffnung äußerte, dass zunehmendes Wissen sowohl in den Naturwissenschaften als auch in den Sozialanalysen zu einer gerechteren Welt mit mehr individuellen Freiheiten, zunehmendem materiellem Reichtum und angemessenen moralischen Leidenschaften führen kann. Condorcet zeigte sich überzeugt, dass Fortschritte auf dem Gebiet der Physik, der Chemie und anderer Disziplinen auch Fortschritte im sittlichen und gesellschaftlichen Bereich nach sich ziehen können. In absehbarer Zeit sei das System der Physik erschlossen, dann werde man mit der Erarbeitung einer ähnlich exakten Ethik beginnen, die nach ihrem Abschluss der Politik und ihren rational argumentierenden und agierenden Vertretern sagen könne, was in der sozialen Praxis unternommen werden muss, um die Menschen zu erreichen und sie in der vor ihnen liegenden offenen Zeit glücklich zu machen.

Wer im 21. Jahrhundert solche Sätze und Prognosen liest, wird die Brauen hochziehen und sich wundern. Er wird sich grübelnd fragen, was an den optimistischen Ausführungen Condorcets nicht stimmen kann und warum sich das Hoffen oder Warten auf einen solch paradiesisch anmutenden Zustand als vergeblich und trügerisch erweist, obwohl doch nahezu alle daran Interesse zeigen. Ein Argument, das später erneut zum Tragen kommt, wenn politische Utopien verkündet werden, weist darauf hin, dass es ja nicht darum geht, einzelne Menschen glücklich zu machen. Vielmehr wird erwartet, Gemeinschaften oder gar ganze Gesellschaften so zu organisieren, dass dabei reine Harmonie unter den Bürgerinnen und Bürgern herrscht, dass Neid und Konkurrenzdenken überwunden werden und all die vielen Unterschiede, die sich in den mannigfaltigen Bedürfnissen einzelner Personen zeigen, keine Rolle mehr spielen. Ein zweites Argument geht von dem Gedanken aus, den der Philosoph Friedrich Nietzsche im 19. Jahrhundert ausformulieren wird und der in einschlägigen Kreisen unter dem Stichwort »Wille zur Macht« zirkuliert, was in Verbindung mit Bacons Diktum »Wissen ist Macht« auch als der »Wille zum Wissen« gelesen werden kann. Für Nietzsche gehört der genannte Wille unlösbar zum Leben. Mit ihm bejahen Menschen den ewigen Kreislauf von Leben und Tod, von Entstehen und Vergehen und von Erneuern und Zerstören. »Alles geht, alles kommt zurück, ewig rollt das Rad des Seins«, heißt es beim Philosophen mit dem Hammer, wie Nietzsche sich selbst nannte, und das Existenzgefühl des rastlosen Strebens muss als unverträglich mit der Idee eines glücklichen Menschen angesehen werden, der doch im Sinne der Aufklärung oder der Fortschrittsphilosophen alles hat und nichts mehr begehren kann. Die dialektische Pointe dabei ist, dass dieses Glück, sobald es einmal erreicht ist, seinen Reiz verliert und den Menschen somit unglücklich macht. Goethes Faust verwettet seine Seele bekanntlich an den Teufel, um den Augenblick des höchsten Glücks genießen zu können, in dem er meint, alles erreicht zu haben und nichts mehr zu wollen – aber nur um am Ende des ungeheuren Dramas zu erfahren, dass im vermeintlichen Moment der Erfüllung die Sorge durch das Schlüsselloch zu ihm vordringt und ihn erkennen lässt, dass ihm all sein Wissen nicht die Gewissheit gibt, dass alles auch so bleiben wird, wie es gerade ist und wie er es sich so sehnlich gewünscht hat.

Was dem 19. Jahrhundert der »Wille zur Macht« des faustischen Menschen, ist Condorcet die Vorstellung, dass seine Artgenossen die Idee des Fortschritts in sich tragen, dass besagte Idee – wie man heute vermutlich formulieren würde – »in ihren Genen« steckt und sie sich deshalb unentwegt um verbesserte Daseinsbedingungen bemühen, unter anderem dadurch, dass sie immer mehr Wissen anhäufen und ihre

Kenntnisse der Umwelt fortlaufend erweitern. Er weiß und bedauert, dass es weiten Teilen der Bevölkerung aufgrund mangelnder Schulbildung am nötigen Wissen fehlt, um sich von langfristigen Plänen zur Verbesserung ihrer Lage überzeugen zu lassen. Deshalb arbeitet er vor seinem »Entwurf einer historischen Darstellung der Fortschritte des menschlichen Geistes« an Schriften, die sich mit einer Reform des Schulwesens befassen, verknüpft mit der Hoffnung, dass die Vermittlung von Wissen die Menschen tugendhaft werden lasse und ein Zustand der Vollkommenheit eines Tages erreichbar sei. Er schwärmt von der »Machbarkeit der Welt« und sieht den Menschen als Schöpfer dieser Welt an. Der französische Gelehrte glaubt an ausreichende Fortschrittsmöglichkeiten, die es den Menschen erlauben, an die Stelle Gottes zu treten und für ihr Glück selbst zu sorgen.

Das Wissen der Welt

Solchen Höhenflügen des fortschrittlichen Denkens sind in Frankreich literarische Bemühungen vorausgegangen und dienlich gewesen, die in der Mitte des 18. Jahrhunderts die wohl berühmteste Wissenssammlung der Geschichte hervorgebracht haben. Was den Internetnutzern heute die Wikipedia, war den gebildeten Kreisen im Zeitalter der Aufklärung ein imposantes, unter der Ägide des Gelehrten Denis Diderot entstandenes Nachschlagewerk namens »Enzyklopädie oder wohlgeordnetes Wörterbuch der Wissenschaften, der Künste und des Handwerks«, dessen erste Bände 1751 erschienen und in ganz Europa Absatz fanden. Diderot selbst verfasste den Eintrag zum Stichwort »Enzyklopädie«. Ihr Ziel sei es, »die auf der Erdoberfläche verstreuten Kenntnisse zu sammeln und sie den nach uns kommenden Menschen zu überliefern, damit die Arbeit der vergangenen Jahrhunderte nicht nutzlos […] gewesen sei«. Er und seine Mitstreiter, so Diderots Hoffnung, sollen nicht sterben, »ohne sich um die Menschheit verdient gemacht zu haben«, und die Enkel sollen »nicht nur gebildeter, sondern gleichzeitig auch tugendhafter und glücklicher werden«.

Diderot verfasste die Enzyklopädie mit insgesamt 142 Autoren, die sich Enzyklopädisten nannten und zu denen neben Wissenschaftlern und Schriftstellern auch Handwerker gehörten, darunter Uhrmacher und Kartografen, die ihr Wissen von der Vermessung der Zeit oder der Erde niederschrieben. Diderots Enzyklopädie, die am Ende über 60 000 Stichwörter umfasste und die er nach seinem Tod vertrauenswürdigen Nachfolgern überlassen musste, brachte es bis zum Erscheinen des letzten Bandes im Jahre 1780 auf 35 Bände.

Das sperrige Wort »Enzyklopädie« hat sich aus dem für uns nur schwer auszusprechenden griechischen Ausdruck »enkyklios paideia« entwickelt, der sich als »Kreis der Bildung« übersetzen lässt. Gemeint war ursprünglich die Allgemeinbildung, die sich in der Antike ein frei geborener Jüngling anzueignen hatte. Die Idee, dass ein Mensch frei sein muss, um überall nach Wissen suchen zu können, findet sich übrigens nicht nur bei den alten Griechen. Man begegnet ihr zum Beispiel auch in Wolfgang Amadeus Mozarts 1787 uraufgeführter Oper »Don Giovanni«, deren Held das Wissen als neue Religion zelebriert, was ihm im Theater schlecht bekommt und mit einer Höllenfahrt endet. Max Frisch greift im 20. Jahrhundert diesen Aspekt des gewöhnlich nur als Verführer gesehenen Don Juan auf, indem er ihm in seinem dazugehörigen Theaterstück eine besondere »Liebe zur Geometrie« attestiert. Damit schafft er eine durch und durch ambivalente Figur: einen Wahrheitssucher, der jeder Gefühlsregung misstraut und dadurch sein Umfeld ins Verderben stürzt.

Vom Glück der Freiheit

Um die Menschheit verdient machen wollte sich nicht nur Diderot, sondern auch der als Nationalökonom bekannt gewordene Schotte Adam Smith, der 1776 sein bis heute konsultiertes Buch »Der Wohlstand der Nationen« vorlegt. Darin führt er aus, dass es die von den Menschen geleistete Arbeit ist, die den Reichtum eines Landes ausmacht. Bedingt durch das natürliche Streben der Individuen nach Eigennutz werde das gesamte Wirtschaftsgeschehen am Markt wie durch »eine unsichtbare Hand« geführt, woraus der Schotte den Schluss zieht, dass das ökonomische Geschehen keine Lenkung benötigt und ein Staat sich darauf beschränken sollte, einen gesetzlichen Ordnungsrahmen für die Akteure am Markt, also für Produzenten, Konsumenten und Händler, abzustecken. Das zweite große Thema des Werkes sind die Fortschritte in der Produktivität. Im Wesentlichen verdanke sich die Produktivitätssteigerung dem Umstand, dass Unternehmen die Arbeit von Menschen aufteilen, was durch deren angeborene Neigung zum Tauschen möglich werde und sich daher erfolgreich durchführen lasse.

Im selben Jahr, in dem »Der Wohlstand der Nationen« als Meilenstein der Wirtschaftsgeschichte erscheint, wurde mit der Gründung der Vereinigten Staaten von Amerika ein Meilenstein der Weltgeschichte gelegt. Als Gründungsdokument kann man auf den Entwurf der amerikanischen Unabhängigkeitserklärung verweisen, den Thomas Jefferson 1776 zu Papier bringt und der auch vom Glück handelt. Jefferson beginnt mit einer großen Formulierung: »Wir erachten diese Wahrheiten als heilig & unbestreitbar«, und führt dann aus, welche Wahrheiten er meint: die politische Gleichheit aller Menschen, deren naturgegebenen Rechte und die Souveränität der Völker. Zu den unveräußerlichen Rechten zählen »die Erhaltung des Lebens & der Freiheit & das Streben nach Glück«, und weiter heißt es, dass es den Regierungen obliegt, diese Rechte zu schützen. In der 1787 verabschiedeten amerikanischen Verfassung wird emphatisch »vom Glück der Freiheit« die Rede sein, das es für Menschen zu bewahren gilt – eine Forderung, die man eigentlich uneingeschränkt begrüßen sollte, gäbe es da nicht den sich bis in die Gegenwart auswirkenden Schönheitsfehler, dass weder Schwarze noch Frauen in vollem Umfang miteinbezogen werden, wenn »diese Wahrheiten« zum Tragen kommen.

Zu den Unterzeichnern der Unabhängigkeitserklärung und den Politikern, die die vorbildliche Verfassung der USA in Kraft gesetzt haben, gehört der zu Beginn des 18. Jahrhunderts in Boston geborene Benjamin Franklin, der in Biografien als Politiker, Drucker, Verleger, Schriftsteller und Naturwissenschaftler vorgestellt wird und mit dessen lebensrettender Erfindung dieses Kapitel schließen soll. Gemeint ist der Blitzableiter, von dem zum ersten Mal im Jahre 1752 zu erfahren ist, als Franklin einen Drachen steigen ließ, um mit seiner Hilfe die in Gewitterwolken vermutete Elektrizität abzuleiten. Franklin war zuvor aufgefallen, dass elektrostatische Entladungen Ähnlichkeiten mit Blitzen aufwiesen, und so machte er sich daran, die Gefahren von bedrohlichen Unwettern mit den von Donner begleiteten grellen Lichterscheinungen nicht mehr durch Murmeln von Gebeten oder durch Anrufung eines Blitze schleudernden Zeus, sondern durch eine von Wissen geleitete und rational ausgeführte Methode in den Griff zu bekommen, auch wenn er sich bei dem Versuch selbst in Gefahr begeben musste. Mit dem Erfolg von Blitzableitern und ihren Rettungsaktionen verloren die krachenden Naturgewalten in den kommenden Jahren ihre Bedrohlichkeit, sie wurden zu erklärbaren und mithin kontrollierbaren Naturerscheinungen. Wissen konnte Leben und Eigentum retten, und auch hier zeigte sich der Philosoph der Aufklärung, Immanuel Kant, begeistert. Er nannte Franklin den neuen Prometheus, der mit seinem Drachen (!) den Göttern das Feuer des Himmels entreißen und es in die technisch geschickter werdenden Hände der sich zunehmend an den Wissenschaften orientierenden Menschheit legen konnte. Kulturhistoriker sehen hierin einen entscheidenden Schritt auf dem Weg zu einem neuen Selbstverständnis des Menschen. Sie sprechen vom Prozess der Säkularisierung, die mit dem Versprechen einhergeht, dass sich die Menschen ohne Furcht von der überkommenen religiösen oder kirchlichen Bevormundung lösen können. Die Wissenschaft zittert nicht, und ihr Wissen beruhigt, weil es neue Handlungsmöglichkeiten hervorbringt. Sie scheinen im 19. Jahrhundert bald ins Unermessliche zu wachsen.

Wissenschaft wird zum Beruf
Die Industrialisierung im 19. Jahrhundert

»Wissenschaft als Beruf« – so lautet der Titel einer berühmt gewordenen Rede, die der innerhalb seiner Zunft als überragend bewertete Sozialwissenschaftler Max Weber 1917 in München gehalten hat und die zwei Jahre später in gedruckter Form erschienen ist. Bei der Durchsicht der sozialen und wirtschaftlichen Entwicklungen des 19. Jahrhunderts war Weber eine dramatische Veränderung aufgefallen, die man durch die bereits verwendete Formulierung ausdrücken kann, dass die Forscher im 17. und 18. Jahrhundert *für* die Wissenschaft gelebt haben, während sie im Rahmen der zunehmenden Industrialisierung im 19. Jahrhundert anfingen, *von* der Wissenschaft zu leben. Wissenschaft wandelte sich vom spielerischen Neugierverhalten vielfach zum ernsten Beruf. Die Universitäten waren inzwischen so groß geworden und hatten sich so gut organisiert, dass man nach abgeschlossenem Studium eine Karriere als bezahlter Wissenschaftler an dieser akademischen Institution anstreben konnte und mit dieser Tätigkeit auch durchaus in der Lage war, den Lebensunterhalt für sich und seine Familie zu bestreiten. Dabei darf man ruhig zur Kenntnis nehmen, dass die Dozenten nicht deshalb Professoren genannt wurden, weil sie sich zum Wissen bekannten, wie die Wortherkunft nahelegt. Hochschullehrer sind keine »Bekenner«, auch wenn diese pathetische Übersetzung für den ehrwürdigen akademischen Titel gerne vorgeschlagen wird. »Professor« ist vielmehr das lateinische Wort für einen Lehrer, der sein Wissen gegen Geld anbietet und sich für seine Forschung und Lehre bezahlen lässt, wie anrüchig auch immer das bis heute wirken mag. Daneben gibt es eine zweite und bessere Art, von der Wissenschaft zu leben. Im Verlauf des 19. Jahrhunderts fanden Wissenschaftler zunehmend Verwendung in den neu gegründeten chemischen und pharmazeutischen Unternehmen. Um die besten anziehen und einstellen zu können, musste man ihnen bald mindestens das Gleiche bieten wie den kaufmännischen Firmenlenkern. Vor allem Chemiker konnten in der aufblühenden Farbstoffindustrie erstaunliche Karrieren machen, sie konnten sogar Manager werden und sich dann »als Könige« fühlen, wie vor allem der Industrielle Carl Duisberg zeigte, der die heute global operierende Bayer AG im 19. Jahrhundert nach ihren kleinen Anfängen in Elberfeld übernahm und zu einem Weltkonzern mit Leverkusen als Standort ausbaute. Wissenschaft wird dank solcher Entwicklungen mehr als nur ein Beruf, nämlich fast eine Weltmacht und auf jeden Fall die treibende Kraft der Geschichte. Bemerkt hatte das seinerzeit der in Berlin tätige Zellforscher und Sozialmediziner Rudolf Virchow, der 1873 in einer Rede davon sprach, dass die Naturforschung die Gesellschaft grundlegend umgestalte. Sie »beherrscht unser ganzes Familien- und Staatsleben. Sie herrscht nicht bloß in Fabrik, Werkstätte und Küche, sondern auch in der Kriegsführung und Diplomatie, in der Kunst und im Handel – sie herrscht überall«, und es braucht nicht betont zu werden, dass sich diese Lage im 20. und 21. Jahrhundert weiter zugunsten der Wissenschaft entwickelt hat. Es gilt, die Wissenschaft als historische Kraft zu begreifen, auch wenn manche in der Öffentlichkeit hofierten Intellektuellen das bis heute nicht wahrhaben wollen.

Wissenschaft als Geschichte

Als Max Weber allgemein über geistige Arbeit als Beruf nachdachte, war ihm der Gedanke gekommen, dass mit der industriellen Anwendung von Forschung eine »Entzauberung der Welt« einhergeht. Mit dieser bis heute vielfach wiederholten Formel wollte Weber einen von ihm beobachteten Trend im frühen 20. Jahrhundert umschreiben, als man meinte, dass sich »alle Dinge – im Prinzip durch *Berechnen beherr-*

schen« lassen, dass es »also prinzipiell keine geheimnisvollen unberechenbaren Mächte gebe«, wie Weber sagte. Der moderne Mensch – so der Gelehrte – muss nicht mehr »zu magischen Mitteln greifen, um die Geister zu beherrschen oder zu erbitten«. Dies leisten inzwischen vielmehr die technischen Mittel der Neuzeit und das Berechnungsinstrumentarium, das von der Wissenschaft zur Verfügung gestellt wird. Den sozialen Wandel in diese technische Richtung kennzeichnet Weber als »intellektualistische Rationalisierung«, und als »Intellektualisierung« bezeichnet er auch das Wirken der Wissenschaft, der offenbar der Makel anzuhaften scheint, dass sie jeglicher Leidenschaft entbehrt und eher dazu angetan ist, eine gediegene Langeweile zu verbreiten.

Wissenschaft wurde mit diesem sozialphilosophischen Befund von einer höheren Berufung zu einem niederen Beruf degradiert. Sie verließ ihr akademisches Umfeld und begann zunehmend in den Alltag einzugreifen. Medikamente entstammten nur noch selten den Händen von Kräuterweiblein. Vielmehr erfuhren sie immer öfter eine industrielle Zubereitung und kamen – zum Beispiel als Tropfen in Flaschen abgefüllt – über den Markt zu den Patienten.

In Einzelfällen mag zutreffen, was Weber schreibt, aber das Diktum von der Entzauberung ist alles andere als ein origineller Erklärungsversuch. Der Philosoph Rémi Brague nennt in seinem Buch »Weisheit des Westens« Webers Ansicht vielmehr eine »reichlich abgedroschene Auffassung«, da der Gedanke und das Wort bereits seit der ersten Hälfte des 19. Jahrhunderts zirkulierten und so etwas wie die Neutralisierung des Kosmos oder die Verneinung eines Gottes meinten. In diesem Zusammenhang neigt man vielleicht zur Annahme, dass die Entzauberung eine Folge der Aufklärung ist, und genau so kann man es in der »Dialektik der Aufklärung« von Max Horkheimer und Theodor W. Adorno lesen. Dort findet sich gleich zu Beginn der Satz: »Das Programm der Aufklärung war die Entzauberung der Welt« – eine kühne These, die leider meilenweit von der Wahrheit entfernt ist.

Im Laufe ihrer weiteren Entwicklung blieb die Wissenschaft nicht dabei stehen, Menschen Berufschancen zu eröffnen. Sie übernahm vielmehr, anfänglich noch unbemerkt, spätestens nach dem Zweiten Weltkrieg aber immer umfassender, die Gestaltung der Gesellschaft, was fast logisch erscheint. Denn wenn seit dem 19. Jahrhundert der Gedanke akzeptiert wird, dass es nicht die Geschichte ist, die den Menschen macht, sondern dass es umgekehrt die Menschen sind, die ihre Geschichte vorantreiben, dann sollte diese Dynamik speziell von denjenigen ausgehen, die die Wissenschaft zu ihrem Beruf gemacht haben und all die technischen Möglichkeiten in die Welt setzen, deren praktische Umsetzungen unsere Existenzbedingungen verbessern.

Wie sehr die Wissenschaft inzwischen in jeden Lebensbereich vorgedrungen ist, zeigt schon ein flüchtiger Blick in die Tagespresse. An einem beliebig gewählten Datum liest man im Wirtschaftsteil einer auflagenstarken, überregionalen Tageszeitung zum Beispiel über Lithium-Ionen-Akkus und den Kampf um die dazugehörigen Batterierohstoffe, die für die Elektromobilität benötigt werden, während auf den Finanzseiten derselben Ausgabe die Kohlendioxidemissionen von Elektrogeräten thematisiert werden. In einer anderen Spalte geht es um die Blockchain, an der ein deutscher IT-Entwickler mitarbeitet, um mit digitalen Währungen (Bitcoins) zu handeln, und unter der Rubrik »Vermögensfragen« wird erörtert, ob »Rendite ohne Kernkraft und Gentechnik« noch möglich ist und ob man »mit Nachhaltigkeit an den Börsen gut verdienen« kann. Jeder, der ein Smartphone in der Tasche trägt, um zwischendurch seine Mails abzurufen oder seinen Gesundheitszustand abzufragen und die Ergebnisse in die Welt zu twittern, wird die Auflistung um weitere Beispiele ergänzen können.

Wohlgemerkt: Es geht in dieser Berichterstattung nicht um Wissenschaft und Technik, sondern um den damit vollgestopften Alltag, den Wirtschaft und Politik für ihre Kunden und Wähler gestalten. Und dabei zeigt sich, dass die öffentlichen Macher keinen Tag lang mehr ohne die Wissenschaft und ihre ubiquitären technischen Folgen auskommen, was auf der einen Seite zwar niemanden mehr verwundern sollte, auf der anderen Seite aber ziemlich verstörend wirkt. Denn eines lässt sich sicher sagen: Von den Mitgliedern des Deutschen Bundestages oder den EU-Parlamentariern versteht bestenfalls eine verschwindende Minderheit, wie eine Blockchain oder eine Batterie operiert, von Transistoren oder Halbleitern in Handys ganz zu schweigen. Aber wie unbeschlagen die gewählten Vertreter des Volkes in technischen Dingen auch sein mögen, es wird von ihnen erwartet, dass sie sich um Atomkraft, Automatisierung, Digitalisierung, Genomprojekte, Nanotechnologie, erneuerbare Energien und andere Folgen der Wissenschaft kümmern und in diesen Politikfeldern wichtige Entscheidungen treffen. Wenn sie ihre politische Aufgabe ernst nehmen, werden sie rasch merken, dass sich die wenigsten Dinge »im Prinzip durch *Berechnen beherrschen*« lassen, wie Weber ebenso lässig wie irrtümlich verkündet hat, und sie bekommen auch zu spüren, dass die »geheimnisvollen unberechenbaren Mächte« keineswegs verschwunden sind, wie der Sozialwissenschaftler meinte. Sie haben nur einen neuen Platz gefunden – und zwar nicht mehr außen in der Welt irgendwo über den Dingen, sondern tief im Inneren der wundersamen Maschinen, von denen das alltägliche Leben immer stärker abhängt und bestimmt wird. Die sich gerne aufgeklärt gebende Gesellschaft vertraut immer weniger dem menschlichen Verstand und dafür umso mehr einer maschinellen Software, selbst wenn sie diese bestenfalls im Halbdunkel erfassen und kaum noch verstehen kann.

Zwar nehmen viele Menschen die verführerischen Angebote einer technikverwöhnten Gesellschaft wahr, und sie kaufen auch die nötigen Apparate. Sie behandeln die vielen bald unersetzlichen Geräte dann aber wie eilfertige Diener, die, sobald sie ihre Schuldigkeit getan haben, im Jackett oder in der Handtasche verschwinden. Hier sollte sich die drängende Frage stellen, wie die umfassend mit Schulbildung versorgten und von den Medien ausführlich informierten Menschen im 21. Jahrhundert mit ihrer sie eigentlich bedrückenden wissenschaftlichen Ahnungslosigkeit umgehen. Man erwartet, dass sich dazu Sozialpsychologen zu Wort melden, doch von denen vernimmt man nur dröhnendes Schweigen. Im Land der Dichter und Denker gehören technisch-wissenschaftliche Kenntnisse immer noch nicht zur Bildung, wie sich spielend leicht mit Zitaten von Sozialforschern zeigen lässt, die nach Weber kamen und wie etwa Jürgen Habermas der Meinung sind, dass eine wissenschaftlich erforschte Natur keinen Gesprächsstoff für gebildete Menschen wie ihn und seine Kollegen liefert. Weber selbst leistete dieser Einstellung Vorschub, als er 1917 dem Publikum auf merkwürdige Weise die Absolution für seine Ahnungslosigkeit erteilte.

Es geht seit Immanuel Kant um Aufklärung, und die hat bekanntlich mit Unmündigkeit zu tun und stellt die mutige philosophische Aufforderung an die Menschen dar, sich durch eigene Denkanstrengungen aus diesem elenden Zustand zu befreien und sich auf keinen Fall der Leitung eines fremden Verstandes zu unterwerfen. Genau dazu forderte Max Weber seine Mitmenschen aber auf, als er über »Wissenschaft als Beruf« redete, auch wenn das nicht sofort ins Auge springt. An einer Stelle seines Vortrags fragt Weber seine Zuhörer, wer von ihnen »eine größere Kenntnis der Lebensbedingungen hat, unter denen er existiert, als ein Indianer oder ein Hottentotte«. Und der gelehrte Redner gibt anschließend selbst die Antwort, indem er seine Überzeugung kundtut, dass kaum jemand über dieses Wissen verfügt, denn »wer von uns Straßenbahn fährt, hat – wenn er nicht Fachphysiker ist – keine Ahnung, wie sie das macht, sich in Bewegung zu setzen«.

Dass Weber die Funktionsweise einer Straßenbahn weder versteht noch erklären kann, stellt an sich kein gravierendes Problem dar, bedenklich ist aber, was er anschließend unternimmt, um seine Zuhörerschaft zu beruhigen. Sie brauche »nichts davon zu wissen«, argumentiert er. Erstens könne man ja einen Experten fragen, und zweitens genüge es, wenn jemand sein Verhalten an den Bewegungen der Straßenbahn ausrichten kann. Das klingt zwar harmlos, doch mit dieser Idee läutet der Sozialwissenschaftler das Ende der Aufklärung ein, was seine Nachdenker bis heute entweder nicht bemerken oder vielleicht sogar gutheißen. Mit seinen Ausführungen zur Elektrischen billigt er den Verzicht auf eigenständiges Denken. Er möchte, dass die Menschen wieder tun, was Kant ihnen austreiben wollte, und übersieht, dass er einem großen Irrtum über die von ihm als Berufsmöglichkeit angepriesene Wissenschaft aufsitzt.

Bereits 1905 hatte Albert Einstein bei seinem Bemühen um ein Verständnis des Lichtes bemerkt, dass eine wissenschaftliche Erklärung der Welt das Geheimnis der erforschten Phänomene nicht aufhebt, sondern es im Gegenteil nur vertieft. Natürlich kann man 1917 einen Physiker oder Ingenieur fragen, wie eine Straßenbahn funktioniert, und natürlich wird er dann von elektrischen Strömen und ihrer wandelbaren Energie erzählen, die sich beide sogar berechnen lassen. Darüber hinaus ist ihm aber auch bewusst, dass er weder weiß, was da durch die Kabel strömt, noch sagen kann, was diese Größen – die Elektrizität und die Energie – letztlich darstellen. Der Erfinder und Elektroingenieur Nikola Tesla schrieb am Ende seines Lebens, er habe achtzig Jahre über der Frage gebrütet, was Elektrizität ist, ohne eine Antwort zu finden. Und Einstein hat von 1905 an fünf Jahrzehnte lang darüber nachgedacht, was Licht ist, ohne zu einem befriedigenden Ergebnis zu kommen – wobei er kurz vor seinem Tod anmerkte, dass heute »jeder Lump« meine, hier Bescheid zu wissen, ohne zu merken, wie sehr er sich täuscht.

Mit anderen Worten: Von einer Entzauberung der Welt durch eine aufklärungsbereite Wissenschaft kann überhaupt keine Rede sein, stattdessen befördern die Vorschläge und Überlegungen der Forscher nur das Gegenteil, nämlich ihre Verzauberung. Die Wissenschaft romantisiert die Welt sogar, indem sie dem Bekannten die Würde des Unbekannten und dem Gewöhnlichen die Aura des Geheimnisvollen verleiht. Nach Einsteins Überzeugung ist es ebenjenes Gefühl für das Geheimnisvolle, das zum Staunen führt, und dem Staunen wiederum entspringt die Kreativität. Derjenige aber, der nicht mehr staunen kann, derjenige, dessen Auge erloschen ist, der ist Einstein zufolge »sozusagen tot« und auf keinen Fall mehr zum kreativen Denken fähig.

Wissen erhellt und erhält die Welt

»Das 19. Jahrhundert war gerade im dritten Monat, als der berühmte Alessandro Volta, Professor zu Padua, Kunde von einem neuen Wunder gab [gemeint ist die Volta-Säule als Urform der Batterie]. Als das Säkulum zu Ende ging, war der Zusammenhang von Elektrizität und Magnetismus erforscht, waren Telefon, Dynamomaschine und Glühlampe erfunden, und kurz vor Torschluss musste sich das Elektron noch zu erkennen geben. Es hat demnach einen Sinn, vom ›Jahrhundert der Elektrizität‹ zu sprechen.« Mit diesen Worten leitet Fritz Fraunberger das Kapitel »Vom Frosch zum Dynamo« in seiner »Illustrierten Geschichte der Elektrizität« ein. Im 19. Jahrhundert erhellte das Wissen tatsächlich die Welt, und der zitierte Frosch war vom Italiener Luigi Galvani untersucht worden, der 1791 einen lateinisch verfassten Aufsatz mit dem Titel »De viribus electricitatis in motu musculari Commentarius« veröffentlichte, was man mit »Erörterungen zur Elektrizität bei der Muskelbewegung« übersetzen könnte. Galvani hatte beobachtet, dass auf Gitterstäben eines Balkons angebrachte Froschschenkel zu zucken begannen, als sich ein Gewitter über Bologna entlud und Blitze vom Himmel krachten. Diese Erscheinung wurde als Hinweis auf die Existenz von tierischer Elektrizität gedeutet, was Volta ins Grübeln brachte. Elektrische Phänomene und die dazugehörigen positiven und negativen Ladungen hatten seit Langem die Aufmerksamkeit der gelehrten Welt auf sich gezogen, ohne dass man einen Weg fand, kontinuierliche Ströme zu erzeugen und zu nutzen. Galvanis Beobachtung brachte Volta nun auf die Idee, die eigene Zunge einzusetzen, um das Vorhandensein elektrischer Spannungen zu prüfen, nachdem er auf Galvanis Experimenten aufbauend bei Fröschen mit Silberblech und Stanniolstreifen versucht hatte, die Muskelzuckungen zu verstärken, wobei ihn der Gedanke geleitet hatte, die beiden unterschiedlichen elektrischen Ladungen zu trennen, um sie so wörtlich einer Spannung auszusetzen. Volta machte sich mit seinem Zungenexperiment eine bekannte Beobachtung von Johann Georg Sulzer aus dem Jahre 1752 zunutze, bei der der Berliner Physiologe eher zufällig auf die Sinnesempfindung bei bewegter Elektrizität gestoßen war. Volta konnte nun fast ein halbes Jahrhundert später systematisch zu Werke gehen, und bald gelang es ihm, das auf- und zusammenzustellen, was man heute eine Spannungsreihe nennt. Wenn er nämlich Metalle wie Zink, Blei, Eisen, Gold und Silber in einer physikalisch angemessenen Reihenfolge ordnete und durch leitende Flüssigkeiten miteinander in Kontakt brachte, dann nahm die Geschmacksempfindung auf seiner Zunge nach und nach zu. Nach vielen Versuchen konnte Volta im März 1800 endlich einen Säulenapparat vorstellen, den er selbst bereits »Elektromotor« nannte. Mit diesem gelang es ihm, Elektrizität durch Berührung unterschiedlicher leitfähiger Metalle in Bewegung zu versetzen und damit einen fließenden Strom erst

Demonstration von Galvanis Froschschenkelexperiment.

auszulösen und dann aufrechtzuerhalten. Der italienische Physiker hatte den Menschen damit eine erste Quelle für strömende Elektrizität geliefert, die sich bald für das zivilisatorische Leben als unentbehrlich erwies und es bis heute geblieben ist.

Wie oben angedeutet, beginnt das 19. Jahrhundert mit der Konstruktion einer Apparatur, die Strom liefern kann, und es endet damit, dass die auf diese Weise in Bewegung versetzte Elektrizität – nach Einrichtung von entsprechenden Kraftwerken, die nach dem Prinzip der elektromagnetischen Induktion arbeiten – bis in die Haushalte geführt werden konnte, wo sich dann zum Beispiel mit dem Licht aus (den heute abgelösten) Glühbirnen oder Neonröhren die Dunkelheit vertreiben ließ.

Über elektromagnetische Induktion wissen die Menschen seit 1831 Bescheid. Ihre Kenntnis verdanken sie dem Briten Michael Faraday, dem in London zu Ohren gekommen war, was der dänische Physiker Hans Christian Ørsted um 1820 in Kopenhagen beobachtet hatte.

Ørsted war beim absichtslosen Experimentieren aufgefallen, dass beim Einschalten eines elektrischen Stroms – betrieben mit einer Volta-Säule – eine Magnetnadel zu rotieren begann, die den leitenden Draht nicht berührte und ein paar Meter entfernt aufgestellt war. Offenbar kann ein zeitlich veränderlicher Strom ein Magnetfeld aufbauen, wie die Physiker das beobachtete Geschehen deuteten, aber Faraday ging noch einen entscheidenden Schritt weiter. Er konnte dies tun, weil er von der romantischen Vorstellung einer Polarität der Natur und des Menschen durchdrungen war. Den Romantikern zufolge gab es neben dem bewussten Denken ein unbewusstes Wissen, zur Rationalität am Tag gesellte sich das Träumen in der Nacht, wobei die beiden Bereiche sich nicht nur gegenüberstanden, sondern in ihrer Wirkung für den Menschen ergänzten. Diese Überzeugung übertrug Faraday auf physikalische Anordnungen, die dadurch neue Möglichkeiten bekamen. Denn wenn ein Strom ein Magnetfeld hervorbringt, dann kann auch umgekehrt ein Magnetfeld einen Strom induzieren, wie Faradays Überzeugung lautete, und nach Jahren des sorgfältigen Experimentierens gelang ihm tatsächlich der Nachweis der elektromagnetischen Induktion, mit der man Strom erzeugen und transportieren kann. Als der britische Physiker diese Entdeckung stolz den Regierenden seiner Zeit vorstellte, starrten die Politiker hilf- und verständnislos auf die Spulen und Batterien und fragten verlegen: »Und wozu dient das alles?« Faraday zögerte mit seiner Antwort keine Sekunde: »Im Moment weiß ich es noch nicht, aber eines Tages werden Sie den entstehenden Strom mit einer Steuer belegen können.« Die bei aller Explosivität bescheiden bleibende Vorhersage hat sich bekanntlich bestätigt.

Das Beispiel Faraday zeigt, welchen Einfluss romantisches Gedankengut auf die Wissenschaft haben kann. Während die Aufklärung das Licht der Vernunft verbreitet, schwärmt die Romantik vom Gegenhimmel der Nacht. Licht und Finsternis, Tag und Nacht, beides gehört für sie untrennbar zusammen. Die Physiker stellen in den romantischen Jahren fest, dass es neben dem sichtbaren Licht auch unsichtbares Licht – zum Beispiel als infrarote Strahlung – gibt, und allgemein taucht der Gedanke auf, dass es eine »Nachtseite der Natur« geben muss. So lautet der Titel eines Buches aus dem Jahr 1808, das erstmals auf dunkle Quellen des Wissens hinweist und die Möglichkeit in Erwägung zieht, dass die Naturwissenschaften bei aller strahlenden Rationalität den dunklen Aspekten des Daseins und ihrer zerstörerischen Macht nicht entgehen können. Wenn Wissen die Welt retten will, gilt es, darauf Rücksicht zu nehmen.

Obwohl das frühe 19. Jahrhundert mit seiner romantisch werdenden und romantisierenden Denkart zum ersten Mal die Nachtseite des Wissens spürbar macht und in den Diskurs einführt, lassen sich viele der wissenschaftlichen Akteure in den ersten Jahrzehnten nach 1800 nicht in ihrem Tatendrang bremsen. Ihr Wissen erhellt die Welt, wie die obigen Beispiele zeigen, und zugleich erhält es sie, wie sich im sprachlichen Einklang sagen lässt, und dieses Erhalten der Welt durch Wissen ist vor allem einem Mann zu verdanken, der im selben Jahr geboren wurde, in dem die Berliner Akademie der Wissenschaften die – übrigens damals ungelöst gebliebene – Preisaufgabe stellte: »Wie ließen sich durch elektrische Materie die Kunst, Wein zu machen, das Bier- und Essigbrauen und das Destillieren des Weingeistes vervollkommnen?« Gemeint ist der umtriebige Geist Justus von Liebig, der heute weltweit als Begründer der Agrochemie verehrt wird. Wissenschaftliche Meriten erwarb er sich unter anderem durch die Erkundung der Mineraldüngung und die Herstellung von Chloroform – beides Leistungen, die für das Wohlergehen der Menschen von unschätzbarem Wert sind.

Was das Chloroform angeht, so war Liebig nicht der Einzige, dem die Identifikation und Herstellung der anfänglich als Chlor-Kohlenstoff bezeichneten Flüssigkeit gelungen ist, und es waren auch andere Chemiker und Ärzte, die in der flüchtigen Substanz ein Narkosemittel erkannten und den Mut besaßen, es gegen Geburtsschmerzen und bei Operationen einzusetzen. Das Chloroform wird hier vor allem deshalb erwähnt, weil seine erste schmerzstillende und lebenserleichternde Verabreichung in England gegen den erbitterten Widerstand der anglikanischen Kirche durchgesetzt wurde, deren sture Vertreter die Qualen der Geburt als gerechte Strafe für den Sündenfall Evas und damit als gottgewollt ansahen. Es waren natürlich vor allem alte Männer, die so brutal und lebensverachtend gegen Frauen argumentierten (was sie in der katholischen Kirche bis heute tun), und es war – ebenfalls wenig verwunderlich – eine Frau, die in dieser Frage dem Fortschritt den Weg ebnete, nämlich die englische Königin Victoria. Sie bat 1853, als sie ihr achtes Kind zur Welt brachte, um die Verabreichung von Chloroform, und diese Entscheidung ist nicht zuletzt deshalb staunenswert, weil sie als Königin von Amts wegen auch Oberhaupt der englischen Staatskirche war.

Als Königin Victoria 1853 im Buckingham-Palast die Wissenschaft um Hilfe bat, stand Justus Liebig in Gießen am Bett der Tochter eines Freundes, die an Cholera erkrankt war, was die Mediziner damals vor unlösbare Rätsel stellte. Sie wussten noch (lange) nicht, dass es sich um eine Infektion handelte, und mussten daher die Symptome ohne Zugriff auf zielgenaue Medikamente zu bekämpfen versuchen, was dazu führte, dass sie nicht viel ausrichten und der in ihrem Bett dahinsiechenden Patientin kaum helfen konnten. Historiker müssen für diese Periode der Geschichte immer noch einen therapeutischen Nihilismus konstatieren, und es sollte noch Jahrzehnte dauern, bis sich diese hoffnungslose Lage änderte und das Wissen die Menschen befähigte, Antibiotika zu entwickeln, deren Einsatz im frühen 20. Jahrhundert vielen Ärzten wie ein Wunder und wie eine Antwort auf ihre Gebete erschien. Liebig wollte bereits einhundert Jahre vorher nicht untätig bleiben, und er machte sich daran, mit seinen chemischen Kenntnissen eine neue Art von Fleischinfusion zu entwickeln, deren Verabreichung es erlauben könnte, Menschen mit schweren Magen- und Darmerkrankungen, wie sie durch die Choleraerreger ausgelöst werden, zu stärken und so vor dem Tod zu bewahren. Er hatte damit in dem genannten Fall Erfolg, veröffentlichte das Rezept unter dem Titel »Eine neue Fleischbrühe für Kranke« und fühlte sich stark ermutigt, systematisch weiter an der Entwicklung eines Produkts zu arbeiten, das später als »Liebigs Fleischextrakt« in den Handel kam. Dort findet die Kundschaft heute auch Babynahrung, deren Ursprung ebenfalls auf Liebig zurückgeht. Wie viele seiner Zeitgenossen hatte er beobachten müssen, dass Säuglinge aus armen Familien oftmals dem Verhungern nahe waren, weil ihnen aus gesundheitlichen Gründen keine Muttermilch und aus Geldmangel keine Amme zur Verfügung standen. Liebig schaute nicht nur hin, er entwickelte nach ausführlichen Labortests eine »Suppe für Säuglinge«, die man als Vorläufer der in unseren Supermärkten angebotenen Babynahrung ansehen kann – und die heute aus ganz anderen Gründen gekauft und konsumiert wird als das lebensrettende Produkt aus dem 19. Jahrhundert.

Ursprünglich gehörte Liebigs Hauptinteresse der Landwirtschaft und der Verbesserung ihrer Erträge. Dass er diese Forschungsrichtung einschlug, verdankte sich auch dem persönlichen Erlebnis einer verheerenden Hungersnot, die 1816 als Folge eines »Jahres ohne Sommer« eingetreten war. 1815 war der indonesische Vulkan Tambora ausgebrochen, was in Europa zu ungewöhnlich kalten Wetterverläufen führte und riesige Ernteausfälle nach sich zog. Liebig behielt diese Erfahrung in Erinnerung und versuchte nach dem Ende seines Studiums, mit seiner Wissenschaft zu helfen. Er entwickelte zu diesem Zweck zahlreiche Düngemethoden und -mittel, die er bis 1842 in einem Buch mit dem langen Titel »Die organische Chemie in ihrer Anwendung auf Agricultur und Physiologie« zusammenstellte.

Ein Duell von zwei Giganten

In den letzten Jahren seines Lebens wurde Liebig zum Mitbegründer der sehr erfolgreichen »Bayerischen Aktiengesellschaft für chemische und landwirtschaftlich-chemische Fabrikate« und beschäftigte sich wissenschaftlich mit den Vorgängen der Gärung, die sich die Menschen schon lange zunutze machten, etwa bei der Verarbeitung von Most zu Wein, von Bierwürze zu Bier und von Wein zu Essig. Heute sind wir in der Lage, den biochemisch inzwischen sorgfältig analysierten Vorgang genauer zu definieren, nämlich als einen durch Mikroorganismen bewirkten Ab- oder Umbau organischer Stoffe zum Zwecke der Energiegewinnung, wobei die molekularen Reaktionen mit oder ohne Sauerstoff – aerob oder anaerob – ablaufen können. Die Idee, dass Mikroben und damit lebendige Zellen zur Gärung beitragen, stammt von dem genialen französischen Universalgelehrten Louis Pasteur, der allerdings dabei nicht die Zustimmung von Liebig fand, denn dieser wollte in dem stofflichen Wandlungsprozess einen rein chemischen und somit zell-freien Vorgang sehen. Heute lässt sich sagen, dass beide Giganten der Wissenschaft recht hatten – an der alkoholischen Gärung zum Beispiel sind Hefezellen beteiligt, während die entsprechenden chemischen Vorgänge in Muskeln allein mithilfe von Molekülen ablaufen –, aber die Erkundung von Zellen als Grundbausteine der Organismen stand damals noch ganz am Anfang ihrer Entwicklung. Zwar hatten am Ende der 1830er-Jahre erst ein Botaniker und dann ein Zoologe durch achtsames und fleißiges Mikroskopieren erkennen können, dass sowohl pflanzliche als auch tierische Körper vollständig aus Zellen bestehen, und sie vermuteten auch zutreffend, dass jedes Leben mit ihnen seinen Anfang nimmt. Aber erst ab 1855 gehörten diese Feststellungen zur allgemeinen und nicht mehr bestrittenen Überzeugung der biologischen Wissenschaft – zu ihrem Paradigma, wie man heute sagen würde. Damals verkündete der in Berlin tätige Pathologe Rudolf Virchow kühn und selbstbewusst: »Omnis cellula a cellula.« (Jede Zelle geht aus einer Zelle hervor.)

Im Verlauf des 19. Jahrhunderts reifte die Überzeugung von der Existenz lebender Zellen, aber es gehörten noch immer eine reichliche Portion Geschicklichkeit und ein genaues und möglichst hochauflösendes Mikroskop dazu, die winzigen Bausteine des Lebens etwa in gärenden Gemischen aufzuspüren und nachzuweisen. Pasteur jedoch gelang es schließlich, winzige einzellige Bakterien als Ursache von biologischen Wandlungsprozessen wie Gärung und Fäulnis auszumachen. Von Bakterien wussten die Forscher damals noch nicht viel. Das Wort »Bakterium« leitet sich von dem griechischen Ausdruck für »Stäbchen« ab, und so sahen die Zellen auch aus, die im Laufe des 19. Jahrhunderts immer genauer mit immer besser werdenden Mikroskopen von Wissenschaftlern sichtbar gemacht werden konnten. Als großer Meister auf dem Gebiet der Bakteriologie erwies sich neben Pasteur bald der aus Clausthal stammende Landarzt Robert Koch, dem 1905 einer der ersten Nobelpreise für Medizin überreicht wurde, und zwar als Auszeichnung für seine gefeierte Entdeckung des Erregers der damals gefürchteten und bis heute grassierenden Tuberkulose.

Louis Pasteur hat keinen Nobelpreis bekommen, was mit der schlichten Tatsache zusammenhängt, dass der französische Chemiker und Mikrobiologe bereits 1895 gestorben ist, also in ebenjenem Jahr, in dem Alfred Nobel das Testament verfasste, das schließlich zu der bis heute faszinierenden und vom schwedischen Königshaus geadelten Institution der Nobelpreise führte. Der durch die Erfindung des Dynamits vermögend gewordene Alfred Nobel wollte Frauen und Männer auszeichnen, deren Forschungsarbeiten auf dem Gebiet der Physik, Chemie oder Physiologie (Medizin) »zum Nutzen der Menschheit« beitragen konnten, was zeigt, dass sich am Ende des 19. Jahrhunderts tatsächlich auch in weiten Kreisen der Gesellschaft der Gedanke durchgesetzt hatte, dass es das Wissen ist, dem die Menschen gedeihlichere Lebensumstände verdanken. Wer die Bedingungen der humanen Existenz verbessern wollte, musste das Hervorbringen von Wissen fördern. Mit dem Nobelpreis wurden zum ersten Mal – mit hohen Geldbeträgen und einer Goldmedaille – Personen öffentlich ausgezeichnet, die weltbewegende und nützliche Erkenntnisse geschaffen hatten und auf deren kreative Tätigkeit sich die Menschheit verlassen konnte. Damals machte sich das Gefühl breit, dass die Menschen vor herrlichen Zeiten stehen, wie etwa die »Frankfurter Zeitung« am 1. Januar 1900 euphorisch verkündet. Dort heißt es: »Die Erkenntnis hat eine Stufe erreicht und die Nutzbarkeit der Naturkräfte ist zu einem Grad gediehen wie nie zuvor. Wir haben bedeutungsvolle Schritte getan dem Ziele der Menschheit entgegen. Dieses Ziel heißt: Beherrschung der Natur und Herstellung des Reiches der Gerechtigkeit.« Im folgenden Jahr 1901 wurden die ersten Nobelpreise verliehen, wobei die öffentliche Aufmerksamkeit sich vor allem dem Physiklaureaten zuwandte. Es war Conrad Röntgen, der 1895 eine neue Art von Strahlen beschrieben hatte, die sich in kürzester Zeit als unentbehrlich für die medizinische Diagnostik erwiesen und dies bis heute geblieben sind.

Noch ist die Geschichte nicht bis zu diesem Punkt fortgeschritten. Als Pasteur und der etwa 20 Jahre jüngere Koch ihren Forschungen nachgingen, waren die Menschen weniger zuversichtlich, und die Welt sah eher trübe aus, unter anderem auch deswegen, weil es um die Beziehungen zwischen den Heimatländern der beiden Wissenschaftler nicht sonderlich gut bestellt war. Die beiden Nationen fochten um 1870/71 einen erbitterten Krieg aus, in dem Frankreich besiegt wurde, und Pasteur meinte, einen besonderen Grund für die Niederlage seines Landes angeben zu können. Er bemängelte nämlich in einem Aufsatz von 1871 »das Vergessen, die Verachtung, die Frankreich für die großen Errungenschaften des Wissens, besonders in den Naturwissenschaften übrighatte«. Pasteur verglich die Lage in seinem Land mit der beim ungeliebten Nachbarn: »Während Deutschland die Universitäten vermehrt hat, es zwischen ihnen das heilsame Wetteifern etabliert hat, es seine Lehrenden und seine Doktoren mit Ehre und Achtung umgeben hat, es riesige Laboratorien schuf und die besten Apparate bereitstellte, schenkte Frankreich, zermürbt von den Revolutionen, fortwährend beschäftigt mit der unfruchtbaren Suche nach der besten Regierungsform, seinen Hochschulen nur eine zerstreute Aufmerksamkeit.« Für Pasteur gibt es keinen Zweifel, dass es in erster Linie das von Forschern gesammelte und produzierte Wissen ist, das auf unterschiedlichsten Gebieten Innovation und Fortschritt ermöglicht und damit ein Land stark macht.

Unangenehmerweise wird auch Pasteur persönlich eine Niederlage erleiden, und zwar im Wettrennen um das Aufspüren des Erregers, der damals eine der tödlichsten Viehkrankheiten auslöste. Die Rede ist vom Milzbrand, der nach dem griechischen Wort für Kohle auch »Anthrax« genannt wird. Die Bezeichnung rührt daher, dass die toten Tiere wie in schwarzes Blut gebadet auf dem Boden lagen und vor allem ihre Milz verkohlt aussah. Als sich Koch dem Thema zuwandte, hatte er das große Glück, das fortschrittlichste Mikroskop seiner Zeit nutzen zu können. Es war ein Geschenk seiner Frau Emmy, die dazu eigens Geld von ihrem Vater erbeten hatte. Andererseits musste Koch aber auch gegen den ideologischen Widerstand seiner Fachkollegen ankämpfen, darunter auch der große Rudolf Virchow, der pauschal jeden Gedanken an eine Funktion von Mikroorganismen bei ansteckenden Krankheiten von sich wies (und überhaupt zu radikalen Urteilen neigte). Doch Koch ließ sich durch solche Querschüsse nicht beirren, besorgte sich einige an Milzbrand verendete Schafe und stellte fest, dass es in ihrem schwarzen Blut von Stäbchen wimmelte. Er identifizierte sie bald als Bakterien und bezeichnete sie in der wissenschaftlichen Literatur als »Bacillus anthracis«. Natürlich war mit dem Beobachten des Auftretens solcher Keime noch nicht der Beweis erbracht, dass das im Mikroskop sichtbare Kleinstlebewesen die tödliche Krankheit auch tatsächlich auslöst, und so zwangen die Kollegen und ihr berechtigtes Bestehen auf zuverlässigem Wissen den mikroskopierenden Koch zu weiteren Nachprüfungen. Unter anderem musste er Verfahren entwickeln, die in der Fachwelt als Kultivierung des Erregers bezeichnet werden. Es war zwingend notwendig, das verdächtige Bakterium außerhalb eines Organismus wachsen zu lassen. Gelingen konnte dies, weil dem einstigen Kreisphysikus die Ehefrau eines Arztes zu Hilfe kam, der in seinem Laboratorium arbeitete. Sie hieß Fannie Hesse und hatte von der Freundin ihrer Mutter das Rezept für eine feste Form von Gelatine erhalten, die in der asiatischen Welt Agar-Agar heißt und von Koch in den Agar verwandelt wurde, mit dem bis heute Mikroorganismen auf Platten gezüchtet oder inzwischen auch Zellkulturen gezogen werden.

Das feste Kulturmedium – ein schönes Wort der alltäglichen Wissenschaft, das wie ein Theater klingt! – wirkt im Betrieb eines Forschungslaboratoriums eher nebensächlich, sollte aber in seiner Bedeutung für den Erwerb von Wissen nicht unterschätzt werden. Die moderne Molekularbiologie verdankt ihren Ursprung und ihr Wissen der Untersuchung von Viren und Bakterien auf solchen Agarplatten, bekannt auch als Petrischalen. Das sich auf ihnen ausbreitende und überwachte mikrobielle Leben kann nämlich auf diesen Schalen bestens quantifiziert werden, und die ermittelten Zahlen und Messwerte verleihen der Biologie die Weihen einer exakten Wissenschaft.

1882 gelingt es Robert Koch, auch noch das Bakterium zu identifizieren, das die gefürchtete, von Liebig nur symptomatisch bekämpfte Cholera auslöst. Doch bei allen kognitiven Triumphen bleibt Koch die eigentliche Krönung seiner Arbeiten versagt, denn er mag zwar die Ursachen mancher Infektionskrankheit entdeckt haben, aber ein wirksames Medikament dagegen fand er nicht. An dieser Stelle darf daran erinnert werden, dass Begriffe wie Ansteckung oder Infektion nicht vom

Himmel fallen, sondern die Ergebnisse medizinisch auf den Punkt bringen, die Mikrobiologen wie Koch und Pasteur über Jahrzehnte gesammelt und zu einem neuen Bild von Krankheit zusammengestellt hatten. Diese von Erfolg zu Erfolg eilende mikrobielle Sicht auf Störungen der Gesundheit bringt zwei weitreichende Folgen mit sich. Die erste betrifft die Suche nach Heilmitteln, die jetzt angegangen werden kann, indem man sich vornimmt, auf die Krankheitserreger chemisch zu zielen, wie der Mediziner Paul Ehrlich einmal formuliert hat, dem die Menschheit ein erstes Medikament gegen die Syphilis verdankt. Er träumte zeit seines Lebens von entsprechenden »Zauberkugeln«, die vor allem in Form von Antibiotika entwickelt werden konnten, also in Form von Medikamenten, die sich wörtlich »gegen Lebendiges« richteten und es abtöteten, wenn es anderes (höheres) Leben gefährdete, das es zu retten galt.

Die zweite Konsequenz aus den Erfolgen der Mikrobiologen zeigt sich eher in einer umgekehrten Richtung, nämlich dadurch, dass es jetzt nicht unbedingt vorangig mit der Volksgesundheit, sondern das dazugehörige Geschäft vielleicht sogar noch mühsamer wurde. Vor dem 19. Jahrhundert und vor den Entdeckungen der Bakteriologen gab es so etwas wie eine gesundheitliche Eigenverantwortung, der man durch Mäßigung, kluge Ernährung und ausreichend Schlaf gerecht wurde, um nur einige Verhaltensweisen zu nennen, die der Hausgebrauch und der Hausverstand entwickelt hatten. Mit den Entdeckungen der Bakteriologen verwandelte sich Gesundheit in eine messbare Größe, und die Heilung wurde zu einem eher technischen Vorgang, an dem man nicht mehr selbst mitwirken musste, den man dafür aber bei anderen kaufen konnte und für den man nur zu bezahlen brauchte.

Die Bedeutung der Bakteriologie für die Gesundheit oder das Bild, das man sich von ihr macht, zeigt sich auch an den Arbeiten von Louis Pasteur, der ja den höchsten Grad der Berühmtheit auch deshalb erlangt hat, weil sein Name zu einem Tätigkeitswort geworden ist. Wenn Lebensmittel durch das Abtöten von Mikroorganismen – konkret praktiziert durch ausreichende Erwärmung oder Hitzezufuhr – länger haltbar gemacht werden, spricht man von ihrer Pasteurisierung. Diese Möglichkeit zur Konservierung hat Pasteur um 1864 entdeckt, wobei die wissenschaftliche Leistung in der Einsicht bestand, dass es da überhaupt Mikroorganismen gab, die Lebensmittel verderben konnten.

Pasteurs Vorschläge zur Haltbarmachung von Milch, Joghurt und anderen Lebensmitteln beruhen auf einer 1861 von ihm formulierten Grundannahme: »Omne vivum e vivo.« (Alles Lebende entsteht aus Lebendem.) Worauf Pasteur anspielte und was er ausräumen wollte, war die uralte, schon bei Aristoteles zu findende Idee der Spontanerzeugung von Leben. Von der Antike über das Mittelalter und die Renaissance bis ins 17. und 18. Jahrhundert hielten Menschen an dieser Idee fest und meinten sie zum Beispiel dadurch belegen zu können, dass sich in verfaulendem Fleisch Maden breitmachten. Die Fliegeneier, aus denen sich das neue Leben entwickelte, konnte man lange Zeit nicht sehen, und so musste Pasteur im 19. Jahrhundert sein ganzes Können und seine ganze Autorität aufbieten, um zu zeigen, dass etwa dann, wenn sich Schimmel auf Brot zeigte, nur die vorher bereits vorhandenen (unsichtbaren) Schimmelzellen angefangen hatten, sich zu teilen und zu wachsen, und nicht spontan neues Leben entstanden war.

Der Retter der Mütter

»Alles Lebende entsteht aus Lebendem.« Mit dieser Feststellung bot Pasteur seinen Zeitgenossen natürlich ein neues Bild des Lebens an, dessen Ränder aber immer noch unscharf blieben. Ganz stimmen konnte und kann der Satz einfach nicht, denn irgendwann muss es im Laufe der kosmischen und irdischen Geschichte doch wohl passiert sein, dass sich Moleküle und andere Chemikalien ohne eigenständige Lebensfähigkeit so zusammengefunden haben, dass in dieser Verbindung die erstaunlich hartnäckige Qualität entstanden ist, die Leben heißt und sich seit Jahrmillionen hält und entwickelt. Im 19. Jahrhundert ist schließlich ein ganz neuer Blick auf dieses Leben möglich geworden, und dazu trug maßgeblich ein Mann bei, der zwar Tausende von Menschen vor dem Tod bewahrt hat, aber trotzdem einsam und verkannt gestorben ist: der Arzt Ignaz Semmelweis.

Semmelweis war bei seiner Tätigkeit als Assistenzarzt am Wiener Allgemeinen Krankenhaus eine tödliche Diskrepanz aufgefallen. Zu den traurigen Tatsachen, die man in der damaligen Zeit meinte, schicksalhaft hinnehmen zu müssen, gehörte es, dass eine Geburt häufig zum Tod der Mutter führte, was die Ärzte als Kindbettfieber bezeichneten und weder verstanden noch zu verhindern vermochten. Der Leiter der Klinik für Geburtshilfe an dem genannten Wiener Krankenhaus verbarg sein Unwissen und seine Hilflosigkeit vor den ihm anvertrauten Patientinnen hinter dem lateinischen Ausdruck »genus epidemicus«, nach dessen Aussprechen er etwas von atmosphärischen, kosmischen oder tellurischen (erdgebundenen) Faktoren murmelte und zur schlimmen Tagesordnung mit sterbenden Müttern überging. Semmelweis fiel nun auf, dass die Zahl der Todesfälle zwischen den beiden Abteilungen schwankte, die man in Wien seit 1833 eingerichtet hatte. Auf der einen geburtshilflichen Station starben zehn Prozent der Wöchnerinnen, während es auf der anderen nur drei Prozent waren. Als Semmelweis sich fragte, woran dies liegen könnte, fiel ihm zum einen auf, dass die Todesgefahr viel geringer auf jener Station war, auf der Hebammen die Arbeit machten, und er bemerkte zum anderen, dass die Ärzte, die in dem Bereich mit den vielen Todesfällen tätig waren, auf die Entbindungsstation kamen, nachdem sie zuvor mit bloßen Händen Sezierübungen an Leichen vorgenommen hatten – und zwar ohne sich zwischendurch zu waschen, was heute unglaublich klingt. Der manchmal als »Retter der Mütter« gefeierte Semmelweis zog aus seinen Beobachtungen den richtigen Schluss, dass nämlich »die unbekannte Ursache, welche so entsetzliche Verheerungen anrichtete, [...] in den an der Hand klebenden Cadavertheilen der Untersuchenden an der ersten Gebärklinik« zu finden war. Er konnte aus diesem Wissen konkret Hilfe für die gefährdeten Frauen schaffen, indem er von den Ärzten forderte, ihre Hände mit einer Chlorkalklösung zu reinigen, bevor sie von den Leichen zu den Gebärenden gingen. Dieser Waschvorschlag war weniger leicht durchzusetzen, als man meinen könnte, denn er erfolgte zu einer Zeit, als angeblich Heilkundige noch vor den Gefahren des Wassers warnten, das ihnen eine verheerende Porenöffnung auszulösen schien. Semmelweis wusste zwar nicht genau, worin die Ursache des Kindbettfiebers lag, und er sollte auch zeit seines Lebens nicht erfahren, welche Bakterien oder andere

Keime zu den tödlichen Infektionen geführt haben. Aber die Ergebnisse des Händewaschens konnten nicht eindeutiger ausfallen. Die Sterblichkeitsrate reduzierte sich um ein Vielfaches, und eigentlich hätte man allen Grund gehabt, Semmelweis zu feiern, aber stattdessen fingen seine Kollegen an, ihn zu mobben, wie man heute sagen würde. Dies lag nicht nur an der Tatsache, dass ein wissenschaftliches Establishment bis in die Gegenwart Neuerungen von jüngeren Kollegen erst einmal reflexartig anzweifelt – wobei anzumerken ist, dass Semmelweis ja die eigentliche Ursache des Sterbens auf der Gebärstation nicht angeben und vorweisen konnte –, sondern auch daran, dass der »Retter der Mütter« auf der einen Seite den anderen Medizinern »fahrlässige und borniert Ignoranz« vorwarf und sie öffentlich als Mörder beschimpfte, während er sich auf der anderen Seite weigerte, seine Beobachtungen und Folgerungen in einem Fachblatt zu publizieren. »Publish or perish« (Veröffentliche oder stirb) galt schon damals, und da Semmelweis nichts zu Papier brachte, litt sein Ruf, was durch seinen an Fanatismus grenzenden Reinlichkeitsdrang nur schlimmer wurde. Als 1861 endlich sein Buch »Die Ätiologie, der Begriff und die Prophylaxe des Kindbettfiebers« erscheinen konnte, fand es nicht die Aufmerksamkeit, die sich sein Autor erhofft hatte. Immerhin bekam Semmelweis die tröstenden Worte eines Arztes mit Namen Louis Kugelmann aus Hannover zu lesen, der ihm in einem Brief schrieb, dass es Semmelweis wie nur wenigen vergönnt war, »der Menschheit wirkliche, große und dauernde Dienste zu erweisen«, um sodann hinzuzufügen, dass er sich über die mangelnde Anerkennung nicht grämen sollte, denn »mit wenigen Ausnahmen hat die Welt ihre Wohltäter gekreuzigt und verbrannt«. Semmelweis hat sie einfach nur vergessen. Er wurde immer unberechenbarer, litt trotz seines jungen Alters zunehmend an Demenz und starb schließlich als 47-Jähriger einsam und allein in einer Wiener Nervenheilanstalt.

Neues Wissen

Wenn man so will, kann man die Kenntnis von Mikroorganismen, die dem unbewaffneten Auge nicht zugedacht sind, und die Einsicht, dass sie Krankheiten verursachen können, als eine »neue Art von Wissen«

bezeichnen. Aber diese Charakterisierung wird heute bevorzugt für das Vermögen oder die Hervorbringungen der – anfänglich rein mathematisch ausgerichteten – Wissenschaften eingesetzt, die sich mit der Zähmung des Zufalls beschäftigen und dabei ein Wissen mit Wahrscheinlichkeiten ansammeln. Der Ausdruck »eine neue Art von Wissen« geht dabei auf den Schotten James Clerk Maxwell zurück, der ihn 1873 benutzt, um eine Umwälzung auf den Begriff zu bringen, die ebenfalls im 19. Jahrhundert zur Verwandlung der Welt beiträgt und die deterministischen Gesetze etwa von Boyle, Newton und anderen Wissenschaftlern aus dem 17. und 18. Jahrhundert durch statistische Theorien und Regeln ablöst. Nur mit ihrer Hilfe gelingt eine Erklärung für das Leben, und sie finden sich zum Beispiel unübersehbar in dem Gedanken der Evolution, den Charles Darwin 1859 in seinem großen Werk über den »Ursprung der Arten« entwickelt, ebenso wie bei den »Versuchen mit Pflanzen-Hybriden«, über die der Mönch Gregor Mendel 1865 berichtet und aus denen die Regeln der Vererbung hervorgehen, die auf keinen Fall klassische (deterministische) Gesetze sind, da sie nur Auskunft über die Verteilung von Eigenschaften geben, die Eltern ihren Nachkommen weitergeben.

Die Verteilungen kommen mit zu bestimmenden Wahrscheinlichkeiten zustande, wobei zu beachten ist, dass solche Überlegungen nur etwas für die Zukunft bedeuten, während die Vergangenheit festzustehen scheint, die physikalische auf jeden Fall, die historische unterliegt ständig sich wandelnden Deutungen durch die Geschichtswissenschaft. Wer von Wahrscheinlichkeiten spricht, setzt eine Zeitrichtung voraus. Er erwartet etwas in der Zukunft und versucht, die dazugehörige Verteilung mathematisch in Form sogenannter Verteilungsfunktionen zu fassen, was im Verlauf des 19. Jahrhunderts immer besser gelingt.

Übrigens: Probabilistisches Wissen und Denken ist uralt. Cicero bemerkte bereits um 85 vor Christus eine Ähnlichkeit zwischen dem, was normalerweise geschieht, und dem, was wir gewöhnlich glauben (erwarten). Er nannte beides »probabile«, was sich im englischen Ausdruck »probabilities« für die Wahrscheinlichkeiten wiederfindet. Spätestens im 10. Jahrhundert versuchten sich christliche Mönche an diesem Gedanken, indem sie alle Kombinationen zu bestimmen versuchten, die beim Würfeln auftreten können, während jüdische Talmudgelehrte schon länger probabilistisch über die Eigenschaften von Eltern und ihren Kindern und die Möglichkeit nachdachten, hierauf Einfluss zu nehmen.

Zu den frühen Fragen bei dieser Suche nach statistischem Wissen gehört der Wunsch zu verstehen, woher Wahrscheinlichkeiten überhaupt kommen. Geht es dabei um Zustände der Welt oder um den Zustand des dazugehörigen (menschlichen) Wissens? Braucht auch ein Gott Wahrscheinlichkeiten? Gibt es für und durch ihn Sicherheit? Und wann passiert etwas rein zufällig?

Unter den frühen Unternehmungen mit dem neuen Wissen findet sich das Sammeln von demografischen Angaben über Geburten, Eheschließungen und Todesfälle. Informationen dieser Art werden in London bereits 1562 zusammengetragen. Daraus entwickelt sich ein unvermeidliches Bedürfnis nach einem besseren Umgang mit den Tabellen und ihren Daten und dem nachfolgenden Auswerten mithilfe von Statistiken. 1699 taucht erstmals die Idee auf, aus Sterbetafeln eine »Lebenserwartung« zu berechnen, vor allem, um damit Leibrenten festlegen zu können. Um 1750 stellte die Mathematik der Sterblichkeit – vor allem in Anwendung auf Rentenermittlung und Anwartschaftszahlungen nicht zuletzt bei Staatsdienern – die Front der Wahrscheinlichkeitstheorie dar. Der große Carl Friedrich Gauß will für sich wissen, ob genug Geld in den öffentlichen Kassen ist, um seiner Witwe – nach seinem Ableben – eine ausreichende Rente zahlen zu können, und findet bei seinen Überlegungen kurz vor 1800 die berühmte Normalverteilung. Sie erlaubt es, das Zufällige zu berechnen, und ermöglicht so das Geschäft von Versicherungen und Rückversicherungen, die in dieser Zeit gegründet werden.

Die Welt steckt voller Wahrscheinlichkeiten, mit denen nach 1800 erst nur Mathematiker rechnen, bevor die »probabilistic revolution« einsetzt, die Historiker ausgemacht haben und in deren Rahmen ab 1820 immer weitere Bereiche des menschlichen Lebens durch Wahrscheinlichkeitsrechnung erfasst werden. Nach 1844 führt Lambert Adolphe Jacques Quetelet aus Gent die Sozialstatistik ein, als er erkennt, dass menschliche Eigenschaften (wie der Brustumfang von Soldaten) so um einen Mittelwert (»normal«) verteilt sind wie die Fehler in einer Messung. 1853 findet der erste Kongress für Statistik in Brüssel statt, und das Vertrauen in die Regelmäßigkeit der Zahlen wächst in der Wissenschaft ungemein, zumal immer größere Mengen an Messwerten zu bewältigen sind. In der Physik übernimmt die Wahrscheinlichkeit das Kommando um 1870. In dieser Zeit taucht der Begriff »Statistische Mechanik« auf, und in ebendiesem Zusammenhang spricht der bereits zitierte Maxwell von »einer neuen Art von Wissen«. Maxwell konnte mit seinen Analysen zeigen, dass die Geschwindigkeiten von Molekülen in einem Gas um einen Mittelwert verteilt sind, was zu derselben Normalverteilung führt, auf die auch Gauß gestoßen war, und Maxwell konnte diesen mathematischen Mittelwert als physikalische Temperatur des Gases interpretieren. Bereits 1877 erkannte dann der amerikanische Philosoph Charles Peirce, dass derselbe statistische Gedanke ebenso in der Biologie und ihrer Theorie der Evolution steckt: So wie die Physiker nicht (mehr) sagen konnten, wie die Bewegung eines bestimmten Gasmoleküls unter gewissen Voraussetzungen aussehen würde, da sich zu viele Zusammenstöße mit anderen Molekülen ereignen konnten, wussten auch die Biologen nicht mehr zu sagen, was die genetische Variation eines Organismus und die natürliche Selektion innerhalb einer Population von Tieren oder Pflanzen in irgendeinem Einzelfall bewirkt. Aber so wie die Physiker (immer noch) wussten, was langfristig ein Ensemble aus Massen aus Molekülen tut, konnten die Biologen immer noch sagen, dass sich Lebewesen auf lange Sicht ihren Lebensumständen anpassen oder freie Nischen besetzen. Der statistische Gedanke verdrängt den deterministischen. Das Argumentieren mit Wahrscheinlichkeiten erweist sich immer mehr als universell nötig und gültig, und diese neue Art des Wissens erreicht ihre eigentliche Tiefe im 20. Jahrhundert, als die Physiker den Weg zu den Atomen finden. Dort, im Innersten der Welt, erweist sich die angetroffene Wirklichkeit nämlich objektiv als unbestimmt. Sie kommt erst durch den Eingriff eines beobachtenden Subjektes zustande, was auch bedeutet, dass im Zentrum der Dinge nur noch Möglichkeiten zu finden sind, die sich durch Experimente aktualisieren lassen. Sie werden natürlich – wie jede Form der Wissenschaft – von Menschen gemacht, was bedeutet, dass die Ergebnisse von Forschungen nicht die Welt selbst beschreiben, dafür aber das Wissen, das Menschen von ihr haben.

Die unzerstörbare Energie

In seinem Werk »Die Verwandlung der Welt« widmet der Historiker Jürgen Osterhammel ein Kapitel dem Thema »Energie und Industrie« und spricht in dem Zusammenhang von der Entfesselung eines modernen Prometheus. Die Energie ist das neue Feuer, mit dem die Industrie und ihre Fabrikanlagen den Planeten bald physisch bis zur Unkenntlichkeit verwandeln. Zu dieser dramatischen ökologischen und ökonomischen Revolution haben viele Sozialphilosophen und Wirtschaftstheoretiker – zu den bekanntesten zählen Karl Marx und Joseph A. Schumpeter – Erklärungsversuche unternommen. Verwiesen wird dabei unter anderem auf technische Innovationen und die wachsende Nachfrage durch Konsumenten. Osterhammel hingegen betont vor allem die Rolle der Energie, die er als »kulturelles Leitmotiv« einstuft und »als einen wichtigen Faktor der materiellen Geschichte« bezeichnet. Seine Wirkung tritt in Erscheinung durch die Erschließung fossiler Energie in Form von Kohle und Öl, wie nicht nur den Managern großer Unternehmen bekannt ist, sondern auch jedem einzelnen Verbraucher, der gerne Auto fährt, gerne warm duscht und im Winter einfach die Zentralheizung aufdreht, um es in seinem Wohnzimmer wohlig warm zu haben. Neben dieser materiellen Geschichte gibt es eine gleichsam immaterielle Dimension, die mit der Einführung des Wortes »energeia« durch Aristoteles beginnt. Der griechische Philosoph bezeichnete mit diesem Begriff die Wirkkraft, die seiner Ansicht nach erforderlich war, um aus den in der Welt vorhandenen Möglichkeiten die Wirklichkeit entstehen zu lassen, die Menschen erleben.

Diese dynamische Idee einer Energie hat lange Zeit ein Schattendasein geführt, und selbst als die Physik sich mit Newton zu regen begann und Bewegungsgesetze aufstellte, dachten die damit befassten Welterklärer vor allem noch an die Kräfte, die Äpfel fallen und Monde kreisen lassen. Erst um 1800 tauchte die Energie in wissenschaftlichen Abhandlungen auf, wobei hier die Ansicht vertreten wird, dass ihre Renaissance sich der damals gelebten romantischen Grundhaltung verdankt, die es unter der Vorgabe eines polaren Weltverstehens unter anderem erlaubte oder gar erforderte, etwas Sichtbares durch etwas Unsichtbares zu erklären. Unsichtbar blieb sicher die Energie, die trotzdem alles Geschehen antrieb und vor allem das war, was Maschinen zugeführt werden musste, um die Arbeit leisten zu können, für die man sie gebaut hatte. Im Verlauf zahlreicher Untersuchungen und Überlegungen ist der Physik dabei in der ersten Hälfte des 19. Jahrhunderts die Einsicht in das gelungen, was die Lehr- und Schulbücher heute als Ersten Hauptsatz der Thermodynamik vorstellen und in die universale Formulierung packen: »Die Energie der Welt ist konstant.« Mit anderen Worten: Energie kann weder erzeugt noch vernichtet werden, sie ist unzerstörbar, sie muss seit Anbeginn der Welt vorhanden gewesen sein. Die Dunkelheit, die am Anfang der Schöpfungsgeschichte über der Urflut schwebt – damit muss die Energie gemeint sein, ohne die sich nichts regt und die vor allem eines kann, nämlich ihre Erscheinungsform wandeln und dabei die Welt in Bewegung halten.

Wer von einem Ersten Hauptsatz der Thermodynamik hört oder liest, erwartet, dass die Physik auch einen Zweiten Hauptsatz anzubieten hat, und so verhält es sich auch. Er handelt nicht von der Energie, sondern von einer Größe namens Entropie, die schwer zu fassen ist und vor allem so genannt worden ist, weil das Wort so wie Energie klingen sollte. Wer will, kann darin so etwas wie ein Maß für die Unordnung oder die Unwahrscheinlichkeit einer geordneten Verteilung von Atomen in einem gegebenen System sehen. Der Zweite Hauptsatz der Thermodynamik besagt, dass die Entropie der Welt nur zunehmen kann und einem Maximum zustrebt, ohne dass man wüsste, was im Fall des Erreichens passiert. Fest steht aber, dass mit der wachsenden Entropie die physikalische Zeit eine Richtung bekommt. Sie läuft immer nur nach vorne und ist somit unumkehrbar. Ein Beispiel unter vielen, das zeigt, dass Wissenschaft nicht nur unseren Alltag erleichtert, sondern auch einen völlig neuen Blick auf die Grundfragen des Daseins ermöglicht.

Der Verlust der Unschuld
Im Frieden der Menschheit, im Krieg dem Vaterland

»An der Schwelle des zwanzigsten Jahrhunderts« – mit dieser Schlagzeile macht die »Frankfurter Zeitung« ihre Ausgabe vom 31. Dezember 1899 auf. Die Redaktion kümmert es ebenso wenig wie andere Zeitgenossen, dass das neue Säkulum natürlich erst am 1. Januar 1901 und nicht schon am 1. Januar 1900 beginnt. Man hat es überall eilig und kann es nicht erwarten, das »neue Leben« zu begrüßen, das »aus den Ruinen blüht«, wie es in der Zeitschrift »Über Land und Meer« heißt. Die Menschen geben sich aus gutem Grund zuversichtlich, denn »trotz der letzten Jahre hat die Friedens-Idee große Fortschritte gemacht«. »Die Kriege sind, so zu sagen, Spezialfälle« geworden und »ein Krieg zwischen Großstaaten selbst gilt als undenkbar«. Vor dem Hintergrund solcher Aussagen wird deutlich, wie schockierend es für die Menschen gewesen sein muss, als alle politischen Entwicklungen in den folgenden Jahren auf das Gemetzel des Ersten Weltkriegs zuliefen. Noch gilt es, alle Kraft dafür einzusetzen, »dass Deutschland seine wachsende Macht stets nur im Geiste der Gerechtigkeit zum Segen der ganzen Menschheit gebrauche«. Diese das Land mit Stolz erfüllende Macht verdankt das Reich ebenso wie die anderen – vorwiegend europäischen – Nationen jüngsten wissenschaftlichen Entwicklungen, wie sie zum Beispiel die »Berliner Illustrirte Zeitung« nach einer Leserumfrage in ihrer »Bilanz des 19. Jahrhunderts« aufzählt.

Zu den »wohltätigsten Erfindungen oder Entdeckungen« der Geschichte zählt die Mehrheit der Befragten neben der Eisenbahn, die den Spitzenplatz einnimmt, die Elektrizität, die Dampfkraft, die Narkose, die Schutzimpfung, die Serumtherapie (zur Erhöhung der körperlichen Widerstandsfähigkeit durch Blutübertragung), den Augenspiegel und die Nähmaschine. Als die Befragten gebeten werden, den Namen des größten Erfinders zu nennen, fällt den meisten ein Amerikaner ein, nämlich der nebenbei auch als Unternehmer erfolgreiche Thomas A. Edison, der seinen Zeitgenossen die Glühlampe, das Mikrofon, den Filmprojektor und manches andere beschert hat. Ganz vergessen wurden heimatliche Wissenschaftler und Erfinder dabei aber nicht. Die »Berliner Illustrirte Zeitung« erwähnt unter vielen anderen Johann Philipp Reis, den Erfinder des Telefons, Robert Wilhelm Bunsen und Gustav Robert Kirchhoff, die Begründer der Spektralanalyse, den »Reichskanzler der Physik« Hermann von Helmholtz, der eine Theorie der Elektrizität entwickelte, den Augenspiegel konstruierte und mithalf, dem Ersten Hauptsatz der Thermodynamik seine universale Form zu geben, sowie Werner von Siemens, der die erste elektrische Dynamomaschine konstruierte und sie nutzte, um mit ihr das elektrotechnische Unternehmen zu gründen, das bis heute weltweit erfolgreich operiert.

Auch in Paris können die Menschen das kommende Jahrhundert kaum erwarten. Auch sie sind frohen Mutes, dass sich in ihm »das Bedürfnis nach Wahrheit und Gerechtigkeit durchsetzen wird«, und zwar auf der Grundlage der Wissenschaft, die den Traum von einer besseren Welt rechtfertigt, wie der Schriftsteller Émile Zola optimistisch schreibt, als die Weltausstellung 1900 in der Stadt an der Seine die Errungenschaften des ablaufenden Jahrhunderts in großer Fülle präsentiert. Man fühlt sich »vom Fortschritt geführt« und bewundert die Elektrizität als Licht- und Kraftquelle ebenso wie die erstaunlichen Entwicklungen der Chemie, die drahtlose Telegrafie, die Pasteurisierung und die mögliche Bekämpfung von Infektionskrankheiten. Gern wird auch auf die 1888 erfolgte Gründung des Institut Pasteur verwiesen, mit dessen Hilfe Paris zur Metropole der wissenschaftlich fundierten Zivilisation werden will. Erste französische Namen schmücken bereits die Ruhmestafeln der Wissenschaft, etwa die von Marie und Pierre Curie und von Henri-Antoine Becquerel, die alle bald mit den in ihren Disziplinen vergebenen Nobelpreisen ausgezeichnet werden, und zwar für ihre Arbeiten zur Radioaktivität von Elementen wie Uran und Radium. Die in Polen geborene Marie Curie ist dabei die erste Frau, der die ehrenvolle Einladung nach Stockholm zugestellt wird, und sie wird 1911 sogar als Erste eine zweite Ehrung mit Nobelwürden erhalten.

In London agiert man zur Jahrhundertwende etwas gedämpfter in Erwartung des Todes von Königin Victoria, die 1897 ihr Diamantenes Jubiläum als Herrscherin eines wachsenden Weltreiches feiern konnte. Sie stirbt im Januar 1901, was einige Engländer nur noch mehr antreibt, »durch die Ausbreitung englischen Geistes und britischer Institutionen ein Weltreich der Freiheit und des Friedens zu ermöglichen«, wie der Industrielle Cecil Rhodes damals schrieb. Die Verkündung dieser hehren Ziele erscheint freilich in einem etwas anderen Licht, wenn man bedenkt, welche Verheerungen Rhodes als einer der Hauptakteure des britischen Kolonialismus in Afrika zu verantworten hat. Wie seine Fortschrittseuphorie kannte auch sein Expansionseifer offenbar keine Grenzen. »Wenn die Erde zu klein wird, wandert die Menschheit ins Weltall aus«, war ihm ein selbstverständlicher Gedanke, und er machte keinen Hehl daraus, dass er die Planeten gerne annektieren würde, wenn er es könnte. Auf Erden träumte Rhodes von einer Verbindung zwischen dem Britischen Empire und den einstmals abgefallenen und inzwischen sehr erfolgreichen Vereinigten Staaten von Amerika, um eine angelsächsische Supermacht zu errichten, »die ein für allemal Kriege verhindern, den Frieden sichern und den Fortschritt voranbringen könnte«, wie Franz Herre die Vorstellungen des britischen Unternehmers in seinem Buch »Jahrhundertwende 1900« beschreibt. Ein vergleichbares Werk zur Jahrtausendwende sucht man übrigens vergeblich. Am 1. Januar 2000 dachten die Menschen vorsichtiger als hundert Jahre zuvor, und auch die Rolle der Wissenschaft sahen sie anders.

Die Umwertung der Werte

Während sich zu Beginn des 20. Jahrhunderts zahlreiche Menschen, insbesondere führende Industrielle, überzeugt davon zeigten, dass zunehmendes Wissen den Fortschritt vorantreiben würde, machte sich unter den Forschern selbst ein etwas anderes Gefühl breit. Ende des 19. Jahrhunderts glaubten die meisten Wissenschaftler – allen voran die Physiker –, in einem nahezu fertigen Gebäude mit vielen wohnlich eingerichteten Zimmern zu leben, in dem es nichts weiter zu tun oder zu finden gäbe. Sie fühlten sich wohl im Haus der Wissenschaft, das auf mindestens drei soliden Grundpfeilern ruhte. Da war zum einen die Mechanik, deren Bewegungsgesetze seit den Tagen von Newton bekannt waren und die sich auf mannigfaltige Weise bewährt hatte. Da war zum Zweiten die Elektrodynamik mit den von Maxwell gefundenen Gleichungen, die von der Ausbreitung elektrischer und magnetischer Wellen handelten und in Form von Radiowellen wirksam in die Praxis umgesetzt werden konnten. Und da war zum Dritten die Wärmelehre (Thermodynamik), die in ihren Hauptsätzen die Unzerstörbarkeit der Energie ausdrückte und der Zeit eine Richtung gab.

Als sich das Jahr 1900 näherte, begannen einige Vertreter der exakten Wissenschaften, das Erreichte zu sichten, um in den Festreden, die beim Jahrhundertwechsel fällig waren, die wenigen Probleme anzusprechen, die in ihren Augen noch verblieben waren und die man in den nächsten Jahren zu lösen gedachte. Es gab zwar ein paar dunkle Wolken am Himmel der Physik, aber die Wissenschaft fühlte sich insgesamt auf sicherem Grund, und sie kannte auch ihren gesellschaftlichen und politischen Wert – vor allem in Deutschland, wo einige mutige Männer den Kaiser dazu bewegen konnten, neben den Universitäten weitere Forschungseinrichtungen ins Leben zu rufen, um so die Machtposition Deutschlands zu stärken. Sie gründeten mit des Monarchen Zustimmung eine Kaiser-Wilhelm-Gesellschaft, die heute als Max-Planck-Gesellschaft weiterlebt und viele Institute für die Grundlagenforschung unterhält. Zur gleichen Zeit hielt die Forschung im großen Stil Einzug in die Industrieunternehmen, und dieser Schritt sollte in den kommenden Jahren im Kaiserreich einen Aufschwung begünstigen, der bis zum Ausbruch des Ersten Weltkriegs anhielt und das deutsche Selbstbewusstsein nachhaltig stärkte.

Mit anderen Worten: Vor rund 100 Jahren stand die Wissenschaft nach innen und außen glänzend da, und sowohl ihre Vertreter als auch das Publikum glaubten an eine strahlende Zukunft. Der Stolz auf das Erreichte war unübersehbar, und jeder Wissenschaftler hätte sofort die Frage beantworten können, welche Werte für ihn wichtig waren. Sie hießen nach innen Objektivität und Universalität der Gesetze, Eindeutigkeit der Beschreibung und Beweisbarkeit der physikalischen Aussagen, und sie hießen nach außen Nützlichkeit (für alle Menschen) und Autonomie (für einzelne Staaten, die mithilfe der chemischen Industrie unabhängig von Rohstoffeinfuhren werden wollten). Völlig selbstverständlich ging zudem jeder Wissenschaftler davon aus, dass die Natur keine Sprünge macht. Und ebenso klar war, dass eine Theorie der realen Welt mit Größen zu operieren hatte, die in der Wirklichkeit ihre präzise Entsprechung hatten und messbar waren, also mit Längen, mit Geschwindigkeiten, mit Massen und ähnlich konkreten Qualitäten der materiellen Dinge. Doch all diese Gewissheiten mussten in den ersten Jahrzehnten des 20. Jahrhunderts mehr oder weniger rasch aufgegeben werden. Die Physiker wurden – zumeist gegen ihren Willen – zu der Entdeckung gezwungen, dass es Fragen gibt, die ohne Antwort bleiben: die Frage nach der Natur des Lichts zum Beispiel oder die Frage nach dem Ort, den ein Elektron einnimmt. Sie mussten im Anschluss daran nicht nur erleben, wie das Haus der klassischen Physik einstürzte, sondern auch erkennen, dass sich so ohne Weiteres kein neues an seine Stelle setzen ließ. Das angestrebte Ziel eines abgeschlossenen Ganzen namens Naturwissenschaft mit einem fertigen Weltbild und perfekten Anwendungen erwies sich als unerreichbar. In diesem Sinne und mit dem Verständnis von einem Wert als dem Bestimmungsgrund menschlichen Handelns lässt sich mit dem auf Friedrich Nietzsche zurückgehenden Schlagwort sagen, dass es mit dem Beginn des 20. Jahrhunderts tatsächlich in der Naturwissenschaft zu einer massiven »Umwertung aller Werte« gekommen ist.

Die Umwertung der Werte in den Reihen der Physiker hatte unbemerkt bereits im ausgehenden 19. Jahrhundert begonnen. Erste Andeutungen davon waren in den Diskussionen ans Tageslicht gekommen, die sich um den vielen Forschern unheimlich bleibenden Zweiten Hauptsatz der Thermodynamik drehten, der ausdrückte, dass die Zeit gerichtet verläuft und keine Umkehrung zulässt. Als einige Physiker versuchten, diesen Pfeil der Zeit aus ersten Prinzipien, nämlich aus der atomaren Konstitution der Materie, abzuleiten, um so die behauptete Entropiezunahme zu beweisen, fiel ihnen die Denkmöglichkeit auf, dass der Zweite Hauptsatz vielleicht nur für den Teil der Welt gilt, in dem sich Menschen aufhalten. Wenn aber ein Wissen von dem Aufenthaltsort oder der jeweiligen Position einer Person abhängt, dann verliert es seinen objektiven Charakter. Wissen wird dann subjektiv, und so eine Situation konnte die klassische Physik auf keinen Fall zulassen, wobei diese Einsicht mindestens bis in das Jahr 1900 verdrängt wurde und tatsächlich noch einige Jahrzehnte länger unter den Teppich gekehrt wurde, auf dem man so schön stehen konnte.

Das Jahr 1900 wird hier genannt, weil im Oktober dieses Jahres Max Planck die Farben eines durch Erwärmung zum Leuchten gebrachten Körpers nach vielen vergeblichen Versuchen endlich mit der Annahme erklären konnte, dass die Energie, die von Atomen abgegeben wird und als Licht erscheint, nicht kontinuierlich fließt, sondern in diskreten Päckchen abgegeben wird, die sprunghaft auftreten und Quanten getauft wurden. Planck hatte damit in seine Wissenschaft das eingeführt, was man heute als Quantensprung kennt – ein Wort, das auch Eingang in unseren Alltagswortschatz gefunden hat und das bisweilen etwas leichtfertig verwendet wird, zum Beispiel von Managern, die ihren Aktionären mit diesem Ausdruck große Fortschritte des von ihnen geleiteten Unternehmens ankündigen wollen.

Als Planck seine Entdeckung publizierte, freute man sich vor allem über die Ableitung des Strahlungsgesetzes (nicht zuletzt, weil sich viele Wissenschaftler, wie es sich gehört, mit der Frage beschäftigten, wie man die damals im Einsatz befindlichen Glühlampen verbessern – also heller und haltbarer machen – konnte). Noch beunruhigte niemanden die dazugehörende Unstetigkeit, und Planck selbst war sicher, sie eines Tages abschütteln und ignorieren zu können. Es sollte noch einige Jahre dauern, bis die tiefe Bedeutung dieser Entdeckung erkennbar wurde. Und den ersten wesentlichen Schritt in diese Richtung vollzog der damals noch junge und unbekannte Albert Einstein, der als Angestellter in einem Patentbüro die Idee ernst nahm, dass die Energie von Licht in Quantenform auf Materie trifft oder von ihr ausgeht. Einstein unternahm dann in einer von ihm selbst als »sehr revolutionär« bezeichneten Arbeit im Jahre 1905 den entscheidenden Schritt, indem er dem bislang als Welle verstandenen Licht eine partikuläre Natur zuschrieb. Was harmlos klingt und erfolgreich funktionierte, erschütterte die Gemeinde der Wissenschaft. Mit Einsteins (korrekter) Idee büßten das Licht und seine Beschreibung durch die Physik ihre Eindeutigkeit ein. Die Forscher hatten nun das Gefühl, den Boden unter den Füßen zu verlieren, und sie mussten zwei Jahrzehnte warten, bevor ein neues Fundament gelegt wurde, auf dem sie aufbauen konnten.

Einsteins scheinbar simple Idee erwies sich in vieler Hinsicht als Umbruch. Zum ersten Mal nämlich konnte Wissen niemanden retten, vielmehr stürzte es sämtliche Physiker in große Verlegenheit. Zum ersten Mal in der Geschichte ihrer Wissenschaft standen sie vor einer Frage, die sie nicht eindeutig beantworten konnten, nämlich der Frage nach der Natur des Lichts. Es trat sowohl als Welle wie auch als Teilchen in Erscheinung, und niemand konnte mehr sagen, was es in Wirklichkeit war. Eine allgemeine Möglichkeit, mit dieser Situation umzugehen, bestand darin, diesen offensichtlichen Widerspruch einfach auszuhalten, und genau das empfahl auch Einstein. Die Wahrheit, so stellte er fest, lasse sich offenbar nur so aussprechen, dass sie ihr Geheimnis bewahrt, und das Schönste, was ein Mensch erleben könne, sei das Gefühl für das Geheimnisvolle. Beim Licht wussten die Wissenschaftler jetzt auf jeden Fall, woran sie sich zu halten hatten.

Immerhin: Mit Einsteins ungewöhnlicher und zuletzt mit Nobelpreiswürden geadelter Einsicht hatten die Quanten ihren physikalischen Sinn bekommen. Ihre Unentbehrlichkeit wurde den Physikern kurz vor dem Ersten Weltkrieg klar, als ein junger Däne namens Niels Bohr vorschlug, die Bahnen von Elektronen in einem Atom dadurch stabil anzuordnen, dass sie ihre Energie nur sprunghaft ändern können, was ohne äußere Störung nicht passieren konnte und die Atome so stabil machte, wie sie offenbar seit ihrer Entstehung in den Anfangsjahren des Universums sind. Atome können sich zwar sehr wohl wandeln – etwa wenn sie radioaktive Strahlen aussenden –, aber nur so, dass dabei wieder Atome entstehen.

Mit Bohrs Atommodell war die Unstetigkeit an die zentrale Stelle der Physik gerückt, ohne allerdings verstanden worden zu sein. In den 1920er-Jahren verschlimmerte sich die Situation gleich doppelt. Zum einen musste im Bereich der Atome für die dort beteiligten Akteure eine klassisch nicht beschreibbare, als »Spin« bezeichnete Zweideutigkeit eingeführt werden. Zum anderen drängte sich die Erkenntnis auf, dass nicht nur dem Licht, sondern auch der Materie eine duale Natur eigen ist. Dass ein Elektron mit bekannter Masse nicht nur als Partikel, sondern auch als Welle in Erscheinung treten konnte, galt zwar zunächst als unsinnig und völlig absurd, wurde aber trotzdem bald im Experiment bestätigt. Mit diesen Vorgaben dauerte es nicht mehr lange, bis Physiker den Wahnsinn auf die Spitze treibend eine Quantenmechanik formulieren konnten, die in der Lage war, die Stelle der alten (klassischen) Mechanik einzunehmen. Mit der 1925/26 erst von Werner Heisenberg und dann von Erwin Schrödinger formulierten Quantenmechanik bekamen die Physiker endlich wieder den festen Boden unter den Füßen, den sie über zwanzig Jahre vermissen mussten. Allerdings sah der Boden völlig anders aus, als sie erwartet hatten. Er lag nämlich nicht im gewohnten dreidimensionalen Raum der Anschauung, sondern in einem seltsam mehrdimensionalen Raum mit komplexen Koordinaten. Die zu dieser Beschreibung benötigten mathematischen Größen müssen zudem alle neben einem realen einen imaginären Anteil haben, was ein seltsames Wissen ergibt. Die grundlegende Theorie der realen Welt kommt nicht ohne imaginäre Zeichen und Zahlen aus. Das wirklich Gegebene – gemeint ist das im Experiment Messbare – lässt sich durch eine wohldefinierte mathematische Operation berechnen, die den Imaginärteil zum Verschwinden bringt. Dafür muss aber ein Preis gezahlt werden, nämlich der, dass das Ergebnis keine bestimmte Größe mehr ist, sondern nur noch eine Wahrscheinlichkeit bezeichnet, was der im vorigen Kapitel angeführten »neuen Art des Wissens« ihren besonderen Rang gibt. Atome sind keine Wirklichkeit mehr in einem konkret anschaulichen Sinn, sondern Möglichkeiten in ihrer abstrakten Form. Was die Welt im Innersten zusammenhält, sind Unbestimmtheiten voller Potenzial und Möglichkeit.

Wenn man mit einem Satz ausdrücken will, worin die Besonderheit der wissenschaftlichen Entwicklung nach 1900 bestand, kann man sagen: Im Bereich der exakten Forschung wurde entdeckt, dass es Fragen gibt, die ohne eindeutige Antwort bleiben. Weder die Natur des Lichts noch der Ort eines Elektrons lassen sich als einfache Fakten ermitteln, was zum Beispiel konkret heißt, dass man nicht wissen kann, wo die Elektronen in einem chemischen Molekül sitzen und zu welchem Atom sie zu rechnen sind. Ihre Position muss offen dargestellt – offen gelas-

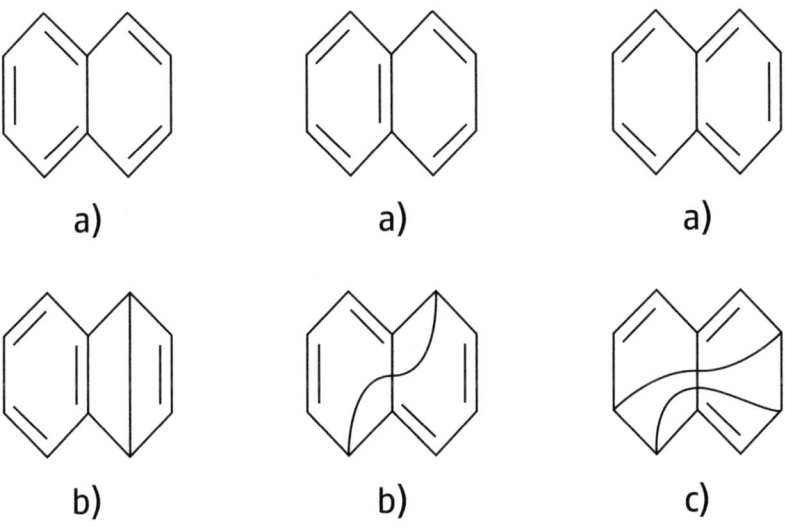

a)   a)   a)

b)   b)   c)

Die Struktur des Moleküls mit Namen Naphthalin. Es besteht aus zwei Ringen, die durch (nicht gezeichnete) Kohlenstoffatome gebildet werden, an denen (ebenfalls nicht gezeichnete) Wasserstoffe hängen. Dabei bleiben einige Elektronen frei, die sich innerhalb der Struktur bewegen können. Ihr Ort ist unbestimmt, was durch drei mögliche Konfigurationen erfasst wird (a). Nun besteht die Möglichkeit, ein Molekül energetisch anzuregen (b, c). Dabei wird der Ort noch unbestimmter als vorher, was – etwas umständlich dargestellt – durch die quer gezogenen Linien verdeutlicht werden soll.

sen – werden, was in Lehrbüchern zum Beispiel durch die Beweglichkeit oder Verschiebbarkeit einzelner Striche angedeutet wird.

Damit ist ein fundamentaler Wert verloren gegangen, denn wenn es eine Überzeugung gab, die die Naturwissenschaften leitete, dann war es die Vorstellung, dass ihre Fragen Tatsachenfragen waren und folglich unmissverständliche Antworten – in Form von nachprüfbaren oder ermittelbaren Informationen – erlaubten. »Was ist der Schmelzpunkt von Eisen?« oder »Wo befindet sich im Gehirn der Transmitter Dopamin?« sind Fragen dieser Art, und die meisten Forscher verbringen auch heute noch ihre Zeit mit der Suche nach den dazugehörigen Antworten. Viele glaubten lange Zeit hindurch, dass alle Fragen an die Natur diese Qualität hätten und zwei oder mehrere verschiedene Wissenschaftler letztlich immer zu übereinstimmenden Antworten kommen würden.

Die eigentliche Entdeckung der Wissenschaft nach 1900 bestand darin, dass es diese Eindeutigkeit durchgängig nicht mehr gab. Ort und Impuls (oder Energie und Zeit) eines Elektrons wurden zu unbestimmten Größen, was nicht nur heißt, dass ihre gleichzeitige Ermittlung nur mit Ungenauigkeiten (»Unschärfen«) zu erkaufen ist, sondern in letzter Konsequenz auch, dass ein Elektron gar keine bestimmte Eigenschaft hat, solange sie nicht gemessen wird. Es ist nicht so, dass ein Atom zwar einen genauen Ort hat, aber niemand in der Lage ist, ihn zu messen. Es ist vielmehr so, dass es den Ort gar nicht gibt, solange er nicht bestimmt wird. Der Beobachter bestimmt, was von Natur aus unbestimmt ist. Oder anders ausgedrückt: Ein Subjekt bestimmt, was als Objekt unbestimmt ist.

Damit wird deutlich, dass die Ergebnisse der Wissenschaft als Ausdruck menschlichen Handelns (und nicht als Resultat objektiver Gegebenheiten) zustande kommen, was natürlich nicht heißt, dass sie beliebig oder willkürlich sind. Ergebnisse des wissenschaftlichen Bemühens können sich sogar widersprechen – etwa wenn Licht als Welle oder als Teilchen registriert wird –, weil in ihnen ein Stück freien Handelns enthalten ist. Das experimentierende Subjekt kann sich nämlich aus sich heraus entscheiden, ob es das Licht nach seinen Wellen- oder seinen Teilcheneigenschaften fragt. (Allerdings: Nachdem es sich entschieden hat, gibt es keine Möglichkeit mehr, das Ergebnis zu beeinflussen. An dieser Stelle meldet sich dann die Natur – das Ding an sich – zu Wort und gibt die gewohnte objektive Antwort.)

Dieser Wandel in der Wissenschaft erinnert an die Epoche, als sich im europäischen Denken ein grundlegender Wandel im Menschenbild und in der damit verbundenen politischen Philosophie vollzog. Gemeint ist der Beginn des 19. Jahrhunderts, als die traditionelle Überzeugung, der zufolge man – etwa mit den Mitteln der Ethik – herausfinden kann, was die menschliche Natur ist, um ihr anschließend – mit den Mitteln der Politik – Rechnung tragen zu können, erst kritisiert und dann aufgegeben wurde. Genau in der Zeit der Romantik vollzogen einige Intellektuelle die entscheidende Umkehrung im Denken, die zu der korrekten Ausgangsposition führt, dass Fragen nach dem rechten Handeln ohne eindeutige Antwort bleiben können und es weder objektive noch subjektive Gründe für entsprechende Entscheidungen gibt. Die Romantiker erkannten, dass sich sittliche Werte widersprechen können, ohne dass dabei Alternativen zu erkennen wären, und die Übereinstimmung mit der Situation in der Quantenmechanik ist unübersehbar.

Indem die philosophischen Vertreter der Romantik die Sittlichkeit zum schöpferischen Vorgang erhoben, machten sie die Kunst zum Modell, an dem es sich zu orientieren galt. Kreatives Tun – Schöpfung – und Wissenserwerb sind in den Augen der Romantik die einzigen ganz und gar selbstbestimmten Aktivitäten des Menschen. Damit gelingt ihm die Selbstbefreiung von den kausalen Gesetzen der Physik und den Mechanismen der äußeren Welt. Dadurch, dass die Romantiker das Wesen des Menschen in seiner selbstbestimmten Tätigkeit sahen, zerstörten sie die alten Werte der europäischen Sittlichkeit. Ich bin nicht dadurch ich selber, dass ich logisch agiere oder mich der Natur füge. Ich bin erst dann ich selber, wenn ich etwas kreiere. Die Natur ist – in diesem Modell – nicht mehr Mutter oder Gebieterin, sondern das Gegenstück zu meinem Tun und Denken. Natur ist der Gegenstand, dem ich meinen Willen aufzwingen kann, den ich forme, dem ich Gestalt verleihen kann.

Genau dies passierte zu Beginn des 20. Jahrhunderts in der Entwicklung der Quantentheorie. Der Physiker gibt einem Elektron die Bahn, auf der es sich bewegen kann. Er berechnet (formt) seinen Weg und entwirft auf diese Weise erst die Gestalt eines einzelnen Atoms und dann die aller Elemente, die das Periodische System ausmachen. Ein Wissenschaftler entwirft die Natur, die er selbst ist. Er ist »natura naturata« (geschaffene Natur) und »natura naturans« (schaffende Natur) in einem, ganz so, wie es die Denker der Romantik vorhergesehen haben.

Wertfreie Wissenschaft

Gerade weil in den vorhergehenden Abschnitten die Ansicht vertreten wurde, dass es in der Wissenschaft um Werte wie Objektivität, Universalität und Eindeutigkeit geht, muss es seltsam erscheinen, dass jemals der Begriff einer wertfreien Wissenschaft und eines wertfreien Wissens aufkommen konnte, wie ihn der bereits erwähnte Max Weber im Jahre 1909 vorgeschlagen hat. Und es muss noch seltsamer erscheinen, dass sich diese Idee allgemein durchgesetzt hat. Das Konzept einer wertfreien Wissenschaft erfasst weder die theoretische Dimension noch die praktische Umsetzung von Wissen. Wenn für diesen Zweck unter Werten ganz allgemein die Zielvorstellungen menschlichen Handelns verstanden werden, dann würde die Idee der wertfreien Wissenschaft die Vorstellung ausdrücken, dass sich ein Wissenschaftler nicht mit der Frage zu befassen braucht, ob die von ihm untersuchten Gegenstände und die bei den Untersuchungen gewonnenen Erkenntnisse Heil oder Unheil in sich tragen, ob sie ethisch angemessen oder unangemessen (wertwidrig) sind. Wichtig ist nur der wissenschaftlich genaue Umgang mit den untersuchten Dingen und das Bemühen, etwas Nützliches zu erreichen.

Weder in der theoretischen noch in der praktischen Sphäre hat es jemals so etwas wie wertfreie Wissenschaft gegeben, und im 20. Jahrhundert erst recht nicht. Für den konkreten Betrieb von Wissenschaft in dieser Zeit kann der Physikochemiker Fritz Haber als Beispiel dienen, der in den Jahren des Ersten Weltkriegs das Ziel seiner wissenschaftlichen Arbeit durch den Hinweis charakterisiert hat, dass er im Krieg dem Vaterland und im Frieden der Menschheit dienen will. Er hat unter anderem in Zusammenarbeit mit Industriellen chemische Verbindungen entwickelt, die im Krieg als gasförmige Kampfstoffe und im Frieden als Mittel zur Schädlingsbekämpfung eingesetzt werden konnten. Haber hatte vor den Kriegsjahren in Kooperation mit Robert Bosch einen Weg entdeckt, den Stickstoff der Luft so in Molekülform (als Ammoniak) zu binden, dass er für die Herstellung von Düngemitteln und damit für die Landwirtschaft und ihre Produktion nützlich wurde. In den stolzen Annalen der Chemiegeschichte ist diese Prozedur als Haber-Bosch-Verfahren verzeichnet. Doch indem Haber das »Brot aus der Luft« holte, wie es damals hieß, trug er nicht nur zur Ernährung der deutschen Bevölkerung bei. Er ebnete zugleich auch – wieder einmal zeigt sich der Januskopf der Wissenschaft – den Weg zur Herstellung von Sprengstoffen und Schießpulver, und es braucht nicht betont zu werden, wer daraus welchen Nutzen ziehen konnte.

Es ist sinnlos, in diesen und anderen Fällen von wertfreier Wissenschaft zu reden, und dieser Begriff hilft auch nicht in der neueren Debatte um die Auswirkungen der Forschung, selbst wenn sich ein so profilierter Philosoph wie Hans Jonas in Hinblick auf medizinische Anwendungen der Genetik zu der Frage der Wertfreiheit von Wissenschaft geäußert hat. Jonas unterscheidet dabei einen methodologischen von einem ontologischen Aspekt. Die Bedingung der Wertfreiheit erfordert ihm zufolge von einem Forscher auf der einen Seite, als »unparteiischer, neutraler Beobachter« zu agieren und somit objektiv zu sein. Und sie erfordert von einem Wissenschaftler auf der anderen Seite, den Erkenntnisgegenstand selbst – also etwa die Natur – als neutral oder wertindifferent anzusehen.

Beides ist aber nicht durchführbar, wie die genannten Beispiele verdeutlichen. Es empfiehlt sich daher, den Begriff der wertfreien Wissenschaft aufzugeben und sich auch von dem Gedanken zu verabschieden, dass aus einem Sein kein Sollen folgen kann. Wenn jemand Vater oder Mutter ist – das jeweilige Sein –, dann folgt sehr wohl daraus, was er oder sie zu tun hat, was also als Sollen zu erfüllen ist. Es sei daher vorgeschlagen, sich zu der Feststellung zu bekennen, dass Wissenschaft und das dazugehörige Wissen nicht *wertfrei*, sondern im Gegenteil *wertvoll* sind. Erforschte Gegenstände lassen einen wahrnehmbaren Wert erkennen, den man bemerkt, wenn etwas als schön verstanden wird und von Schönheit die Rede ist. Sie zeigt, dass es etwas gibt, das es wert ist, erhalten zu werden. Menschen müssen lernen, die Natur (die Welt) so anzusehen (wahrzunehmen), dass sich ihre Schönheit zeigt. Mithilfe dieser so erkannten Schönheit wandelt sich die Wirklichkeit in eine Werttatsache um, in etwas Wertvolles, das unsere Achtung verdient und von uns geschätzt wird. Eine solche ästhetische Realität würde präzisieren, welchen ethischen Rahmen das freie, selbstbestimmte, schöpferische Handeln des Menschen bekommen kann. »Die Ästhetik ist die Mutter der Ethik« – so hat es der Dichter Joseph Brodsky einmal formuliert. Aus diesem Grund ist die wertfreie Wissenschaft gescheitert. Es ist Zeit für die ästhetische Wende zu einer wertvollen Wissenschaft, die ihrem Gegenstand, der Natur, nicht gleichgültig gegenübersteht, sondern ihn des Bewahrens für wert hält – weil er schön ist.

Im Frieden für das Vaterland

Es lohnt sich, einen genaueren Blick auf den Wissenschaftler Fritz Haber zu werfen. Seine Karriere markiert den Wendepunkt, an dem das von Forschern erworbene Wissen erst die Menschen rettet – vor dem Verhungern – und ihnen dann nahezu übergangslos Werkzeuge an die Hand gibt, um sich gegenseitig zu töten. Unerträgliche Wechselfälle dieser Art musste Haber auch im eigenen Leben erfahren. Nach 1915 wurde er als deutscher Nationalheld gefeiert, weil es ihm unter hohem persönlichem Einsatz und aufgrund seines großen organisatorischen Talents gelungen war, Giftgas an der Front zum Einsatz zu bringen, wie es die Heeresführung verlangt hatte, und 1918 ehrte ihn sogar die internationale Gemeinschaft der Forscher mit dem Nobelpreis für Chemie für seine im Rahmen des sogenannten Haber-Bosch-Verfahrens gelingende Fixierung des Luftstickstoffs, aber nach Hitlers Machtergreifung musste er unfassbare Demütigungen über sich ergehen lassen. In den Augen der Nationalsozialisten war er ein »schäbiger Jude«, dem im April 1933 durch einen SS-Offizier in Stiefeln sogar der Zugang zu dem für ihn errichteten und von ihm geleiteten Kaiser-Wilhelm-Institut für physikalische Chemie verwehrt wurde: »Der Jude Haber hat hier nichts verloren«, wurde der Nobelpreisträger angebrüllt. Außerdem befahl man ihm, sofort sämtliche jüdische Mitarbeiter auf die Straße zu setzen.

Der Chemiker reagierte auf diese Unverschämtheiten, indem er seinen Rücktritt einreichte. In seinem Schreiben an den zuständigen Minister heißt es: »Meine Tradition verlangt von mir in einem wissenschaftlichen Amte, dass ich bei der Auswahl von Mitarbeitern nur die fachlichen und charakterlichen Eigenschaften der Bewerber berücksichtige, ohne nach ihrer rassenmässigen Beschaffenheit zu fragen. Sie werden von einem Manne, der im 65. Lebensjahr steht, keine Änderung der Denkweise erwarten, die ihn in den vergangenen 39 Jahren seines Hochschullebens geleitet hat, und Sie werden verstehen, dass ihm der Stolz, mit dem er seinem deutschen Heimatlande sein Leben lang gedient hat, jetzt diese Bitte um Versetzung in den Ruhestand vorschreibt.«

Das zitierte Gesuch von Haber gilt als »eines der wenigen Zeugnisse aufrechter Haltung deutscher Wissenschaftler zu Beginn der NS-Diktatur«. So formuliert es Margit Szöllözi-Janze in ihrer Haber-Biografie. Sie charakterisiert ihn zutreffend »als einen sehr modernen Wissenschaftler«, dem die Wissenschaftsgeschichte viel zu lange viel zu wenig Aufmerksamkeit gewidmet hat. Offenbar scheute man die Beschäftigung mit einem Forscher, der die ganze Ambivalenz eines jeden Werkzeugs und jedes wissenschaftlichen Fortschritts deutlich macht.

Das Haber-Bosch-Verfahren kann nicht nur zur Erhöhung der Ernteerträge eingesetzt werden, sondern auch zur Herstellung von Schießpulver. So ist es denn auch geschehen, was Haber von höhnisch veranlagten Menschen den Vorwurf eingetragen hat, den Krieg gleich doppelt verlängert zu haben – nämlich einmal, indem er den Menschen die Herstellung von Munition ermöglichte, und ein zweites Mal, indem er ihnen auch genug Brot auf den Tisch brachte und so ihre Kampfkraft stärkte.

Auch die Erforschung von Giftgasen kann man unter dem vorgeblichen Aspekt vorantreiben, damit Schädlingsbekämpfungsmittel entwickeln zu wollen, die der Landwirtschaft beziehungsweise der Getreidelagerung zugutekommen. Genauso hat Haber dann auch argumentiert, um die Giftgasforschung nicht abbrechen zu lassen, die man seiner Auffassung zufolge dringend benötigte, als nach 1919 klar wurde, dass die Friedensverträge von Versailles kaum Frieden schaffen würden.

Die besondere Tragik dieser Entscheidung steckt darin, dass Haber bei dieser Forschung – mithilfe amerikanischer Vorreiter – auch auf die Blausäure stieß, von deren makaber positiven Seiten sein viel zitierter Satz »Man kann nicht angenehmer sterben« ein seltsames Zeugnis ablegt. Tatsächlich starben die von Blausäure vergifteten Menschen weniger qualvoll als die bedauernswerten Opfer, die elendig an den frühen Giftgasen erstickten. Aber ihre tragische Dimension bekommt die Geschichte um die Blausäure, weil Habers Forschungen und Aktivitäten nicht unwesentlich zur Entwicklung der handlichen Büchsen beigetragen haben, mit denen Nazi-Schergen das Gift unter der Bezeichnung Zyklon B zur Ermordung der Juden in den Konzentrationslagern einsetzen konnten.

Tätigkeiten mit Folgewirkung für das Wissen gibt es in Habers Leben in großer Fülle. Im Anschluss an den Ersten Weltkrieg konzipierte er fast im Alleingang die Notgemeinschaft der deutschen Forschung, die heute zur mächtigen Deutschen Forschungsgemeinschaft herangewachsen ist und jährlich Fördergelder im Wert von mehreren Hundert Millionen Euro zur Finanzierung der Wissenschaft verteilen kann. Haber wünschte sich daneben nichts sehnlicher als eine enge Verbindung zwischen Wissenschaft und Wirtschaft, weil die Stärke eines Gemeinwesens vom Zusammenspiel beider Bereiche abhing, wie schon Pasteur im 19. Jahrhundert vermutet hatte. Ausgangspunkt von Habers neuen Überlegungen zur Dringlichkeit einer solchen Kooperation war der wachsende Rohstoffbedarf der Wirtschaft bei gleichzeitigem Schwinden der Rohstoffbasis – eine Notlage, die im Krieg unübersehbar geworden war und einen Ansatzpunkt für das Eingreifen der Wissenschaft bot.

Übrigens hat Haber beim Vorantreiben dieser Kooperation bereits 1920 »fraglos das Recycling-Prinzip« entdeckt, wie seine Biografin im Zusammenhang mit seiner Einführung von Kreisprozessen schreibt. Tatsächlich befand Haber schon in den Jahren der Weimarer Republik, dass alles, was an einer Stelle der natürlichen Rohstoffbasis durch die

Technik entnommen wird, nach seiner wirtschaftlichen Nutzung wieder zur Quelle zurückkehren muss, damit das ursprüngliche Material »in neue Formen gebracht aufs neue nutzbar wird«.

Das Böse

Mit dem Gaskrieg und Fritz Habers Einsatz für chemische Vernichtungsmittel wird erkennbar, »wie die Wissenschaft ihre Unschuld verlor«. Nachgezeichnet wird dieser Prozess im gleichnamigen Buch des Historikers Armin Herrmann, der neben den erwähnten C-Waffen vor allem die im Zweiten Weltkrieg entwickelten und letztlich auch eingesetzten A-Waffen in den Blick nimmt. Wer die Hauptschuld an der Herstellung von Massenvernichtungswaffen trägt, ist allerdings keine leicht zu beantwortende Frage. Dies zeigt zum Beispiel das Gedicht »Das Böse« des Münchner Schriftstellers Eugen Roth, in dem die letzten beiden Zeilen einen wesentlichen Schluss enthalten.

Ein Mensch – was noch ganz ungefährlich –
Erklärt die Quanten (schwer erklärlich).
Ein zweiter, der das All durchspäht,
Erforscht die Relativität,
Ein Dritter nimmt, noch harmlos, an,
Geheimnis stecke im Uran.
Ein Vierter ist nicht fernzuhalten,
Von dem Gedanken, kernzuspalten.
Ein fünfter – reine Wissenschaft! –
Entfesselt der Atome Kraft.
Ein sechster, auch noch bonafidlich,
Will sie verwerten, doch nur friedlich.
Unschuldig wirken sie zusammen:
Wen dürfen, einzeln, wir verdammen?
Ist's nicht der siebte oder achte,
Der Bomben dachte und dann machte?
Ist's nicht der Böseste der Bösen,
Der's dann gewagt, sie auszulösen?

Den Teufel wird man nie erwischen:
Er steckt von Anfang an dazwischen.

Wer sich etwas in der Geschichte der Wissenschaften auskennt, wird unschwer erkennen, dass mit den Quanten zuerst Max Planck gemeint ist, dann mit der Relativität Albert Einstein ins Spiel kommt und die Zeile mit dem Uran vor allem auf Lise Meitner und Otto Hahn verweist. Zwar hat Planck mit den Quantensprüngen den Weg zu den Atomen geöffnet und auch den Abwurf der ersten Atombomben am Ende des Zweiten Weltkriegs noch erlebt, aber wer nach der Verantwortung für das fragt, was im Gedicht das »Böse« heißt, wird bei Planck wenig Anhaltspunkte finden. Viel eher gibt es diese bei Einstein, der mit seiner weltbekannten Formel $E = mc^2$ bereits 1905 die Welt darauf aufmerksam machte, dass in einem kleinen Stück Masse m eine ungeheure Menge an Energie steckt, die sich berechnen lässt, wenn man die Masse mit dem Quadrat der Lichtgeschwindigkeit c multipliziert, deren immense Größe 300 000 Kilometer pro Sekunde beträgt. Wer mit solchen Zahlen hantiert, gelangt schnell zu staunenswerten Ergebnissen. Wenn man weiß, dass eine Ein-Euro-Münze sieben Gramm auf die Waage bringt, dann erlaubt Einsteins Formel die Angabe, dass in einem Euro die Energie von $6{,}3 \times 10^{14}$ Joule steckt, wie die Einheit der Energie heißt, mit der Physiker bevorzugt arbeitet. Im Alltag und im Haushalt geht es häufiger um Kilowattstunden (kWh), die jeder von seiner Stromrechnung kennt. Ein Joule entspricht knapp 3×10^{-7} kWh. Daraus folgt, dass sechzig Euromünzen ausreichen würden, um die Bundesrepublik Deutschland einen Tag lang mit Energie zu versorgen. Die Sache hat allerdings einen Haken. Es müsste gelingen, sie aus den Geldstücken herauszuholen, was aber wohl ein ähnlich aussichtsloses Unterfangen sein dürfte wie die Herauslösung des im Blei vermuteten Goldes, an der sich in früheren Jahrhunderten die unbeirrbaren Alchemisten versuchten.

Als Einstein die weltbewegende Formel zu Papier brachte, wussten die Physiker viel zu wenig über Atome, um ernsthaft über die Freisetzung ihrer Energie nachzudenken. Aber wichtiger als das Wissen ist laut Einsteins eigener Aussage ohnehin die Fantasie, da diese im Gegensatz zum Wissen grenzenlos ist, und so war es bezeichnenderweise der mit reichlich Fantasie gesegnete britische Science-Fiction-Autor H. G. Wells, der sich bereits 1913 in einem Roman mit dem Titel »Befreite Welt« ausmalte, was passieren könnte, wenn man die in den Atomkernen vorhandene Energie entfesselte. Über die verheerende Wirkung von Atombomben – das Wort stammt von ihm – machte sich Wells in demselben Jahr Gedanken, in dem der Physiker Niels Bohr ein erstes Atommodell entwarf, in dessen Kern die Masse konzentriert war und folglich auch seine Energie stecken musste.

Für die Wissenschaft war der Atomkern zunächst noch viel zu weit weg, als dass er ernsthaft hätte erforscht werden können. Diese Situation änderte sich durch die in Wien aufgewachsene Lise Meitner, die in einer Zeit groß wurde, als Frauen noch kein Abitur machen durften und vom Wissen ferngehalten wurden. Doch das schüchterne Mädchen setzt sich in der Männerwelt durch und schreibt sich 1901 als eine der ersten Studentinnen Österreichs für das Fach Physik ein, das auf sie eine unvergleichliche Faszination ausübt (ohne dass man wüsste, was genau es war, das Lise Meitners Seele ansprach und erfüllte). Als Doktorandin kommt sie nach Berlin, wo sie bei Max Planck studieren kann und auf Otto Hahn trifft, mit dem sie eine langjährige Kooperation beginnt, in deren Rahmen sie die damals noch geheimnisvollen Alpha- und Betastrahlen und die dazugehörige Radioaktivität untersucht. Zwar kommen die beiden etwa Gleichaltrigen gemeinsam gut voran, aber er allein besetzt die Posten mit den hohen Gehältern, während sie lange ohne Bezahlung arbeitet, nur in Kellerräumen ohne Toilette geduldet wird und einen Hintereingang zum Institut benutzen muss. Als sie später als Professorin eine eigene Abteilung an einem Kaiser-Wilhelm-Institut in der deutschen Hauptstadt leitet – zu ihren Mitarbeitern zählen unter anderem der spätere Nobelpreisträger Max Delbrück und der vor allem als Friedensforscher bekannte Carl Friedrich von Weizsäcker –, bleibt sie für viele Herren dennoch nur die Assistentin Hahns. Dabei weiß jeder Eingeweihte, dass sie mehr von den wichtigen wissenschaftlichen Dingen versteht als er. Die von beiden gemeinsam unterschriebenen

Anweisungen werden von Mitgliedern des Instituts denn auch scherz-haft umgewandelt in »Otto Hahn: Lies Meitner«.

Seit den frühen 1930er-Jahren versuchen sich Hahn und Meitner als moderne Alchemisten. Sie beschießen Uran mit Neutronen in der Absicht, das schwere Element noch schwerer zu machen und in ein sogenanntes Transuran zu verwandeln. Als sich die Arbeiten ihrem Höhepunkt nähern – nämlich im Jahre 1938 –, bricht die national-sozialistische Politik mit ihrem krankhaften Antisemitismus in das La-boratorium ein. Auf der politischen Bühne vollzieht sich der Anschluss Österreichs an das Dritte Reich, und (die längst getaufte) Lise Meitner wird als österreichische Jüdin gezwungen, Berlin zu verlassen. Zwar findet sie eine Möglichkeit, in Schweden unterzukommen, aber leicht wird ihr Leben nicht. Sie ist bereits 60 Jahre alt, und es fällt ihr schwer, ein neues Leben zu beginnen. Sie ist einsam und ziemlich mittellos. Die Mühsal hat vor allem damit zu tun, dass sie von heute auf morgen ohne jede Möglichkeit dasteht, weiter wissenschaftlich experimentieren zu können. Statt in einem ausgerüsteten Laboratorium steht sie jetzt mor-gens in leeren Räumen. Sie wird von ihren Freunden und von ihrer ge-liebten Physik getrennt und muss in einem Land zurechtkommen, des-sen Sprache sie nicht versteht.

Ihr bleiben nur die Briefe der Kollegen, und im Dezember 1938 erhält sie aufregende Nachrichten von Hahn aus Berlin. Ihm ist zusammen mit dem Chemiker Fritz Straßmann aufgefallen, dass nicht schwerere, son-dern leichtere Elemente entstehen, wenn Neutronen auf Uran treffen. Aus dem Uran, so schreibt Hahn, wird Barium, und das sagt ihm, dass der Atomkern des Urans »geplatzt« sein muss, wie er das Phänomen umschreibt, das heute Kernspaltung heißt. So zeigen es seine Versuche, die er allerdings weder sich noch anderen erklären kann.

Ein paar Tage später – kurz vor Weihnachten 1938 – bekommt Lise Meitner im tief verschneiten Schweden Besuch von ihrem Neffen Otto Robert Frisch, der damals als Physiker in Kopenhagen arbeitete. Die bei-den spazieren durch die winterliche Landschaft, sie denken über Hahns Ergebnisse nach und deuten seine Befunde richtig. Es ist dabei vor al-lem Lise Meitner, die erkennt, dass mit den Neutronen die Spaltung des Atomkerns physikalisch möglich und durchführbar ist und dieser Prozess sogar Energie hervorbringen und freisetzen kann – eben die Kernenergie, die im bald beginnenden Zweiten Weltkrieg in Form von Atombomben militärisch verwendet wird.

Eine unglaublich anmutende Situation: Eine ältere und winzig wirkende Frau – Lise Meitner wog damals weniger als 50 Kilogramm – entdeckt auf einem Spaziergang im tiefen Schnee an einem Weihnachtsabend, dass die Menschen riesige Energiemengen des Atomkerns freisetzen können, und sie weiß als Erste, dass sie nun in der Lage sind, ihre eigene Welt zu zerstören. Ein großartiger Stoff für eine wunderbare Erzählung, an die sich bislang noch niemand herangetraut hat und in deren Mittelpunkt eine Frau steht, deren ganze Leidenschaft der Physik und der Radioaktivität der Atome gilt. Auf jeden Fall fordert jetzt die lange ignorierte Nachtseite des Wissens endgültig ihren Tribut. Mehr denn je sind die Menschen nun auf jenes Wissen angewiesen, mit dem die Welt vor den Gefahren zu retten ist, die ihr neugieriges Suchen nach Erkenntnissen absichtslos mit hervorgebracht hat.

Natürlich ist es noch ein langer Weg bis zum ersten erfolgreichen Atomwaffentest im Jahr 1945. Auf Einsteins Rat hin hatte die amerikanische Regierung in den 1940er-Jahren Milliarden Dollar in die Entwicklung der Bombe gesteckt. Eine folgenschwere Entscheidung, die aber wohl unumgänglich war angesichts der sehr realen Bedrohung durch die kriegstreibenden Nationalsozialisten in Deutschland. Als wissenschaftlicher Leiter der »Manhattan-Projekt« getauften Entwicklung von atomaren Sprengköpfen fungierte der theoretische Physiker J. Robert Oppenheimer, dem beim Anblick des ersten Atomblitzes in der Wüste von New Mexico Verse aus der Bhagavad Gita, einer heiligen Schrift des Hinduismus, in den Sinn kommen: »Jetzt bin ich zum Tod geworden, der Zerstörer der Welten.« Das vollständige Zitat ist etwas länger: »Wenn das Licht von tausend Sonnen / am Himmel plötzlich bräch' hervor, / das wäre gleich dem Glanze dieses Herrlichen, / und ich bin der Zertrümmerer der Welten.«

Zu den Physikern, deren Arbeiten vor 1939 mit zu den Grundlagen der Atomphysik beigetragen haben, gehört der 1954 mit dem Nobelpreis für sein Fach geehrte Max Born, der Anfang der 1960er-Jahre im Rundfunk über »Die Hoffnung auf Einsicht aller Menschen in die Größe der atomaren Gefährdung« gesprochen und dabei zum Ausdruck gebracht hat, was das Neue an der Situation nach der Verfügbarkeit und dem Einsatz der Atombombe ist: »Meine Generation widmete sich der Wissenschaft um ihrer selbst willen und glaubte, dass sie nie zum Schlechten führen könne, weil die Suche nach der Wahrheit an sich gut sei.« Born räumte in seinem Vortrag ein, dass dies ein schöner Traum gewesen sei, »aus dem wir durch die Weltereignisse geweckt worden sind. Auch die festesten Schläfer erwachten, als im August 1945 die ersten Atombomben auf japanische Städte fielen.«

Born ermutigte seine Zeitgenossen, »die Unmoral und Unvernunft zu bekämpfen, die heute noch die Welt regieren«, und entließ seine Zuhörer mit dem Bekenntnis und der Beschwörung eines Arztes, des Nobelpreisträgers Gerhard Domagk, dessen Arbeiten auf dem Gebiet der Chemotherapie zahllosen Menschen das Leben gerettet haben. Das Wesentliche in der Welt sei, so Domagk, »dass wir Menschen uns vertragen, zu verstehen versuchen und uns helfen, soweit das in unseren Kräften steht. Für uns Ärzte ist das eine Selbstverständlichkeit. Warum sollte es nicht auch für alle anderen Menschen möglich sein? Man sage mir nicht, das sei eine Utopie! Jede Entdeckung galt als Utopie. Warum sollen wir erst eine weitere Kraftprobe abwarten – wir haben doch wirklich genug hinter uns, um klug geworden zu sein. Aber es ist bequem, an alten Zöpfen zu hängen; bequemer, gewalttätigen Machthabern, Cholerikern, Paranoikern und anderen Geisteskranken zu folgen, anstatt selbst nachzudenken und neue Wege der Versöhnung statt zu gegenseitiger Vernichtung zu suchen.«

Das Wissen, das benötigt wird, um die Welt zu vernichten, ist vorhanden. Umso mehr kommt es darauf an, jenes andere Wissen zu sammeln, das die Welt rettet. Nach dem Zweiten Weltkrieg machen sich viele Menschen an die damit verbundene Arbeit – mit überraschenden Ergebnissen.

»Der Weg ins Jahr 2000«
Der Übermut der Futurologen

Der Zweite Weltkrieg endete nicht zuletzt durch den Abwurf von Atombomben auf Hiroshima und Nagasaki. Beide Städte hatten unermesslich viele Tote zu beklagen und wurden fast vollständig verwüstet. Die Überlebenden hatten jahrzehntelang unter Folgeschäden zu leiden, die bis in die Gegenwart nachwirken. Der Einsatz von Kernwaffen macht die Mitte der 1940er-Jahre zu einem Wendepunkt in der Geschichte der Wissenschaft und ihrer Anwendungsmöglichkeiten. In bisher ungewohnter Intensität werden nun ethische Überlegungen über die Verantwortung von Menschen für eine humane Wissenschaft und den Erhalt der Erde in Gang gesetzt. Sie werden in den frühen 1960er-Jahren in der Literatur durchgespielt, etwa in dem als »Szenischer Bericht« bezeichneten Schauspiel »In der Sache J. Robert Oppenheimer« von Heinar Kippardt oder im Drama »Die Physiker« von Friedrich Dürrenmatt, in dem zuletzt eine »irre Irrenärztin« das Wissen an sich reißt, das die Welt gefährdet. Solche Stücke und die damit einhergehenden Debatten machen für die Öffentlichkeit deutlich, dass sich die Explosion einer Atombombe nicht nur unmittelbar im Abwurfgebiet auswirkt. Über Rauchentwicklung und das Entstehen von Aerosolen können Kernwaffen mittelbar auch die Sonne verdunkeln und so etwas wie einen nuklearen Winter auslösen, also eiszeitähnliche Zustände auf dem Planeten herbeiführen. »Was ist in solchen Fällen zu tun?«, wollten und wollen die Menschen weltweit wissen. Eine darauf abzielende Richtung des moralischen Verhaltens und ethischen Fragens entwickelte sich nach 1945 in den Kontroversen zu dem Thema, ob es einen hippokratischen Eid für die Wissenschaft geben kann und was er verlangen müsste.

Zur Erinnerung: Am Beginn der modernen Wissenschaft hatte Galilei als ihr »einziges Ziel« vorgegeben, die Bedingungen der menschlichen Existenz zu erleichtern. Das wird mit der Atombombe nicht nur weit verfehlt, sondern ins Gegenteil verkehrt. Zunächst ist zu klären, ob im Laufe der Geschichte noch andere und verschieden anspruchsvolle Ansichten zu der Frage zu finden sind, was als letzte Wertmaxime der Verantwortung anzusehen ist, die Wissenschaftler mit ihrem Handeln übernehmen. Für Immanuel Kant etwa ist es der Mensch als Zweck an sich, für Albert Schweitzer ist es die Ehrfurcht vor dem Leben, für Hans Jonas ist es die Bewahrung des Seins, und für den politisch erfahrenen Naturphilosophen Klaus Michael Meyer-Abich ist es der Frieden mit der Natur. Den genannten Zielen wird niemand widersprechen; schwer ist es allerdings, herauszufinden, was man konkret tun soll, um ihnen näher zu kommen. Vermutlich wird nach Hiroshima und Nagasaki auch jeder zustimmen, dass im Anschluss an Brechts »Galilei« der Blick zu allen Zeiten auf die Nützlichkeit des Wissens zu richten sei und es auf »das gute Leben aller« mithilfe dieses Wissens ankomme – erneut ohne dass sich einfach sagen ließe, wie dies auf Erden zu bewerkstelligen ist.

Vor diesem philosophisch-historischen Hintergrund sind die vielen Empfehlungen zu sehen, die seit 1945 auf internationaler Ebene erörtert wurden, um einen hippokratischen Eid für Naturwissenschaftler zu formulieren. Als Ziel solcher Initiativen, die zum ersten Mal im Angesicht der Auswirkungen von eingesetzten Kernwaffen in Gang gekommen sind und bis heute fortgeführt werden, schwebte den besorgten Menschen die Stärkung der Verantwortung vor, die Forscher nach außen haben. Die Naturwissenschaftler sollten verpflichtet werden, ihr Wissen und Können einzusetzen »zum Besten der Menschheit« (1946), »für die Wohlfahrt der Menschheit« (1956), »zum Wohl der gesamten Menschheit« (1976) oder auch »für das Wohlergehen der Menschheit« (1988) – der Wortlaut mochte sich ändern, der Tenor indes blieb gleich. Aber abgesehen davon, dass gut gemeinte Empfehlungen dieser Art erstens eher beruhigend und betulich klingen und zweitens meist unverbindlich – und damit unwirksam – bleiben, scheitert die Idee, eine hippokratische Eidesformel für Wissenschaftler nach dem medizinischen Vorbild zu entwickeln vor allem an einem Punkt, den man in der Nachkriegssituation nicht berücksichtigt hat.

Während der Arzt Hippokrates eine wohldefinierte und unumstrittene Größe in den Mittelpunkt seiner Festlegung der Verantwortlichkeit stellen konnte – nämlich das Leben des Patienten, das es unter allen Umständen zu erhalten und unter keinen Umständen zu gefährden galt und noch immer gilt –, gibt es nichts Vergleichbares für Physiker, Chemiker, Biologen und andere Naturforscher. Denn was ist genau gemeint, wenn gefordert wird, sich für das Wohl der Menschheit einzusetzen? Wie kann man sicher sein, nach dieser Maxime zu handeln, auch wenn man nur einem Einzelnen hilft? Hat Einstein, als er den Bau der Atombombe empfahl, der gesamten Menschheit oder nur einem Teil von ihr gedient und dafür sogar Opfer in Kauf genommen? Haben die Wissenschaftler zum Wohl der Menschheit beigetragen, die sich nach dem Zweiten Weltkrieg der Molekularbiologie zugewandt haben? Immerhin hat diese der Gesellschaft die Gentechnik beschert, die bei ihrem Aufkommen in Teilen der Öffentlichkeit eher für Entsetzen als für Freude gesorgt hat. Und warum muss es eigentlich immer die »gesamte Menschheit« sein? Sind Wissenschaftler nicht vor allem einzelnen Personen oder ihnen bekannten Gruppen gegenüber verpflichtet, deren Leiden oder Leben sie vor Augen haben und persönlich wahrnehmen können? Überhaupt: Lässt sich eindeutig definieren, was Wohl und Übel, was gut und böse ist? Kann jemand sicher sein, dass seine Handlungen ausschließlich zum Guten führen und Nebenwirkungen der dunklen Art auf jeden Fall ausbleiben?

Die Antwort auf die letzten Fragen lautet in jedem Fall »Nein!«, und sie müsste eigentlich so eindringlich wie möglich verkündet und in aller Welt verbreitet werden – auch wenn sie dem Teufel in den Mund gelegt wird, der, wie Eugen Roth sagen würde, von Anfang an zwischen den Menschen und ihren Absichten steckt. Der Teufel ist der »Geist, der stets verneint«. So stellt sich Mephisto dem unruhigen und unzufriedenen Gelehrten Faust vor, und er präzisiert diese Aussage mit dem seltsamen und berühmt gewordenen Satz: »Ich bin ein Teil von jener Kraft, die stets das Böse will, und stets das Gute schafft.«

Goethe lässt durch den Teufel ausdrücken, was im Grunde jeder aus seinem Alltag kennt, eine Erfahrung, die im Laufe des 20. Jahrhunderts durch die Chaosforschung theoretisch sanktioniert wurde und jeden der oben vorgelegten frommen Wünsche schlicht bedeutungslos macht: Die Welt, in der Menschen leben und die sie gestalten wollen, ist nicht linear und geradlinig, sondern komplex und vernetzt, und zwar so, dass die einzige gültige Logik in ihr die des Misslingens ist. Es gibt keine Handlung – und erst recht keine Entdeckung –, deren Folgen umfassend vorhersagbar wären und die nur Gutes bewirken könnte. Selbst das edelste Gute hat seine Schattenseiten, und selbst das abgrundtief Böse kann noch Gutes hervorbringen.

Dazu ein paar Beispiele. Als unzweifelhaft gut würde man die Verbesserung der hygienischen Verhältnisse betrachten, wie sie nach dem Zweiten Weltkrieg etwa in deutschen Haushalten möglich geworden ist. Welche Nachteile können sich dabei bemerkbar machen? Die Antwort auf diese Frage liefern die Polioviren, die zwar offensichtlich immer vorhanden und in der inneren und äußeren Umwelt präsent waren, die aber solange harmlos blieben, solange Kinder früh genug mit ihnen in Berührung kamen. Entscheidend war, dass das Immunsystem tätig wurde, bevor sie im Körper Schaden anrichten konnten. »Früh genug« heißt in einem Alter, in dem das Nervensystem noch nicht differenziert genug war, um vom Virus befallen, beschädigt und teilweise lahmgelegt zu werden. Diese Möglichkeit bestand für den Eindringling erst, als sich die hygienischen Verhältnisse verbesserten. Die Kinder waren jetzt älter, als sie mit dem Virus in Berührung kamen, und ihr gewachsenes Nervensystem bot ihm den nötigen Platz. Einige von ihnen bekamen die Kinderlähmung, durch die in meinen Jugendtagen etliche Spielgefährten ihrer Lebenschancen beraubt wurden.

Als unzweifelhaft schlecht kann man auf der anderen Seite zum Beispiel die Vorhaben von Francis Galton bezeichnen. Der Cousin von

Charles Darwin gilt als Begründer der Eugenik oder Erbverbesserung, die er für sozialpolitische Maßnahmen einzusetzen gedachte. Galton entwickelte sehr früh Pläne, die »englische Rasse« mit wissenschaftlichen Mitteln auf eine hohe Stufe erblicher Reinheit zu stellen und vor fremden Einflüssen zu bewahren (was manchen Menschen heute noch ein lohnendes und praktikables Ziel zu sein scheint). Zu diesem fragwürdigen, wenn nicht gar verwerflichen Zweck ersann Galton allerdings eine statistische Technik, die heute als Regressionsanalyse bekannt ist und mit deren Hilfe im Rahmen naturwissenschaftlicher Forschungen Beziehungen zwischen einem abhängigen und einem oder mehreren unabhängigen Parametern geklärt werden können, wenn dabei Rückschritte (Regressionen) oder ein Abnehmen oder gar Zurückfallen zu erfassen sind. Galton konnte auf diese Weise die »Regression zur Mitte« erklären, womit die keineswegs triviale Beobachtung gemeint ist, dass zum Beispiel die Nachkommen von großen Eltern dazu tendieren, nur eine durchschnittliche Körperlänge zu erreichen.

Als weiteres Gegenstück sei eine Geschichte von Roald Dahl angeführt. In ihr wird erzählt, wie jemand mithilfe des klassischen Krimigiftes Arsen einen Mord verüben will. Wochenlang rührt er dem ins Visier genommenen Opfer, einem bereits kranken Menschen, geringe Mengen Arsen ins Essen, in der Hoffnung, dass die Substanz erstens tödlich wirkt und zweitens aufgrund der geringen Dosierung im Körper des Toten nicht nachzuweisen ist. Anders als geplant tritt jedoch nicht der Tod ein, sondern der Vergiftete erholt sich sogar und erwacht nach und nach zu neuem Leben. Der Täter hatte übersehen, was Paracelsus bereits im 16. Jahrhundert wusste: »Alle Ding' sind Gift und nichts ohn' Gift, allein die Dosis macht, dass ein Ding kein Gift ist.« Arsen in kleinen Dosen wirkt eben als Medikament, und so gilt hier wie immer und überall: Man kann nie wissen, was passiert, erst recht nicht, wenn man gar nicht weiß, was man tut.

Eine Welt voller Informationen

Zurück zu den 1940er-Jahren und dem damals erreichten Wissen. In dem Zeitraum, in dem die Energie explosionsartig aus den Atomkernen freigesetzt wurde, passierte noch so viel mehr, dass man als Historiker den Eindruck gewinnen kann, die jüngste Vergangenheit liefere eine Bestätigung für den Spruch »Der Krieg ist der Vater aller Dinge«, der dem antiken Philosophen Heraklit zugeschrieben wird. In den 1940er-Jahren werden unter anderem die Grundlagen für die künftige Richtung der Biologie gelegt, als es Forschern wie dem Italiener Salvador Luria und dem Deutschen Max Delbrück in den USA gelingt, Genetik nicht nur mit Fliegen, Mäusen und Maispflanzen, sondern auch mit Bakterien und den sie befallenden Viren zu betreiben und dabei exakte Mutationsraten von Genen zu bestimmen. Dabei bekommt die Molekularbiologie, die es seit 1938 gibt, ein neues Gesicht, weil amerikanische Förderinstitute in den 1930er-Jahren nach wissenschaftlichen Wegen suchten, um gesellschaftliche Probleme wie steigende Scheidungsraten, eine zunehmende Alkoholsucht und ein weitverbreitetes Analphabetentum oder auch Lernschwächen von Jugendlichen in den Griff zu bekommen. Die beiden erwähnten Genetiker befassten sich allerdings weniger mit sozialen als vielmehr mit biophysikalischen und biochemischen Themen, und ihre später mit Nobelehren gewürdigten Experimente lösten einen enormen Forschungsschwung aus. Bereits 1953 erlebte die immer rasanter aufsteigende molekulare Handhabung von Genen ihren nach wie vor erstaunlichen Höhepunkt, als der US-Amerikaner James Watson und der Brite Francis Crick der faszinierenden Struktur des Erbmaterials auf die Schliche kamen und das die Menschen bis heute in den Bann schlagende Modell einer Doppelhelix aus DNA entwarfen.

In den 1940er-Jahren lernte die Welt darüber hinaus auch den ersten Computer kennen. Nach vielen vom US-Verteidigungsministerium finanzierten Vorarbeiten präsentierten die Pioniere John W. Mauchly und John P. Eckert an der Universität von Pennsylvania in Philadelphia einen programmierbaren Rechner namens ENIAC (Electronic Numerical Integrator and Computer), der ballistische Tabellen für Geschosse erstellen konnte und deren Einschussziele berechnen sollte. Das raumfüllende Ungetüm wurde noch mit anfälligen Radioröhren als elektronischen Verstärkern bestückt, an deren Stelle in heutigen Laptops robuste – und extrem schrumpffähige (miniaturisierbare) – Transistoren getreten sind. Sie heißen so, weil sie aus Kristallen bestehen, die ihre Funktion dadurch erfüllen, dass sie einen Strom über einen Widerstand – englisch »resistor« – transformieren (umwandeln). Physiker können elektronische Bauelemente wie Transistoren seit 1947 mittels ausgeklügelter Halbleitertechnologie und mit speziell dotierten Germaniumkristallen bauen, was hier vor allem erwähnt wird, um ergänzen und anmerken zu können, dass Menschen zwar früher so etwas wie eine Dampfmaschine oder eine Telegrafenleitung konstruieren und anfertigen konnten, ohne vorher die dazugehörigen physikalischen Gesetze im Detail zu kennen, dass dies aber beim Transistor vollkommen ausgeschlossen ist. Nur durch genaue Kenntnis und gezielten Einsatz der Quantenphysik und mit einem präzisen wissenschaftlichen Verständnis des Kristallwachstums ließen und lassen sich diese elektronischen Verstärkerelemente bauen, was dem historischen Betrachter zu erkennen gibt, dass ohne Wissen nichts mehr geht und wir somit tatsächlich in einer Wissensgesellschaft leben. Der im 18. Jahrhundert beschworene »Wohlstand der Nationen« verdankt sich von nun an vornehmlich den von ihren Bürgern betriebenen und erworbenen

Die ENIAC-Programmiererinnen Ruth Lichterman und Marilyn Wescoff.

Forschungsergebnissen – auch wenn die meisten Zeitgenossen dieses Wissen nicht zu haben scheinen und offenbar auch nicht geneigt sind, es sich anzueignen.

Ein Jahr nach Inbetriebnahme des ersten (noch ziemlich klotzigen) Transistors beginnt wörtlich verstanden das Informationszeitalter. Am Massachusetts Institute of Technology (MIT) im amerikanischen Cambridge gelingt es dem Mathematiker Claude Shannon, eine mathematische Theorie der Übertragung von Nachrichten auszuarbeiten. Der Informationsgehalt wird in binären Einheiten – zum Beispiel durch die Ziffern 0 und 1 – angegeben, die bald als Bits berühmt werden und in die Alltagssprache eingehen. Es dauert dann nicht mehr lange, bis das Konzept der Information – allgemein beschrieben als Botschaft (oder Nachricht), die ein Sender einem Empfänger zukommen lassen möchte – in anderen Wissenschaften wie der Linguistik, der Psychologie oder der Ökonomie übernommen wird. Es fasst sogar Fuß in der modernen Biologie, in der das Erbmolekül DNA als Träger von genetischer Information verstanden und gedeutet wird. Dieses Wissen gewann seine besondere Qualität für die biochemische Forschung, als im Schatten der Präsentation des berühmten Moleküls andere fleißige Molekularbiologen in verschiedenen europäischen Laboratorien zeigen konnten, dass die lebensnotwendigen Bestandteile einer Zelle, die als Proteine bezeichnet werden und als biologische Katalysatoren die Lebensvorgänge ermöglichen, nach dem gleichen Bauprinzip wie die Gene aus DNA gebaut sind, nämlich als Fäden des Lebens. Da man zudem schon länger wusste, dass diese Proteine nach genetischen Vorgaben gebaut sind und Zellen nach dem »Ein-Gen-ein-Protein-Prinzip« vorgehen, konnte man mit dem neuen Wissen vorhersagen, dass es einen Code geben musste, der die Reihenfolge (Sequenz) der DNA in die Reihenfolge der Proteinbausteine übersetzte. Damit stand die künftige Aufgabe der Molekulargenetik fest. Es galt, diesen biologischen Code zu knacken, was im Verlauf der 1960er-Jahre triumphal gelang. Man wusste jetzt, wie das Leben auf dieser Ebene funktionierte, und meinte, dass dem wissenschaftlichen Zugriff kein Geheimnis des Lebens mehr verborgen bliebe. Es erfüllte sich, was in der Zeitung »Fortune« zu lesen war, als die Doppelhelix zur Ikone des 20. Jahrhunderts wurde: »Vermutlich ist es keine Übertreibung zu behaupten, dass der Fortschritt der Menschen in Friedens- wie in Kriegszeiten stärker von den reichhaltigen Anwendungen der Informationstheorie abhängt als von den physikalischen Umsetzungen von Einsteins berühmter Gleichung – seien es Bomben oder Kraftwerke.«

Übrigens – der erwähnte Shannon arbeitete eine Zeit lang in dem kleinen Städtchen Princeton an einem Institute for Advanced Study, das deshalb berühmt geworden ist, weil dort unter anderem Albert Einstein seit seiner Flucht vor den Nazis tätig gewesen war. Im Jahre 1939, als Deutschland Polen überfiel und damit der Zweite Weltkrieg ausbrach, verfasste Abraham Flexner, der Gründungsdirektor dieser universitären Eliteeinrichtung, einen Essay mit dem Titel »Der Nutzen des nutzlosen Wissens«. Flexner wollte an der amerikanischen Ostküste »ein Paradies für Gelehrte« schaffen, und er meinte, dass Wissenschaftler dann am produktivsten sind und somit am besten zum Wohlergehen einer Gesellschaft beitragen, wenn man ihnen zugesteht, »so vorzugehen, wie es ihnen beliebt«, wenn man ihnen also die Möglichkeit gibt, ihrer natürlichen Neugierde freien Lauf zu lassen und sich ihren Neigungen hinzugeben. In Deutschland würden die Mitglieder einer Ethikkommission bei so viel Vertrauen in die Wissenschaft skeptisch werden, sie würden das vorwurfsvolle Wort vom Elfenbeinturm in die Debatte einführen und verlangen, dass die Forscher ihn verlassen, um sich unters Volk zu mischen. Wer so redet, hat nicht einmal im Ansatz verstanden, wie durch institutionelle Hilfe Wissen zustande kommt, das dann möglicherweise zur Rettung der Welt eingesetzt werden kann. Und er ignoriert, dass die aktiven Forscher seit Jahrzehnten ihre Bringschuld einlösen, nur haben die Ethikexperten vergessen, das Publikum an seine dazugehörigen Pflichten zu erinnern und die Einlösung der Holschuld anzumahnen, was seit Jahrzehnten vernachlässigt wird, weil es Mühe macht. Das Wissen steht überall bereit. Nur holen es die Leute nicht ab (was sie Max Weber zufolge ja auch nicht nötig haben).

Keine Experimente

»Keine Experimente« – diesen Ratschlag konnten Menschen auf den Wahlplakaten lesen, mit denen Konrad Adenauers CDU bei der Bundestagswahl 1957 auf Stimmenfang ging. »Keine Experimente« – das meinte »keine politischen Experimente« und richtete sich gegen die oppositionelle SPD, die sich damals zum Beispiel für einen Austritt aus der NATO aussprach, um auf diese Weise erst die DDR zu einem Verlassen des Warschauer Paktes zu ermutigen und danach die Weichen für eine Wiedervereinigung zu stellen. Adenauer warnte die Bürger seines Landes vor einer Öffnung nach Osten und dem in diesem Fall und in seinen Augen »drohenden Untergang Deutschlands«, und die Wahlberechtigten stimmten ihm mehrheitlich zu. Über 50 Prozent von ihnen machten ihr Kreuz bei den Unionsparteien. Damit errangen diese im Bundestag die absolute Mehrheit, was in der Geschichte der Bundesrepublik bislang nur ein einziges Mal gelungen ist.

Es wirkt fast paradox – aber als die Warnung vor politischen Experimenten in Deutschland Triumphe feiern konnte, unternahm die Menschheit weltweit insgesamt das größte existenzielle Experiment in ihrer Geschichte, und zwar in Hinblick auf das Klima der Erde und die Belastung des Planeten. Mitte der 1950er-Jahre konnten die Wissenschaftler nämlich erstmals durch überzeugende Messungen eine globale Erwärmung registrieren, und sie konnten weiter klar darüber Auskunft geben, dass der seit dem 19. Jahrhundert beschriebene natürliche Treibhauseffekt der Atmosphäre durch einen von Menschen verursachten (anthropogenen) Ausstoß von Kohlendioxid in die Luft enorm verstärkt wird. Diese Lage fasste der amerikanische Ozeanograf und Klimaforscher Roger Revelle in den seitdem viel zitierten Worten zusammen: »Die Menschheit hat ein groß angelegtes geophysikalisches Experiment begonnen, das es in dieser Form weder in der Vergangenheit gab noch in der Zukunft ein zweites Mal geben wird.« Das alte Ziel, die Bedingungen der menschlichen Existenz zu verbessern, musste einem neuen weichen. Fortan galt es, die Bedingungen der menschlichen Existenz zu erhalten. Die Frage ist, ob und wann sich diese Einsicht so durchsetzt, dass die Menschen weltweit darauf reagieren und ihr Handeln danach ausrichten.

Natürlich geht das nicht von heute auf morgen. Ihre Losung »Keine Experimente« gab die CDU in einer Zeit aus, als der weltweite Energiebedarf explosionsartig zunahm. Die politisch gewünschte Herausbildung der Konsumgesellschaft nahm im Westen ihren Lauf, und der Lebensstandard breiter Bevölkerungsschichten verbesserte sich umfassend und tiefgreifend. Fernsehgeräte und erste Stereoanlagen hielten Einzug in die Haushalte, die Familien konnten sich Automobile und Urlaubsreisen nach Italien leisten – wahrscheinlich war es vor allem dieser angenehme Luxus daheim und unterwegs, der der CDU 1957 die vielen Stimmen gebracht hat. Möglich wurde dieser Aufschwung durch die enorme Verbilligung der fossilen Energieträger. Vor allem sank der Preis des scheinbar unerschöpflichen Erdöls, dessen riesige Vorkommen im Nahen Osten im Verlauf des Zweiten Weltkriegs aufgespürt worden waren – und zwar mit westlichem Know-how (und keineswegs in der Absicht, den Golfstaaten damit zu Reichtum zu verhelfen).

Die 1950er-Jahre werden in historischen Büchern gern als die langweilige Adenauer-Zeit abgetan, weil sich die Autoren danach dem aufregender wirkenden Folgejahrzehnt zuwenden wollen, das oftmals als große Zeit der Unruhe mit Studentenrevolten – 1968 in Paris und Berlin zum Beispiel – und visionären Unternehmen wie der Mondfahrt verherrlicht wird. Aber wer nach diesem Schwarz-Weiß-Muster vorgeht, übersieht die unmittelbare und ungeheure Dynamik, die Unternehmen vor allem in Hinblick auf die neue Größe Information entwickelten. Damit bereiteten sie das digitale Zeitalter vor, das spätestens in den 1970er-Jahren begann, als Firmen wie Microsoft und Apple gegründet wurden, die heute an den Börsen Hunderte von Milliarden, wenn nicht sogar Billionen Dollar wert sind. Diese Entwicklung brauchte wie jede andere ihre Vorläufer, und einer der ersten Schritte in Richtung Digitalisierung war 1951 die Ansiedlung einer Firma in jenem Tal, das heute als Silicon Valley die Welt fasziniert. Dabei meint »Silicon« keinen Kunststoff, es ist vielmehr das englische Wort für einen Halbleiter, der in der deutschen Sprache Silizium heißt, sich zum Beispiel im Sand findet und in vielen elektronischen Geräten zum Einsatz kommt, ohne die der moderne Konsument nicht mehr leben zu können scheint.

Halbleiter heißen auf Englisch »semiconductor«, und 1953 gründete einer der Physiker, die den Transistor entwickelt haben, im Silicon Valley das seinen Namen tragende Unternehmen »Shockley Semiconductor«, aus dem nach und nach andere Firmen hervorgegangen sind. Deren Mitarbeiter entwarfen erst integrierte Schaltkreise auf dem Papier, die in einer nächsten Entwicklungsstufe aus einem Substrat konkret gefertigt und schließlich zu den berühmten Chips verfeinert wurden, die heute in jedem Laptop und jedem iPhone stecken und längst Millionen von Transistoren enthalten.

Die Computer wurden in den 1950er-Jahren digital und kommerziell zugleich, und der berühmteste unter ihnen hieß UNIVAC. Die Abkürzung stand für Universal Automatic Computer, und bald schrieben die Zeitungen über ihn, um für eine erstaunliche Idee zu werben. Bei diesem Computer ging es nämlich längst nicht mehr darum, nur Rechenaufgaben auszuführen und Datenmengen zu verwalten, auch wenn die noch so vertrackt und umfangreich waren. Der UNIVAC kam nicht mehr in die Welt, die Welt kam jetzt vielmehr in den Computer, wo das Wissen und Können der Ingenieure das Reich geschaffen hatten, das man bald als den »Raum des Digitalen« bewundern sollte. In den 1950er-Jahren lernten die Computer, die Welt in sich hineinzuholen und in ihrem Inneren als digitale Wirklichkeit zu behandeln, was dann zu den ersten Entwicklungen von künstlicher Intelligenz führte.

Übrigens: In der Zeit, als man in Deutschland keine politischen Experimente machen wollte, fand der UNIVAC in den USA zum ersten Mal Verwendung im Politikbetrieb. Bei den amerikanischen Präsidentschaftswahlen von 1952 sortierte die Maschine nicht nur die Stimmen für die Demokraten und Republikaner. Ihre stupende Rechenleistung sagte auch schon früh am Abend zur allgemeinen Überraschung die Niederlage des als Favorit ins Rennen gegangenen demokratischen Kandidaten Adlai E. Stevenson und den Sieg seines republikanischen Kontrahenten Dwight D. Eisenhower voraus. Dabei stellte sich trotz des Erfolges eine leichte Verunsicherung ein. Denn jetzt konnten die Menschen dank der Maschinen zwar mit der Wirklichkeit im digitalen Raum jonglieren, aber »was zu den wesentlichen Eigenschaften eines

Computers zählte«, wussten damals »nicht einmal jene [zu sagen], die ihn gebaut hatten«, wie der erstaunte Technikhistoriker David Gugerli seinen Lesern mitteilt. Mehr Experiment geht eigentlich nicht, was erneut deutlich wird, wenn man sich zweierlei klarmacht: Zum einen führt das Aufkommen der Welterfassungsmaschinen in den 1950er-Jahren neben der damit möglichen Zunahme an Daten und der größeren Verfügbarkeit von Informationen dazu, dass im Rahmen einer Wissenschaft namens Kybernetik der Versuch unternommen wird, eine Gesellschaft durch ihre Kommunikationsmöglichkeiten zu verstehen, wobei die Nachrichten nicht mehr nur von Mensch zu Mensch übertragen werden, sondern auch von Mensch zu Maschine, von Maschine zu Mensch und nicht zuletzt von Maschine zu Maschine. Und zum zweiten gilt es, sich darauf einzustellen und die philosophischen Konsequenzen daraus zu ziehen, dass Erfindungen im herkömmlich ausprobierenden und experimentierenden Sinn immer mehr durch intelligente Anwendungen des bereits vorhandenen Wissens über die Naturgesetze verdrängt werden.

Wissen für die Zukunft

Es ist nicht mehr nur so, dass uns das Wissen in die Lage versetzt, immer leistungsstärkere Computer mit immer größerer Speicherkapazität zu konstruieren, denen wir mithilfe geeigneter Programmsprachen immer raffiniertere Aufgaben eingeben können, sondern es sind nun auch umgekehrt die Computer, die durch zuverlässige Informationsspeicherung und kontrollierbare Datenverarbeitung den Menschen nützliches Wissen und neuartige Kenntnisse verschaffen. Das einfachste Beispiel ist die Fähigkeit zur Wettervorhersage. In den 1940er-Jahren kursierte der Witz, dass man das Wetter erst vorhersagen kann, wenn es schon vorbei ist, weil es eine halbe Ewigkeit dauert, bis man den Rechner mit den Ergebnissen der immer aufwendigeren Messungen – unter anderem von Temperatur, Luftdruck und Windgeschwindigkeiten – gefüttert hat. Doch mit der zunehmenden Verfügbarkeit und Verbreitung von immer schneller rechnenden Computern konnten in den 1950er-Jahren auf einmal statt einer Wetternachhersage numerische Wettervorhersagen geliefert werden, und die steigende Leistungsfähigkeit im Bereich der elektronischen Datenverarbeitung erlaubte es der Wissenschaft in den 1970er-Jahren schließlich, komplexe Modelle für das Klima durchzurechnen und dessen Entwicklung sogar für längere Zeiträume zu prognostizieren. Die hier erstmals angesprochene Geschichte des Wissens über den Wandel der klimatischen Bedingungen auf der Erde mit der dazugehörigen Erwärmung und ihren Gefahren wird uns noch ebenso intensiv beschäftigen wie der Einsatz von Computern in der Biologie, die bald anfängt, immer längere Gensequenzen zu ermitteln und ihr Wissen über die Organismen, ihre Selektion und ihre Verwandtschaften – von heute lebenden Menschen etwa mit den Neandertalern aus der Vorzeit – aus langen Folgen mit vielen Milliarden von Zeichen zu gewinnen, die nur noch für Maschinen lesbar und im digitalen Raum zu verwalten sind, wenn sie auch zuletzt in den Schatz des menschlichen Wissens einfließen.

Noch stehen die für ihre Weltoffenheit gefeierten 1960er-Jahre ins Haus, die nicht nur den Schwung der vermeintlich behäbigen Adenauer-Ära aufnehmen und immens verstärken, sondern überhaupt eine Aufbruchstimmung verbreiten und einen im Schatten der Atombombe derart erstaunlichen Fortschrittsglauben mit sich bringen, dass Historiker dabei nicht nur an die alten Pläne des Marquis de Condorcet denken müssen, sondern sich insgesamt in die Zeit zurückversetzt fühlen, in der die moderne Wissenschaft mit ihren Verheißungen für ein besseres Leben ihren Anfang nahm. Bevor jedoch ausgeführt wird, was die Wunschliste der Wissenschaft nicht im 17., sondern im 20. Jahrhundert enthält, sei kurz skizziert, wie weit sich die Welt nach 1960 tatsächlich öffnete.

Die Öffnung auf der politischen Ebene begann 1956 in der Sowjetunion. Auf dem 20. Parteitag der KPdSU hielt der damals amtierende Generalsekretär Nikita Chruschtschow eine Geheimrede, in der er die ungeheuren Verbrechen Stalins aufzählte, und leitete damit eine Epoche der Entstalinisierung ein. Auf der kirchlichen Ebene öffnete das von Papst Johannes XXIII. einberufene und in den Jahren zwischen 1962 und 1965 abgehaltene Zweite Vatikanische Konzil für den Katholizismus ein Fenster zur Welt und leitete eine Erneuerung im Glauben ein, wie die Medien damals jubelnd berichteten. Auf der Ebene der alltäglichen Kultur tauchte eine britische Band aus Liverpool auf, die als »The Beatles« einen neuen Musikstil kreierte und eine Goldene Schallplatte nach der anderen einheimste. Ihre wundervollen Liebeslieder – »I want to hold your hand« – fanden ergebene Anhänger unter den Teenagern der damaligen Zeit, in der das Liebesleben nicht zuletzt durch die Entwicklung eines medizinischen Verhütungsmittels umgekrempelt wurde. Nach langen biochemischen und pharmazeutischen Vorarbeiten kam die Antibabypille auf den Markt. Sie nahm vor allem den jungen Frauen die Angst vor ungewollten Schwangerschaften und trennte das Verlangen nach Sexualität vom Kinderwunsch. Doch so schön die sexuelle Befreiung war, manch einen störte es schon damals, wenn Männer davon redeten, dass Frauen die Pille – Einzahl! – nehmen. Wussten sie wirklich nicht, dass Frauen jeden Tag daran denken mussten und eben viele Pillen – Mehrzahl! – zu nehmen hatten? Dass das nicht ohne Nebenwirkungen bleiben konnte, spielte damals jedoch kaum eine Rolle.

Dem Freiheitsdrang im politischen und gesellschaftlichen Bereich entsprach im wissenschaftlichen Bereich der Fortschrittsglaube, dessen Umsetzung es in Form des amerikanischen Apollo-Projektes bis zum Ende der genannten Periode eindrucksvoll schaffte, Menschen erstens zum Mond zu schicken und zweitens nach der Landung auf dem Trabanten sicher zur Erde zurückzubringen. Und so wie im 17. Jahrhundert der Chemiker Boyle mit dem bei ihm und den Menschen einsetzenden Vertrauen in das Wissen auf die Idee kam, eine Liste von Wünschen an die Forschung aufzustellen, wagten es Wissenschaftler ziemlich genau dreihundert Jahre später, gezielte Vorhersagen über Innovationen zu machen, die sie in den kommenden Jahrzehnten erwarteten. Nur waren sie ungleich ehrgeiziger als Boyle. Sie machten nicht weniger als einhundert klare Vorgaben und meinten zudem, dass man mit deren Umsetzung nicht in einer fernen Zukunft, sondern in den folgenden Jahrzehnten – also bis zum Jahre 2000 – rechnen könne. An ihren Zielen hielten sie unbeirrt fest, obwohl natürlich schon damals die auch bei Karl Valentin zu findende und heute gern ohne Quellenangabe von

TV-Komikern übernommene Warnung des Physikers Niels Bohr zirkulierte, dass Prognosen besonders dann schwierig sind, wenn sie sich auf die Zukunft beziehen. Wenig Beachtung fand auch die bemerkenswerte Überlegung des Philosophen Karl Popper, der darauf hingewiesen hatte, dass die Menschen alles Mögliche wissen können, nur nicht das, was sie in Zukunft wissen werden, denn dann wüssten sie es schon heute. Poppers Argument geht dabei weiter, denn wenn die Art, wie Menschen leben, von dem Wissen abhängt, das sie haben, dann wissen sie mit zunehmendem Wissen nicht immer mehr, sondern im Gegenteil immer weniger darüber, wie sie in Zukunft leben werden. Auch wenn das Gegenteil nahezuliegen scheint: Gerade der stetige Zuwachs hält das Leben insgesamt offen.

Es ist davon auszugehen, dass die Forscher, die sich bald selbstbewusst Futurologen nannten und meinten, als Vertreter einer exakten – also mit vielen Zahlen betriebenen – Wissenschaft namens Futurologie etwa über das nächste Jahrzehnt oder das Jahr 2000 zuverlässig Auskunft geben zu können, sich beeindrucken ließen von den vielen Vorhersagemöglichkeiten, die in den verfügbaren Computern zu stecken schienen und denen gegenüber man philosophische Finessen vernachlässigen konnte. Außerdem rückte ein besonderes Datum immer näher, nämlich der Übergang der Welt ins Jahr 2000, und an der Schwelle zu einem neuen Millennium denken religiös motivierte Menschen (Chiliasten) gern an tausendjährige messianische Friedensreiche, beseelt von der Hoffnung, dass sich etwas Ungewöhnliches ereignet. Auf der säkularen Ebene unternahmen in den 1960er-Jahren Experten um den gleich näher vorzustellenden Zukunftsforscher Robert Jungk verstärkt Anstrengungen, um den Menschen zu zeigen, wie der »Weg in das Jahr 2000« aussehen könnte.

Im November 1962 fand in London auf Einladung der CIBA-Foundation, einer Stiftung des gleichnamigen Pharmakonzerns aus der Schweiz – CIBA steht für »Chemie in Basel« – ein Symposium mit dem Titel »Der Mensch und seine Zukunft« statt, auf dem sich die damalige Elite aus Genetik, Medizin, Evolutionsbiologie und Biochemie versammelte, um mithilfe ihres geballten Wissens »Modelle für eine neue

Welt« zu entwerfen. So etwas wurde damals vielfach versucht, und man meinte, derartige Überlegungen zu benötigen, »weil wir überleben wollen«, wie nicht nur auf der Tagung, sondern vielerorts zu hören und zu lesen war. Zu dem CIBA-Symposium haben allein fünf Nobelpreisträger beigetragen, um eugenische Themen wieder aufleben zu lassen und zugleich über Nahrungsmittelproduktion und Bevölkerungsexplosion zu diskutieren, also genau über die Themen, die die Allgemeinheit bereits im 18. und 19. Jahrhundert bewegten. Kritiker der Veranstaltung in London monierten, dass unter den Wissenschaftlern unwidersprochen Fragen wie die gestellt werden konnten, »warum Menschen ohne Weiteres das Recht haben sollen, Kinder in die Welt zu setzen«, da doch »der Mensch in weiten Gebieten nichts anderes als ein pathogener Keim, eine Krankheit« ist, wie der oben erwähnte Francis Crick zum Besten gab. »Wenn der Nährboden stirbt«, so Crick weiter, »dann stirbt natürlich auch der Krankheitserreger.« Diese haarsträubenden Sätze wurden von Crick zwar als »humanistische Ethik« verkauft, ihre unmenschliche Dimension konnte bei der Lektüre der Vorträge des Symposiums trotzdem den Eindruck erwecken, dass hier Eliten ihr Wissen maßlos überschätzten und ihre Wissenschaft bedenkenlos auf Abwege geraten ließen. Das zeigte sich auch, als der Genetiker Joshua Lederberg aus New York anregte, nicht nur eine Eugenik mittels Manipulationen an (damals noch gar nicht bekannten) DNA-Sequenzen im Erbmaterial vorzunehmen, sondern die Ingenieurskunst auch auf die biologische Entwicklung des Menschen und ihre dynamischen Mechanismen anzuwenden. Lederberg schlug dafür den neuen Begriff der »Euphänik« vor. Bei dieser sollten sich die Eingriffe nicht auf den Genotyp konzentrieren, sondern auf den Phänotyp, wie das Erscheinungsbild eines Organismus in der Fachsprache genannt wird.

Trotz dieser eher unglücklichen und wenig verantwortungsvoll vorgetragenen Ansichten über die Zukunft des Menschen arbeiteten andere Intellektuelle emsig weiter daran, immer neue Zukunftskonzepte zu entwerfen. Zu ihnen zählte etwa der populäre Publizist Robert Jungk, bekannt geworden durch das Buch »Heller als tausend Sonnen«, das vom Schicksal der Atomforscher und ihres Wissens handelt. Jungk meinte, »Futurologie als exakte Wissenschaft« betreiben zu können, wie er einen Vortrag für die Freie Universität Berlin betitelte, und gab schließlich eine eigene Schriftenreihe unter der Vorgabe heraus, selbst die damals viel beschworenen »Modelle für eine neue Welt« suchen und finden zu wollen. In den entsprechenden Bänden wurden die Berichte einer »Kommission für das Jahr 2000« gesammelt und publiziert, die von der Amerikanischen Akademie für Künste und Wissenschaften eingesetzt worden war, um sich von den kommenden Entwicklungen nicht überraschen zu lassen und »eine menschenwürdige Zukunft« vorzubereiten.

Ein weiterer namhafter Futurologe war der in politischen Zirkeln als Nuklearstratege bekannte Herman Kahn. Kahn hatte 1961 in New York einen Thinktank namens Hudson Institute gegründet, dessen Mitarbeiter die US-Regierung unter der grundsätzlichen Annahme beraten wollten, dass der Kapitalismus und die Technik unbegrenzte Fortschrittsmöglichkeiten bereithielten, die letztlich sogar eine Besiedlung des Weltalls ins Auge fassen ließen.

Bei aller rhetorischen Weitschweifigkeit und mancher intellektuellen Überheblichkeit versuchte sich der damals in den Medien omnipräsente Kahn in vielen Texten lieber an dem, was er selbst gern »überraschungsfreie Projektionen« nannte. Ausgehend von Trends, die in der Gegenwart erkennbar waren, sollten Aussagen über das Kommende getroffen werden, damit sich die Menschheit besser darauf einstellen konnte. Kahns Abneigung gegen unliebsame Überraschungen konnte allerdings nicht verhindern, dass er seine Leserschaft bisweilen gewaltig in die Irre führte. In einer viel verkauften »Team-Prognose für 1970 bis 1980« verkündete er, dass sich »die Abnahme von Gewaltanwendung infolge ideologischen oder religiösen Drucks in den 1970er-Jahren weiter fortsetzen wird« und es deshalb nicht mehr zu Kriegen aus diesen Motiven kommen sollte. In derselben Prognose wird den Futurologen im Angesicht der Erfahrungen mit der Atombombe übrigens empfohlen, weniger den Verzicht auf neues Wissen und Entdeckungen zu predigen und mehr über Veränderungen in den politischen Ordnungen nachzudenken, um den Missbrauch wissenschaftlicher Erkenntnisse zu verhindern.

Einhundert Neuerungen

Es ist schwierig, bei überraschungsfreien Prognosen Ratschläge zu erteilen, wie sich Wissenschaftler verhalten sollen, wenn deren Stolz doch gerade darin besteht, das Gegenteil zu schaffen und zu unerwarteten Einsichten zu gelangen. In der Wissenschaft bleibt das Unerwartete das Vorhersagbare, wie sich bald in der Biologie zeigen sollte. In den 1970er-Jahren konnten die Methoden entwickelt und vorgestellt werden, die bald den als Gentechnik bezeichneten Komplex des molekularen Be- und Ergreifens von DNA-Molekülen hervorbrachten. Und mit diesem neuen Wissen trat wieder ein, was die Futurologen mit ihren »Modellen für eine neue Welt« eigentlich verhindern wollten, nämlich dass die Forscher in eine öffentliche Debatte hineingezogen werden, auf die sie ebenso wenig vorbereitet sind wie die Politiker und andere Bürger, die ihre Arbeiten finanzieren.

Kahns Glaube an die Vorhersagbarkeit der Zukunft war indes durch nichts zu erschüttern. Zusammen mit dem ebenfalls am Hudson Institute tätigen Anthony J. Wiener veröffentlichte er dreihundert Jahre nach Boyle eine Wunschliste mit »100 technischen Neuerungen, die innerhalb der nächsten 33 Jahre [also bis zum Jahr 2000] zu erwarten sind«. Es würde zu weit führen, alle einhundert Punkte aufzulisten, aber ein paar lohnen einen genaueren Blick, wobei zum einen nicht unbemerkt bleiben wird, dass einige Nennungen von vielen Lesern dieser Liste bestenfalls überflogen und abgenickt werden, und zum anderen ein paar von den Wünschen auftauchen, von denen Boyle bereits 1660 träumte. Zu den weniger aufregenden Vorschlägen gehören die »Anwendung von Computern als intellektuelle und professionelle Hilfsmittel« etwa beim Übersetzen und in der medizinischen Diagnostik und die »Anwendung von Laserstrahlen zum Messen, Schneiden und Schweißen, zur Beleuchtung und zur Kraftübertragung«. Der anfänglich noch mit Großbuchstaben geschriebene LASER – die Abkürzung steht für »Light Amplification by Stimulated Emission of Radiation« – war erst 1960 erfunden worden, und man sollte den Autoren nicht vorwerfen, dass sie die schönste Übertragung, die mittels Laserstrahlen gelingt, nämlich die von Musik, nicht erwähnen und sie sich wahrscheinlich auch nicht vorstellen konnten, denn erst seit den 1970er-Jahren lassen sich Töne digital auf CDs speichern. Das Beispiel des Lasers zeigt übrigens, dass der Weg vom Wissen zum Können manchmal viel Zeit braucht. Die Idee zu einer »Lichtverstärkung durch stimulierte Emission von Strahlung« stammt von keinem Geringeren als Albert Einstein, der sie 1916 (!) publiziert hat, also 44 Jahre bevor das damit mögliche Licht der besonderen Art erstmals generiert werden konnte. Und als der erste Laserstrahl endlich sichtbar wurde, meldeten die Schlagzeilen der Zeitungen nicht etwa einen Triumph der Wissenschaft; sie fragten sich vielmehr besorgt, ob ein Physiker der Menschheit »Todesstrahlen« in die Hände gelegt habe.

Kahn und Wiener erwarten auch die Entwicklung »struktureller Werkstoffe für extreme Beanspruchung« etwa bei hohen Temperaturen, hoffen ferner auf »verbesserte Werkstoffe für Maschinen und Geräte« und träumen schließlich von »Superstoffen«, die sich aus Papier oder Plastik fertigen ließen. Diese Stichworte erfassen wichtige Entwicklungen, wie sie die Industrieforschung seit dem 19. Jahrhundert in leider zu wenig bekannter Fülle und ohne gesellschaftliche Wertschätzung zustande bringt und wie sie auch in Zukunft zu erwarten sind. Aufregung stellt sich bei diesen Punkten trotzdem nicht ein. Sie kommt erst auf, wenn an sechster Stelle »zuverlässige und längerfristige Wettervorhersagen« angeführt werden. Spannend ist dieser Wunsch deshalb, weil nur wenig später der amerikanische Mathematiker und Meteorologe Edward Lorenz eine Entdeckung machte, die diesem Ziel einen soliden Riegel vorschiebt.

Lorenz versuchte sich in seinem Rechenzentrum am Massachusetts Institute of Technology in Cambridge an Wettermodellen, also an numerischen Wettervorhersagen, die sich seit den 1950er-Jahren mit Computern durchführen ließen. Bei seinen Arbeiten fiel Lorenz auf, dass es selbst bei kleinsten Abweichungen der anfänglich eingegebenen Daten zu großen Verschiebungen bei den zu errechnenden Prognosen kommen konnte. Dieser Effekt, der wissenschaftlich-technisch aus der Komplexität des Wettergeschehens folgt und auf die dadurch unvermeidliche Nichtlinearität der dazugehörigen vernetzten Gleichungen zurückgeführt werden kann, hat eine hübsche alltagstaugliche Beschreibung als »Schmetterlingseffekt« bekommen. Lorenz stellte 1971 bei einem Vortrag die Frage: »Kann der Flügelschlag eines Schmetterlings in Brasilien einen Tornado in Texas auslösen?«, und beantwortete diese mit einem eindeutigen »Ja«. Eine philosophische Bedeutung erhält der Effekt durch die Einsicht, dass mit einer derartigen Empfindlichkeit für die Ausgangslage einer Entwicklung die Welt endgültig aufhört, so berechenbar zu sein, wie das die Feinde der Wissenschaft in der Vergangenheit oft befürchtet haben. Das Leben ist weniger determiniert, als angenommen wurde. Positiv gewendet heißt das, dass Freiheit möglich bleibt und sich im Laufe von komplexen Entwicklungen immer neue Entscheidungen treffen lassen.

Als Kahn und Wiener ihre Liste mit Neuerungen vorstellten, hatten sie noch keine Kenntnis von diesem erstaunlichen Wissen, das später im Rahmen einer Chaosforschung detailreicher ausgeführt werden sollte. So konnten sie unbekümmert ihren Hoffnungen für die Zukunft nachhängen, genau wie ihr großer Vorgänger Boyle, von dessen Wunschliste die beiden Futurologen vermutlich nichts wussten. Unter anderem träumten sie von »chemischen Methoden zur Verbesserung des Gedächtnisses und der Leistungsfähigkeit«, von »Mitteln gegen Geisteskrankheiten und Alterserscheinungen«, einem »Ersatz für menschliche Organe«, einem »Winterschlaf zu humanmedizinischen Zwecken« und von »Techniken zur Erhaltung der physischen Leistungsfähigkeit und zur Erlangung physischer Fähigkeiten«.

Am meisten interessiert die Liste der damaligen Erwartungen dort, wo die Autoren aus dem Blick der heutigen Zeit übers Ziel hinausschießen und die inzwischen besser einzuschätzenden Risiken außer Acht lassen. Im 21. Jahrhundert reibt man sich die Augen, wenn man vom »weitverbreiteten Einsatz von Atomreaktoren zur Energiegewinnung« oder vom »Einsatz atomarer Sprengköpfe im Tief- und Bergbau« liest. Ebenso wundert man sich sehr über den Vorschlag, »durchdringende Techniken zur Überwachung, Beobachtung und Kontrolle von Einzelpersonen und Organisationen« zu entwickeln, und wenn die Rede auf Methoden kommt, »um Menschen zu polizeilichen und militärischen

Zwecken aufzuspüren und kampfunfähig zu machen«, erschrickt man nicht minder als bei der nonchalant geäußerten Erwartung, »möglicherweise sehr simple Methoden einer tödlichen biologischen und chemischen Kriegsführung« zu finden und zudem noch »programmierte Träume« einzuleiten.

Es fällt bei der Lektüre der Wunschliste vielfach auf, wie leichtfertig die Futurologen Entwicklungen ihrer Zeit fortschreiben, ohne zu merken oder zu beachten, wie wenig sie über deren Folgen wissen. So wollen sie zum Beispiel endgültig die Nacht vertreiben und »künstliche Monde« zur Beleuchtung von bislang dunklen Gebieten einsetzen, während heute aus vielen guten Gründen das Verlangen zunimmt, die Nacht nicht nur als Lebenszeit von Tieren zu bewahren, sondern auch als Möglichkeit von Menschen, den immer wieder in Staunen versetzenden Blick auf den bestirnten Himmel zu richten, den Kant mit einem moralischen Gesetz »in mir« verknüpfte. Ganz selbstverständlich planen die Futurologen auch »Verteidigungssysteme im Weltraum« – Star Wars lässt grüßen –, sie denken großräumig an »interplanetarischen Verkehr« mit bemannten Satelliten und Mondstationen, behalten aber auch die Erde im Auge, wenn sie zu einem »Entwurf streng kontrollierter Umweltbedingungen für private und öffentliche Zwecke« raten und »neue Techniken zur Umweltbeherrschung und -verbesserung« anmahnen.

An dieser Stelle wird es fast unvermeidlich, auf eine Glosse Hans Blumenbergs hinzuweisen, in der der Philosoph das Jahr 1969 durch die Verbindung von »Mondbezwingung und Umweltschutz« charakterisiert. Er schreibt:»Im Jahre 1969 betrat zum ersten Mal ein Mensch den Mond. In demselben Jahr wird das deutsche Wort ›Umweltschutz‹ geprägt, und zwar nach dem bewährten Vorbild der Entstehung des Lutherschen Bibeldeutsch als Vokabel der Amtssprache: das Bundesministerium des Inneren bekam eine Abteilung ›Umweltschutz‹. Man geniert sich, bei dieser inzwischen zur Schöpfungsbewahrung hochstilisierten Aufgabe der deutschen Missionierung der Welt vielleicht schon zuzugeben, dass es sich um eine Entlehnung aus dem Amerikanischen handelt und dort ›environment protection‹ hieß. Aber welcher Abgrund von Differenz im Bedeutungsgewicht, wenn statt der schlichten ›Umgebung‹ (*environment*) das Element ›Welt‹ auf den Plan tritt, zentriert um den, der sich die Welt als sein Drumherum zu denken vermag.« Wie sehr beides – die Erkundung des Mondes und der einsetzende Umweltschutz – tatsächlich zusammenhängt, kann im Folgenden ausgeführt werden.

Der stumme Frühling

Als das erwähnte Amt für Umweltschutz eingerichtet wurde, regierte in Deutschland der Sozialdemokrat Willy Brandt. Dieser hatte schon im Wahlkampf 1961, also lange vor seinem Amtsantritt als Bundeskanzler, den Menschen einen »blauen Himmel über der Ruhr« versprochen, woraus man leicht auf die damals unübersehbare und langsam unerträglich werdende Luftverschmutzung durch die Schornsteine der Industrieanlagen schließen kann. Tatsächlich wusste man von diesem Problem und anderen Umweltschäden lange, bevor der Umweltschutz amtlich wurde, und natürlich gab es bereits im 19. Jahrhundert Hinweise, dass sich die massiv ausweitenden industriellen Tätigkeiten nachteilig auf das auswirkten, was erst noch Natur hieß und zum Beispiel die Flüsse und die Wälder meinte, an denen Menschen siedelten und in denen sie sich von der Arbeit erholten. Ein öffentliches und verbreitetes Bewusstsein für das Umweltthema tauchte in Deutschland spätestens auf, als im Rhein die Fische starben, als sich Chemieunfälle ereigneten und saurer Regen auf die Menschen in den Städten niederprasselte. In den Debatten begann man nun auch, stärker zwischen Natur und Umwelt zu unterscheiden. Als Natur gilt, was die Menschen nicht geschaffen haben, sondern auf der Erde vorfinden. Es ist der Bereich, in dem sich die Biosphäre evolutionär entfaltet. Die Umwelt hingegen umfasst alles, was sie im Laufe ihrer Geschichte um sich herum errichtet haben, in etwa gleichzusetzen mit der Technosphäre, in der sie sich im Rahmen einer natürlichen, wissenschaftlichen und kulturellen Evolution auch immer wieder neu einzurichten versuchen.

Bei allem Fortschrittsglauben der 1960er-Jahre findet sich an ihrem Beginn auch ein Buch, das erstmals klar und unmissverständlich auf die Gefahren hinweist, die sich bei einem allzu bedenkenlosen Einsatz von chemischen Mitteln in der Landwirtschaft zeigen. Gemeint ist das 1962 in der amerikanischen Originalausgabe mit dem Titel »Silent Spring« veröffentlichte Buch der als Meeresbiologin ausgebildeten Rachel Carson, das ein Jahr später als »Stummer Frühling« auch auf dem deutschsprachigen Markt erschien. Die als erste Umweltschützerin des 20. Jahrhunderts gefeierte Rachel Carson argumentierte durchgehend auf der Grundlage von Charles Darwins Evolutionstheorie, die nicht nur erklärt, was die Arten überlebensfähig macht, sondern vor allem auch die Möglichkeit des Aussterbens in den Blick nimmt. Mit ihrem Buch eckte Carson sowohl bei der amerikanischen Regierung (damals unter dem Präsidenten John F. Kennedy) als auch bei den Vertretern der chemischen Industrie an. Dabei beginnt ihr Werk friedlich, nämlich mit der Schilderung einer Stadt im Herzen Amerikas, »in der alle Geschöpfe in Harmonie mit ihrer Umwelt« – leider nicht froh und glücklich lebten, sondern nur »zu leben schienen«, denn alles war braun und welk geworden, »selbst in den Flüssen regte sich kein Leben mehr«, und zwar ohne dass dafür ein böser Zauber oder eine höhere Macht verantwortlich gemacht werden könnte. Es waren die Menschen selbst, die »die Stimmen des Frühlings zum Schweigen« gebracht hatten, wie die Autorin ausführt.

Als Ausgangspunkt ihrer Überlegungen wählt Rachel Carson »das Kernproblem unseres Zeitalters«, und sie meint damit »die Verunreinigung der gesamten Umwelt des Menschen«. Diese erfolge durch Substanzen, »die wir in guter Absicht als Insektizide und Pestizide einsetzen, ohne bislang zu merken, dass ihnen eine unglaubliche und heimtückische Macht innewohnt, Schaden anzurichten«. Die Nachtseite der Wissenschaft kommt unausweichlich zum Vorschein, da die vielen landwirtschaftlich eingesetzten Stoffe »sich in Geweben von Pflanzen und Tieren anreichern, in die Keimzellen eindringen und dort das Erbgut verändern, von dem die Gestaltung der Zukunft abhängt«. Die Insektizide sind eben nicht nur Insektenvernichtungsmittel, sie wirken auch als »Biozide«, als Vernichter des Lebens. Inzwischen gibt es etliche Bücher wie zum Beispiel »111 Insekten, die täglich unsere Welt retten«, die anschaulich darüber informieren, wie existenziell das faszinierende Leben der kleinen Kriech- und Flugtiere für das Überleben der gesamten Natur ist.

Es geht Rachel Carson nicht um radikale Verbote. Sie macht in ihrem Buch vor allem klar, dass Pestizide damals noch ohne jede Kontrolle in die Natur gebracht wurden und es eigentlich niemanden gab, der wusste oder verstand, was das chemische Eingreifen langfristig mit den Lebewesen der Wälder und Felder macht, denn »wir leben«, so die Autorin, »in einem Zeitalter von Spezialisten, von denen jeder nur sein eigenes Problem sieht und den größeren Rahmen, in den es sich einfügt, entweder nicht erkennt oder nicht wahrhaben will«, und sie fügt hinzu: »Es ist aber auch ein Zeitalter, das von der Industrie beherrscht wird, in dem das Recht, um jeden Preis Geld zu verdienen, selten angefochten wird.«

Rachel Carson macht konkret zum ersten Mal auf die Gefahren einer als DDT bekannten Chemikalie aufmerksam, die seit den 1940er-Jahren in großem Stil als Wundermittel gegen Insekten eingesetzt und versprüht worden war und es dabei bemerkenswerterweise fertiggebracht hatte, die Todesrate bei der von Moskitos übertragenen Malaria um 95 Prozent zu senken. 1948 wurde der Chemiker Paul Müller, der das DDT – ausgeschrieben: Dichlordiphenyltrichlorethan – synthetisiert hatte, mit dem Nobelpreis für Medizin ausgezeichnet, weil sein Produkt offenbar nur schädigende und krankheitserregende Insekten tötete und dabei keinerlei Auswirkungen auf Menschen erkennen ließ. Jedermann meinte damals zu wissen, DDT sei spezifisch wirksam und äußerst sicher, bis Rachel Carson genauer hinschaute und bemerkte, wie gefährlich sich der Stoff in einem natürlichen Ökosystem ausbreitet und einnistet, wenn er blindlings in Riesenmengen genutzt wird. Das DDT konnte und kann nämlich nicht von der Natur abgebaut werden, in den 1950er-Jahren gelangte es in die natürlichen Nahrungsketten und reicherte sich an deren Ende an – etwa bei den Vögeln, deren Eierschalen daraufhin brüchig wurden. Sie sind unter diesen Bedingungen vom Aussterben bedroht und lassen die Menschen allein mit einem »stummen Frühling« zurück.

Ähnlich bedrohlich sind auch andere Stoffe, etwa Fluorchemikalien, die nicht zur Schädlingsbekämpfung eingesetzt werden, sondern in unseren Alltagsgegenständen stecken, in Teppichböden, Sofastoffen und Wetterjacken, in Backpapier und Popcorntüten. Die kettenförmigen Moleküle überdauern Jahrzehnte, sie werden mit Wind und Wasser auf der ganzen Welt verteilt und wirken »reproduktionstoxisch«, wie in Tierversuchen festgestellt werden musste. Immerhin ist diese Gefahr für das Leben erkannt worden, was zu Vorschriften etwa für die Untersuchung von Trink- und Grundwasser geführt hat, um die Risiken gering zu halten.

Der Buchtitel »Stummer Frühling« spricht die menschliche Wahrnehmung an. Durch die Vernichtung der Insekten finden die Vögel des Waldes keine Nahrung mehr, und im Frühjahr bleibt ihr fröhliches Tirilieren aus. Das Buch sollte insgesamt auf die allzu rücksichtslose Verwendung von Pestiziden aufmerksam machen, und wenn auch Historiker in Carsons Text den wahren Grund für das Erwachen eines neuen öffentlichen Bewusstseins sehen, das langfristig dem ökologischen Denken in der westlichen Industriegesellschaft den Weg bereitete, so muss an dieser Stelle zunächst die kurzfristige Wirkung festgehalten werden, die darin bestand, dass die Pestizidindustrie sofort nach der Publikation des Buches zum Gegenschlag ausholte und auch vor billigen Polemiken nicht zurückschreckte. Rachel Carson wurde nicht nur als hysterische Zicke denunziert – Frauen hatten es damals immer noch ungewöhnlich schwer in der Männerwelt der Manager und Wissenschaftler –, sie wurde sogar als Massenmörderin bezeichnet. Mit ihren Thesen sei sie für den Tod von 50 Millionen Menschen verantwortlich, wobei diese Rechnungen die Opfer der Malaria einschlossen, deren Zahl zugenommen hatte, nachdem der Einsatz von DDT eingestellt worden war, mit dem das angeführte Sterben hätte verhindert werden können. US-Zeitungen beklagten, dass für manche Kreise offenbar »die Kontrolle der Umwelt wichtiger sein soll als menschliches Leben«, und die »New York Times« verwies vorsichtig darauf, dass eine Welt, in der sich die Malaria weiter ausbreitet, nicht ohne DDT auskommt. Man darf es nur mit den Mengen nicht übertreiben, die man der Natur zumutet, denn nach wie vor gilt Paracelsus' Einsicht, dass die Dosis das Gift macht. Man möchte an dieser Stelle gerne fragen und wissen, ob diese Wahrheit dem modernen Menschen erstens vermittelbar und zweitens zumutbar ist?

Zuspruch erfuhr Rachel Carson zum Glück noch zu ihren Lebzeiten von US-Präsident John F. Kennedy, der nach anfänglicher Skepsis einen wissenschaftlichen Beratungsausschuss beauftragte, das DDT-Problem zu erkunden, um durch den Bericht seiner Mitglieder zu erfahren, dass »Miss Carson« überwiegend recht habe und es an der Zeit sei, den Einsatz von Pestiziden strengeren Kontrollen zu unterwerfen. Man durfte und darf das Wissen der engagierten Frau nicht verbieten, und man muss Rachel Carson über den heutigen Tag hinaus zutiefst dankbar sein, zumal sie in ihren Forderungen durchaus maßvoll war und lediglich einen vorsichtigeren Umgang mit unserem Wissen anmahnte, da wir aufgrund unserer begrenzten Erfahrungen nie alle Folgen seiner Anwendung absehen können.

Carson griff immer wieder den Begriff der Evolution auf, und sie nutzte ihren Einblick in die Insektenwelt, um deutlich zu machen, wie recht Darwin mit seiner Vorstellung hatte, die oft auf das Schlagwort vom Überleben der Tauglichsten reduziert wird. »Durch intensives Sprühen mit Chemikalien werden gerade die schwächsten Tiere einer Insektenpopulation ausgemerzt«, wie Carson schreibt. »Heute sind in vielen Gegenden und bei vielen Arten nur mehr die Stärksten und Tauglichsten übrig geblieben«, und diese sind resistent gegen »unsere Bemühungen, sie zu bekämpfen.«

Blue Marble

Nachdem das Wissen über die Gefährdung der Umwelt in den 1960er-Jahren zugenommen hatte, fingen angelsächsische Biowissenschaftler wie Lynn Margulis und James Lovelock an, davon zu sprechen, dass man die Erde und ihre Biosphäre als empfindsames Lebewesen betrachten müsse. Sie gaben dem Planeten 1972 den Namen »Gaia«, nach der Großen Mutter der griechischen Mythologie. In diesen Zeiten des sich wandelnden Wissens und Denkens vermochte es paradoxerweise die Mondfahrt, also das Verlassen des Planeten, das öffentliche oder politische Bewusstsein auf das Thema zu lenken. Als Auslöser dieser erwachenden Aufmerksamkeit für ein schwieriges und eher unerfreuliches Wissen kann man die fantastischen Fotografien aus dem Weltall anführen, deren frühe Versionen Weihnachten 1968 in die Wohnzimmer kamen. Damals gelang es mit dem als Apollo 8 bezeichneten Raumflug erstmals, den Mond zu umrunden und so etwas wie einen »Erdaufgang« im Bild festzuhalten.

Die Fotos zeigten den Menschen ihre kosmische Heimat als eine ziemlich groß wirkende Kugel, die in den endlosen Weiten des Alls zu schweben schien. Vor einem schwarzen Hintergrund leuchtet sie in schönen blau-weißen Farben, darunter als Grundierung rötlich schimmernde Landmassen, zwischen denen sich die Ozeane ausbreiten. Seit

Das Bild der Erde als Blue Marble.

den Apollo-8-Aufnahmen kennt man die Erde als einen blauen Planeten, dessen Fragilität sofort ins Auge springt. Und es war dieser medial vermittelte visuelle Eindruck einer Gefährdung, dieser Blick auf eine wolkenumwehte und wassergefüllte Oase vor einer tiefschwarzen Wand, der dazu führte, dass noch im Jahr der Mondlandung der Umweltschutz zu einer amtlichen Aufgabe erhoben wurde, zumindest in Deutschland. Die Menschen bekamen nun ein engagiertes Verhältnis zu ihrer Wohnstätte, und dieses Verhältnis wurde bald in politische Münze umgewandelt, die bis heute ihren grünen Wert behalten hat.

Für das seitdem im Bewusstsein präsente Bild der Erde und die damit veränderte Sicht auf den bewohnten Planeten gibt es seit 1972 eine Art Ikone, nämlich die im Rahmen des Apollo-17-Fluges von dem Astronauten Jack Schmitt gemachte Aufnahme, die als »Blue Marble« bekannt wurde und auch heutige Betrachter noch in Staunen versetzen kann. Die »blaue Murmel«, die unter anderem die eindrucksvolle Größe des afrikanischen Kontinents erkennen lässt, erinnert an eine prophetische Bemerkung des britischen Astrophysikers Fred Hoyle. Dieser hatte bereits 1948 die Hoffnung geäußert, dass es eines Tages gelingen möge, von außen – also aus kosmischen Sphären – ein Bild der Erde zu machen. Hoyle stellte sich vor – völlig zutreffend, wie sich heute sagen lässt –, dass auf einem solchen Bild »die völlige Isolation der Erde« offensichtlich würde, was ein Umdenken von nie da gewesener Wirkungsmacht zur Folge hätte. Ein solches Umdenken hat tatsächlich stattgefunden. Es konkretisierte sich zunächst im Konzept des Umweltschutzes und wurde im Laufe der Entwicklung und besonders seit den 1980er-Jahren um den weitreichenden und inzwischen greifenden Gedanken der Nachhaltigkeit erweitert. Der Geist der »sustainability« ist seitdem aus der Flasche und beginnt, seine politische und ökonomische Wirkung zu entfalten, und langfristig ausgelöst hat ihn ein Bild der Erde aus dem All, also gleichsam ein neues Weltbild.

Das geophysikalische Jahr

Die Eroberung des Weltraums oder seine Nutzung zum Blick auf die Erde und ihre von oben aus mögliche Vermessung durch Daten von

Satelliten beginnen, als in den 1950er-Jahren – im direkten Anschluss an Innovationen während des Zweiten Weltkriegs – bei der Raketentechnik Fortschritte zu verzeichnen sind, die die Regierungen dazu veranlassen, die Entwicklung von Erdsatelliten in Auftrag zu geben. Der amerikanische Präsident Eisenhower verkündete solch ein Vorhaben im Sommer 1955, nur um dann erleben zu müssen, dass die Sowjetunion ihm und seiner Nation 1957 mit dem piepsenden Satelliten Sputnik 1 zuvorkam. Nun galt es, die Erkundung des Weltalls mit noch größerem Ehrgeiz voranzutreiben, was viele Folgen nach sich zog, zu denen nicht zuletzt das bereits erwähnte Apollo-Projekt gehörte. Mit dem sowjetischen Vorsprung im kosmischen Wettrennen verbindet sich im Westen der Begriff des Sputnik-Schocks, der durchaus heilsame Nebenwirkungen hatte. Er gab Anlass zu erhöhten Investitionen in die Bildungssysteme und führte zum Beispiel in England zur Gründung des populärwissenschaftlichen Magazins »New Scientist«, das bis heute und hoffentlich auch in Zukunft die wichtige Aufgabe erfüllt, das »public understanding of science« zu fördern. Der Begriff hat sich inzwischen auch im Deutschen durchgesetzt. Unklar bleibt allerdings, ob »understanding« mit Verstehen oder mit Verständnis zu übersetzen ist. Im zweiten Fall würde das Wort nur die Forderung nach besserer finanzieller Ausstattung der Forschung zum Ausdruck bringen.

Was die Wissenschaft der 1950er-Jahre angeht, so interessierten sich vor allem Geologen für diese Möglichkeit einer besseren Förderung ihrer Arbeit, um an eine alte Initiative anschließen zu können, die unter der Bezeichnung »Internationale Polarjahre« in den 1930er-Jahren nur wenig Beachtung gefunden hatte. Nun machten sich Wissenschaftler aus fast 70 Staaten daran, ein »Internationales Geophysikalisches Jahr« zu organisieren, das 1957/58 ausgerufen wurde und Sonnenforscher, Seismologen, Ozeanografen, Meteorologen und Vertreter anderer Disziplinen zusammenbrachte. Diese einigten sich erst auf international verbindliche Regeln für die Datenerhebung und ermöglichten dann mit ihren Messungen einen neuen Blick auf die alte Erde, der eine ungeheure Dynamik erkennen ließ. Die Messungen, die unter anderem vom Himmel aus unternommen wurden, ließen treibende Kontinente und aufsteigende Berge ebenso deutlich hervortreten wie die Dynamik und den Wandel des Klimas. Die zuletzt genannte Einsicht zeigte sich mit größter Überzeugungskraft in Messwerten und -reihen, die den Namen des Physikers und Umweltforschers Charles David Keeling tragen. Die als Keeling-Kurve bezeichnete grafische Darstellung zeigt die Entwicklung der CO_2-Konzentration, wie sie seit 1958 mit speziellen Gasanalysatoren auf einer Station auf dem hawaiianischen Vulkan Mauna Loa gemessen wurde. Keeling hatte seit 1953 Konzentrationen des Kohlendioxids untersucht, wobei hinter der Wahl dieses nur in geringen Mengen in der Luft vorhandenen Gases alte Vermutungen und Berechnungen standen, die den schwedischen Physikochemiker Svante Arrhenius bereits im ausgehenden 19. Jahrhundert dazu geführt hatten, von einer möglichen Erwärmung der Erdtemperaturen durch das Verbrennen fossiler Brennstoffe zu sprechen. Arrhenius fehlte in seinen Tagen ein Beleg für den Anstieg des Treibhausgases Kohlendioxid, aber

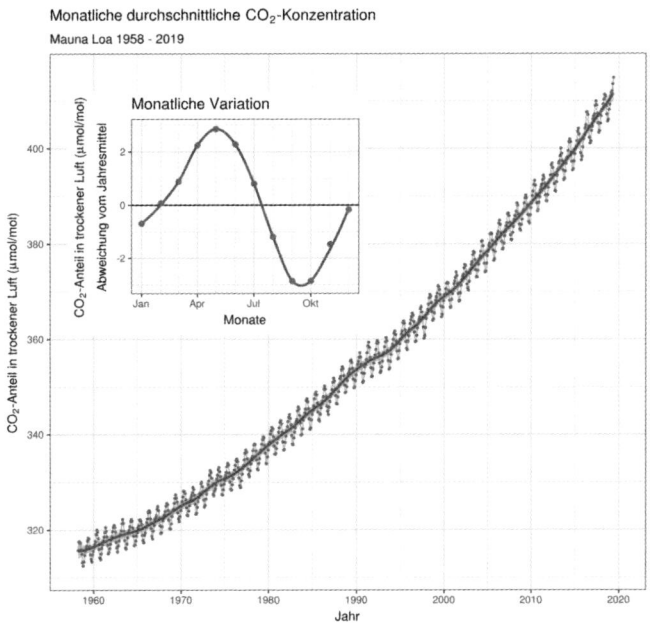

Die Keeling-Kurve.

diesen lieferte nun Keeling, der ursprünglich nach Hawaii gekommen war, um die Hypothese zu prüfen, dass die atmosphärische Konzentration des Gases weit abseits von störenden Quellen auf einer einsamen Insel im Pazifik nicht schwanken und vielmehr konstant sein würde.

Doch die Daten zeigten nach und nach etwas völlig anderes. Die Kurve lässt zum einen die im Jahresverlauf schwankende CO_2-Konzentration in der Luft erkennen, wobei die wellenartige Bewegung den Vegetationszyklus der Nordhalbkugel spiegelt. Im dortigen Frühling und Sommer überwiegt die pflanzliche Aufnahme von Kohlendioxid, während im Herbst und im Winter die Vegetation Kohlendioxid abgibt, was die Messkurve im Wechsel erst abfallen und dann ansteigen lässt. Global gesehen noch wichtiger ist die Beobachtung, dass bei allem Auf und Ab im Laufe der Jahre der CO_2-Gehalt in der Luft stetig zuzunehmen scheint. Und es ist dieser ungebrochene Trend, der den Menschen Sorgen machen sollte, denn mit ihm geht unausweichlich die Erwärmung des Planeten einher.

Mut zur Nachhaltigkeit
Die Ziele der Vereinten Nationen

Das Wissen darüber, dass die Menschen durch ihren Energieverbrauch und vor allem durch das Verbrennen fossiler Brennstoffe dabei sind, die Grundlagen ihrer Existenz zu vernichten, liegt spätestens seit Mitte der 1960er-Jahre vor, auch wenn der Treibhauseffekt an sich schon wesentlich früher entdeckt wurde. Bereits im 19. Jahrhundert hatte der französische Physiker Jean Baptiste Joseph Fourier bemerkt, dass der Wasserdampf in der Luft die Erde wärmer macht. Zusammen mit anderen Gasen kann er die infolge des Sonneneinfalls vom Boden reflektierte Infrarotstrahlung absorbieren und sorgt damit für vergleichsweise hohe Temperaturen. Obwohl nun aber spätestens zu Beginn des 20. Jahrhunderts ein menschengemachter Einfluss auf die Erderwärmung durch die zunehmende Konzentration von Treibhausgasen vermutet und diskutiert worden war, klangen Einschätzungen wie die folgende aus einem 1970 erschienenen Sachbuch zum Wetter erst einmal höchst dramatisch:

»Die Öfen und Verbrennungsmaschinen der Menschen stoßen etwa 12 Milliarden Tonnen Kohlendioxid pro Jahr in die Erdatmosphäre ab. In den nächsten fünfzig Jahren wird sich die Menge vervierfachen. Eine solche Wachstumsrate könnte die mittlere Temperatur der Erde um etwa 1 °C erhöhen und dadurch, auf lange Sicht gesehen, das Grönlandeis und die ausgedehnten arktischen Eisfelder zum Schmelzen bringen, den Meeresspiegel um fünfzig Meter anheben und alle Häfen und Küsten in der Welt unter Wasser setzen.«

50 Meter, das liest sich zunächst wie eine maßlose Übertreibung, und leider ist anzunehmen, dass diese Zahl zum Zeitpunkt ihrer Publikation deswegen von niemandem ernst genommen wurde. Doch heute tauchen die 50 Meter in Journalen wie dem amerikanischen Wissenschaftsmagazin »Science« wieder auf. Unter der Überschrift »The uncertain future of the Antarctic Ice Sheet« berichtet dort im März 2020 ein Forscherteam aus Brüssel und Irvine (Kalifornien), dass die antarktische Eisplatte einem Kipppunkt näher zu kommen scheint und allein das Abschmelzen der ostantarktischen Eisdecke den Meeresspiegel um 52,2 Meter anheben würde, was man offenbar auf den Zentimeter genau berechnen kann. Sorgen bereitet den Wissenschaftlern vor allem ein Rückkopplungsmechanismus, der die Erderwärmung, die Ozeane und die Instabilität der Eisdecke miteinander verbindet und es schwierig macht, die künftige Entwicklung des Eises in der Antarktis verlässlich abzuschätzen.

Das Verschwinden von Eisplatten in der Antarktis ebenso wie in Grönland wird vor allem durch den »Weltklimarat« (Intergovernmental Panel on Climate Change) vermeldet, der seit 1988 zum Umweltprogramm der Vereinten Nationen gehört. Weltweit bekannt wurde diese Institution 2007, als sie nicht nur ihren dritten Bericht – mit 2500 Autoren – vorlegte, sondern zudem den Friedensnobelpreis erhielt, obwohl ihre Botschaften für die Menschheit wenig friedlich klangen und eher die zerstörte Lage der Erde verkündeten. Zu verdanken sind dem Weltklimarat unter anderem verbreitete Kenntnisse über die Vermessung der Kryosphäre, womit unterschiedliche Formen von Eisschichten in der Tiefe der Erde – unter den Gletschern – gemeint sind, die durch Eisbohrkerne erkundet werden können.

Mit den Proben aus der Tiefe des kalten Eises wird es möglich, etwas über das Klima in ferner Vergangenheit zu erfahren, wobei man das emporgeholte Wissen in Form eines Klimaarchivs zusammenstellen und betrachten kann. Die Mitglieder des Rats haben wiederholt darauf aufmerksam gemacht, dass die Eisschichten in Grönland und der Antarktis zuletzt immer dünner geworden sind, und jeder Zeitungsleser hat mitbekommen, dass die Gletscher sich zurückziehen. Die Gefahren der globalen Eisschmelze sind nicht zu unterschätzen. Wenn zum Beispiel von Grönland aus frisches Wasser in den Nordatlantik strömt, wird dessen Zirkulation mit der Folge beeinflusst, dass im Gebiet des Amazonas weniger Regen fällt. Das wiederum macht es den dortigen Feuern leichter, den Regenwald, einen potenziellen Kohlendioxidspeicher, in eine Schadstoffschleuder zu verwandeln. Die Frage, wie Menschen in solche Abläufe eingreifen können, beantwortet ein Blick in die Vergangenheit. Die Eisbohrkerne lassen in Grönland in ausreichender Tiefe nicht nur Spuren der Schmelzhütten aus dem alten Rom, sondern auch die Anfänge der Industriellen Revolution im 18. Jahrhundert erkennen. Ebenso fällt auf, dass in den 1980er-Jahren die Eisbohrkerne plötzlich sauber und klar werden. Und warum? In dieser Zeit wurde erst in den USA und dann auch in anderen Ländern das Blei von den Tankstellen verbannt und verbleites Normalbenzin verboten.

Es ist offensichtlich: Menschen können etwas bewirken, wenn sie etwas wissen und ihr Wollen danach ausrichten. Es ist möglich und zwingend erforderlich, der Welt ihr Eis zu belassen. Nur so bleibt der Jetstream im Bereich der oberen Troposphäre erhalten, der wesentlich zu dem System beiträgt, mit dessen Hilfe die globale Produktion von Nahrungsmitteln funktioniert.

In seinem Sachstandsbericht für das Jahr 2014 – als ob das Klima eine Sache wäre und stehen könnte – hat der Weltklimarat zum ersten Mal auf traditionelles ökologisches Wissen von indigenen (einheimischen) Gemeinschaften zurückgegriffen und die Ansicht vertreten, dass nur derjenige im Kampf gegen den Klimawandel eine Chance hat, »der verschiedene Wissensformen miteinander kombiniert«. Diese Sicht vertreten schon länger der finnische Klimaforscher Tero Mustonen und die kanadische Anthropologin Candis Callison, die immer wieder betonen, dass sich indigene Gemeinschaften wie die Inuit im arktischen Kanada oder die Jukagiren in Nordsibirien um ein Viertel der Landflächen auf der Erde kümmern, während sie nur fünf Prozent der Weltbevölkerung ausmachen. Die indigenen Gruppen sind unmittelbar auf intakte Ökosysteme angewiesen, und wenn nomadisch lebende Familien auf ihren Wanderungen innerhalb eines Jahres unterschiedliche Ökosysteme von der borealen Zone mit ihren ausgedehnten Wäldern bis in die hohe Arktis durchqueren, beobachten sie das Auftauen von Böden und die Veränderung von Flussläufen höchst genau. Die Klimaforscher und Ökologen sind überzeugt, dass das Wissen indigener Gemeinschaften die Kenntnisse der Forschungsinstitute ergänzen kann, und zwar vor allem dann, wenn man die betrachteten oder bewohnten Umwelten nachhaltig gesund pflegen möchte.

Vor dem Hintergrund unserer heutigen Kenntnisse gewinnen die in den 1960er-Jahren gemachten Aussagen über die Gefährdung der Welt durch das technische Treiben der Menschen nur an Gewicht, und es wäre besser gewesen, man hätte damals alles stehen und liegen gelassen, um Maßnahmen zu ergreifen oder einzuleiten, mit denen man den nicht nur prognostizierten, sondern bereits spürbaren Klimawandel hätte stoppen können.

Aber zunächst passierte nichts, gar nichts. Die Welt war mit scheinbar wichtigeren Dingen wie den Ölpreisen und einer drohenden Ölkrise samt Fahrverboten beschäftigt, wobei jede retrospektive Betrachtung als Entschuldigung gelten lassen muss, dass es bis in die Mitte der 1970er-Jahre im Widerspruch zu der gemachten Vorhersage einer unweigerlichen und gefährlichen Erderwärmung tatsächlich zu einer spürbaren Absenkung (!) der globalen Durchschnittstemperaturen gekommen war. Sofort lebten uralte Ängste wieder auf. Man befürchtete, den Menschen stünde keine Warmperiode ins Haus, sondern – im Gegenteil – eine neue Eiszeit. Als ich zur Schule ging, hat ein Erdkundelehrer eindringlich vor der vermeintlich in absehbarer Zeit drohenden Katastrophe gewarnt und damit wenigstens einem der Knaben in den Bänken nachhaltig Angst eingejagt. Man wusste eben trotz vieler Messungen noch viel zu wenig über die Physik der himmlischen Gefilde über den Köpfen der Menschen, und es dauerte noch, bis die Wissenschaftler sogenannte Aerosole als Grund für die kurzfristige Abkühlung der Atmosphäre gegen den Erwärmungstrend ausfindig machen konnten. Mit Aerosolen meinen die Forscher in diesem Zusammenhang schwebende Teilchen im Mikrometerbereich, die durch industrielle Emissionen und Winderosionen und auch bei Vulkanausbrüchen in die Luft gelangen und einen kühlenden Effekt produzieren.

An dieser Stelle kann darauf hingewiesen werden, dass der im Jahre 1991 registrierte Ausbruch des Vulkans Pinatubo auf den Philippinen kurzfristig erneut eine Abkühlung der Erde mit sich brachte. Die in der Zwischenzeit entwickelten Klimamodelle, die durch ihre Komplexität ungeheure, inzwischen allerdings verfügbare Rechenkapazitäten erforderten, konnten diesen gemessenen Verlauf der Temperaturkurve höchst genau vorhersagen. Die Zuverlässigkeit dieser Prognosen stimmte manch einen nachdenklich. Bis zu den genannten Tagen hatte sich der libertär gesinnte und skeptische amerikanische Wissenschaftsjournalist Ronald Bailey vehement gegen die von ihm gern als Wissenschaftsorthodoxie charakterisierte Ansicht einer durchgehenden anthropogenen Erderwärmung gewehrt und diejenigen öffentlich angegriffen, die der Welt eine finstere Zukunft prophezeiten. Doch dann änderte die erwähnte Qualität der Vorhersage seine Sicht der Dinge, und inzwischen vertritt Bailey eine Haltung, die er mit den folgenden Worten erläutert: »Ich bin dank einer grundlegenden Abwägung der Faktenlage zu dem wenig erfreulichen Schluss gekommen, dass der Klimawandel schneller und schlimmer fortschreitet, als ich dies vorher eingeschätzt habe. Der größte Teil der wissenschaftlichen Evidenz weist in die Richtung einer deutlich wärmeren Welt am Ende dieses [21.] Jahrhunderts.« Es wäre gut, wenn Baileys Umgang mit Fakten und die Anerkennung ihrer Bedeutung anderen Klimaskeptikern als Vorbild dienen würde.

Die von den Klimaforschern mit ihren ausgefeilten rechnergestützten Modellen vorhergesagte Erderwärmung lässt sich nicht mehr wegdiskutieren, und wer die Nachrichten der letzten Zeit aufmerksam zur Kenntnis genommen hat, kann unmöglich die vielen Überflutungen, Hitzewellen, Waldbrände, Eisabbrüche und Buschfeuer übersehen, die als spürbare Folgen des Klimawandels zahlreichen Menschen das Leben erschweren und es manchmal sogar direkt vernichten. Verantwortlich sind dafür längst keine natürlichen Prozesse mehr. Als mögliche Erklärungen taugen weder Sonnenflecken noch Vulkanausbrüche, weder Veränderungen der Erdumlaufbahn noch interne Fluktuationen der Ozeanströmungen, wie sie beim El-Niño-Phänomen zu beobachten sind. Erwärmt wird die dem Leben zuträgliche und von Menschen bewohnte Troposphäre, also der untere Teil der Atmosphäre, ohne jeden Zweifel durch den anthropogenen Ausstoß von Schadstoffen wie Kohlendioxid. Zuverlässig weiß das die Wissenschaft nicht zuletzt deswegen, weil Messungen ergeben haben, dass höhere Bereiche wie die Stratosphäre dabei abgekühlt werden.

Urbarmachung

Wenn Menschen wissen, dass zu viel Kohlendioxid in die Luft gelangt, können sie anfangen, nach Bereichen auf der Erde zu suchen, die das gefährliche Treibhausgas binden. Dazu gehören neben den Wäldern auch die Moore, die entstehen, wenn ein Boden so nass wird, dass sich in ihm ein sauerstoffarmes und saures Milieu bildet. Unter diesen Bedingungen können Pflanzenreste nicht zersetzt werden. Es bildet sich Torf, der zu 50 bis 60 Prozent aus Kohlenstoff besteht. In den Mooren der Welt wird viel Kohlendioxid gespeichert, wobei das Gas natürlich freikommt, wenn diese Feuchtgebiete trockengelegt werden. Und genau dies unternehmen die Menschen verständlicherweise mit Vorliebe. 1765 erließ zum Beispiel der preußische König Friedrich II. sein »Urbarmachungsedikt«, das es erlaubte, ungenutztes Moorgebiet an Familien zu verschenken, die sich dort niederlassen sollten, um Landwirtschaft zu betreiben. Knapp 200 Jahre später wiederholte sich diese Geschichte der Moornutzung, als der Bundestag im Mai 1950 den Emslandplan verabschiedete, mit dem der Lebensstandard auf dem Land angehoben werden sollte. Welche Auswirkungen die Trockenlegung auf das Klima hat, ahnte damals noch niemand. Inzwischen kann die Fachwelt bessere Vorschläge für den Umgang mit Moorgebieten machen und zum Beispiel eine Paludikultur (von lat. palus »Morast«) empfehlen, in deren Rahmen der Boden so vernässt wird, dass das Moor mit seiner CO_2-Speicherkapazität wieder wachsen kann, während die Bauern zugleich Pflanzenarten wie Schilf, Rohrkolben und Sonnentau anbauen können. Zerstören und trockenlegen muss die Moore niemand mehr, und vielleicht können Menschen an ihnen auch Gefallen finden und dabei nicht nur an Kriminalromane denken, in denen leblose Körper im sumpfigen Untergrund versinken, während ringsum die Nebel aufsteigen.

Ein Loch im Himmel

Zurück in die 1960er-Jahre, als das Thema Erderwärmung keineswegs oben auf der Prioritätenliste stand. Die Futurologen ignorierten es geflissentlich, und in den Medien tauchte es allenfalls sporadisch auf. Die Menschen richteten ihre Aufmerksamkeit mehr auf das Apollo-Projekt, das in diesem Jahr offiziell gestartet wurde. Sie zeigten sich weiter fasziniert von den Messungen der sogenannten Hintergrundstrahlung, mit der den Physikern ein überzeugender Beweis für die Entstehung des Universums aus einem Urknall heraus gelang. Das gefiel sogar dem Papst in Rom, der immer an solch einen Moment der Schöpfung geglaubt hatte. Auf reges Interesse stieß auch das 1965 von einem Informatiker namens Gordon Moore formulierte und heute nach ihm benannte mooresche Gesetz, dem zufolge sich die Komplexität integrierter Schaltkreise regelmäßig verdoppelt und die Geschwindigkeit der digitalen Revolution ungemein zunimmt. Ebenso begeisterte man sich für die bahnbrechenden und zukunftsweisenden Erfolge der Molekularbiologie, der es immer besser gelang, die geheimnisvolle Welt der Gene auszuleuchten. Eine Zeit des Vorwärtsstürmens waren die 1960er-Jahre aber nicht zuletzt auch durch die unerwartet lebhaften Studentenproteste vor allem in Paris und Berlin, was bis heute durch die beliebte und häufige Nennung der Jahreszahl 1968 in ungezählten Titeln unterschiedlichster Veröffentlichungen zum Ausdruck kommt. Aufgearbeitet werden diese vielfach als dramatisch empfundenen gesellschaftspolitischen Entwicklungen zum Beispiel in einem Buch, das der einstmalige Studentenführer und spätere Europaabgeordnete Daniel Cohn-Bendit zusammen mit dem Publizisten Reinhard Mohr verfasst hat. Der Band trägt den erstaunlich kleinlauten Titel »1968 – Die letzte Revolution, die noch nichts vom Ozonloch wusste«. Mit dem Ozonloch am Himmel kam jeder revolutionäre Höhenflug tatsächlich wieder ernüchtert mit einer harten Landung auf der Erde an, denn die damit erfasste Zerstörung einer das Leben ansonsten vor kosmischen Strahlen schützenden Ozonschicht in der Atmosphäre ist ausschließlich Menschenwerk, und es steht außer Frage, dass die amerikanische Militärmaschinerie bei ihrem Einsatz etwa im Vietnamkrieg unendlich viel mehr zur Entstehung des Ozonlochs beigetragen hat als alle studentischen Proteste zusammen, was damals niemand wissen konnte und heute auch eher verschwiegen wird, wenn Politiker Maßnahmen zur Luftreinhaltung diskutieren: Urlauber sollen auf Flüge nach Mallorca oder zu anderen Zielen verzichten, während die NATO unbehelligt ihre die Luft extrem verschmutzenden und die Atmosphäre belastenden Übungsmanöver abhält.

Ozon setzt sich als Molekül aus drei Sauerstoffatomen zusammen und befindet sich in der als Stratosphäre bezeichneten Schicht der Atmosphäre in etwa 20 bis 30 Kilometern Höhe. Die Ozonschicht schützt den Planeten vor potenziell gefährlicher UV-Strahlung, die Hautkrebs verursachen und Pflanzen schädigen kann. Im Mai 1985 stellten drei britische Forscher – Joe Farman, Brian Gardiner und Jonathan Shanklin – fest, dass sich diese Schicht aufzulösen begann und in ihr ein »Loch im Himmel« sichtbar wurde, wie es die Medien anschaulich umschrieben. Das Ende der Welt schien nahe, wenn man aufgeregten Stellungnahmen etwa von Greenpeace-Sprecherinnen lauschte, die »den letzten Akt für das Leben auf der Erde« verkündeten. Bald war auch klar, wo die Ursache für die Zerstörung der stratosphärischen Ozonschicht lag, nämlich im massenhaften Gebrauch von Fluorchlorkohlenwasserstoffen, abgekürzt FCKW. Als die FCKWs in den 1930er-Jahren entwickelt wurden, erwiesen sie sich in ausführlichen Testreihen weder als gesundheitsschädlich noch als leicht entflammbar. Sie ermöglichten eine technische Revolution, auf die keiner verzichten wollte, denn sie verhießen billige und sichere Kühlschränke. Die FCKWs zeigten ihre Qualitäten zudem bald als Treibgas für Spraydosen, und jahrzehntelang sprühten sich Menschen damit Deodorant unter die Achseln oder Haarfestiger auf den Schopf, ohne im Geringsten etwas von der Nachtseite der Wunderchemikalie zu ahnen oder sich gar vor dieser zu fürchten. Niemand dachte an Nebenwirkungen der FCKWs, bis die erwähnten britischen Forscher in den 1980er-Jahren monatelang in der Antarktis ausharrten und eine gezielte Vermessung des Himmels vornahmen. Dabei stießen sie auf das gefährliche Loch, dessen Entstehen die zuständigen Fachleute dadurch erklären konnten, dass sich das Ozonmolekül und das Chlor nicht vertragen und das chemische Element über die Verbindung der Sauerstoffe siegt.

Wie schon so oft davor stand die Chemie plötzlich wieder unter Generalverdacht. Doch sosehr sich die undankbaren Konsumenten mit freundlicher Unterstützung schriller und bunter Medien auch echauffierten, am Ende zeigte das Beispiel des Ozonlochs vor allem eins: dass es nämlich möglich ist, durch Wissen nutzbringende Entwicklungen anzuschieben. Mit den nach seiner Entdeckung gesammelten Kenntnissen konnten Forschungsinstitutionen nämlich bald einige Staatsführer überzeugen, ein Protokoll zum Schutz der Ozonschicht ausarbeiten zu lassen, zu dem ein Verbot der FCKWs gehört. Und tatsächlich: Seit im Jahre 1987 in Montreal 46 Staaten eine entsprechende Vereinbarung unterzeichnet haben und die FCKWs aus neuen Kühlschränken und allen Spraydosen verschwunden sind, schließt sich das Ozonloch langsam, aber sicher. Wissen und politischer Wille können die Welt zu einem besseren Ort machen, und einige Forscher versuchen alles, damit dies auch gelingt. Hoch in den Schweizer Alpen haben Mitglieder der Eidgenössischen Materialprüfungs- und Forschungsanstalt EMPA Messeinrichtungen installiert, mit deren Hilfe untersucht werden soll, ob auch wirklich keine das Ozon zerstörenden Chemikalien mehr in die Atmosphäre gelangen. Die Station auf dem Jungfraujoch soll insgesamt prüfen, ob sich die Dinge am Himmel so entwickeln, dass der Planet nicht weiter gefährdet wird, und was bislang aus der Höhe berichtet wird, kann die Menschen im Tal optimistisch stimmen.

Grenzen beim Wachstum

»Geht doch!«, rufen Menschen manchmal erleichtert aus, wenn ihnen etwas gelungen ist, so wie in dem geschilderten Fall mit dem Ozonloch, wo eine Gefahr für das Leben auf der Erde abgewendet werden konnte. In den zwanzig Jahren, die zwischen der oben zitierten Warnung vor der Erderwärmung und dem Aufspüren der sich bedrohlich ausdünnenden Ozonschicht liegen, hat ein Begriff an Bedeutung und öffentlicher Aufmerksamkeit gewonnen, der zwar bereits im 18. Jahrhundert aufgekommen ist, dann aber einen Dornröschenschlaf eingelegt hat, bis ihn ein Prinz in Gestalt des »Club of Rome« im Jahre 1972 wach küssen durfte. Gemeint ist das Konzept einer »nachhaltenden Nutzung« im Umgang mit Wäldern, wie sie bereits 1703 von dem im Erzgebirge tätigen Forstwirt und kurfürstlich-sächsischen Kammer- und Bergrat Hans Carl von Carlowitz in Freiberg vorgeschlagen worden ist, der seinerzeit mit diebischem Holzfrevel zu kämpfen hatte. Heute sprechen die Menschen von einem »nachhaltigen Handeln« oder allgemeiner von Nachhaltigkeit, und sie bemühen sich darum, das von Carlowitz zu diesem Zweck als nötig erachtete Trio aus »Kunst, Wissenschaft, Fleiß« passend einzusetzen, um so ein ökologisches System langfristig zum Nutzen und Gefallen der Menschen zu erhalten. Heute besteht die Kunst vor allem darin, durch die Wissenschaft zu erfahren, welche Richtung fleißige Hände bei ihrer Arbeit einschlagen müssen, um den Wald zu bewahren und die Welt zu retten.

Um diesen Aspekt zu betonen: Bei der ursprünglichen Konzeption von Nachhaltigkeit stand der Mensch im Mittelpunkt. Er ist nicht für die Natur da, sondern die Natur ist umgekehrt für den Menschen da. Er macht aus ihr eine Kultur und bringt mit ihr die Umwelt hervor, in der er leben möchte. Als das kurze Wort »Nachhalt« erstmals 1807 in einem von Joachim Heinrich Campe herausgegebenen Wörterbuch erwähnt wurde, stand dort zu lesen, Nachhalt sei etwas, »woran man sich hält, wenn alles andere nicht mehr hält«, eine Formulierung, über die ein innehaltendes Nachsinnen lohnt. Als Entsprechung etablierte sich das Wort »sustainable« auch in der englischen Sprache: Amerikanische Forstwirte setzten sich das Ziel, »to give a sustained yield of produce in the future«, also in der Zukunft einen nachhaltigen Ertrag zu erwirtschaften.

Damit endet die eher betuliche Vorgeschichte der Nachhaltigkeit. Ab 1972 erobert sich das Konzept einen festen Platz im politischen Diskurs, der die Endlichkeit der Ressourcen – »Wir haben nur eine Erde!« – und die existenzielle Gefährdung des Menschen durch sein eigenes Handeln in den Blick nimmt. Einen in den Medien unübersehbaren Meilenstein in der Debatte um Nachhaltigkeit setzte ein Bericht, den das öffentliche Bewusstsein stets mit dem »Club of Rome« verbindet, einer 1968 gegründeten Runde von Experten, die anders über die Zukunft des Menschen nachdenken wollten als die Teilnehmer an dem im letzten Kapitel erwähnten CIBA-Symposium in derselben Dekade. Das Umdenken drückte sich unmittelbar im Titel der bis heute millionenfach verkauften Studie aus, die nicht von Fortschritten, sondern von den »Grenzen des Wachstums« sprach. Als führender Autor der »Grenzen des Wachstums« trat der amerikanische Ökonom Dennis L. Meadows auf, der mit seinen Mitstreitern nach einem wirtschaftlichen Weltsystem suchte, »das erstens aufrechterhaltbar ist, ohne plötzlichen, unkontrollierten Zusammenbruch, und zweitens die Kapazität besitzt, die materiellen Bedürfnisse der Weltbevölkerung zu befriedigen«. Das merkwürdig klingende »aufrechterhaltbar« der ersten deutschen Übersetzung würde inzwischen »nachhaltig« heißen, aber es dauerte damals eben noch, bis das heute allgegenwärtige und fast schon inflationär verwendete Wort Eingang in die Alltagssprache fand und das damit verbundene Konzept einer breiteren Öffentlichkeit zugemutet und verständlich gemacht werden konnte. Als ausschlaggebend dafür gilt der Bericht »Unsere gemeinsame Zukunft« aus dem Jahr 1987, der nach Gro Harlem Brundtland, einer ehemaligen Ministerpräsidentin Norwegens, benannt ist. Sie sollte als Vorsitzende einer »Weltkommission für Umwelt und Entwicklung« (WCED) im Auftrag der Vereinten Nationen zuverlässige Perspektiven für eine langfristig tragfähige und umweltschonende Entwicklung in den nächsten Jahrzehnten ausarbeiten. In dem entsprechenden Papier kann man nachlesen, was darunter zu verstehen ist:

»Nachhaltig ist eine Entwicklung, die den Bedürfnissen der heutigen Generation entspricht, ohne die Möglichkeiten künftiger Generationen zu gefährden, ihre eigenen Bedürfnisse zu befriedigen und ihren Lebensstil zu wählen. Die Forderung, diese Entwicklung ›dauerhaft‹ zu gestalten, gilt für alle Länder und Menschen. Die Möglichkeiten kommender Generationen, ihre eigenen Bedürfnisse zu befriedigen, ist durch Umweltzerstörung ebenso gefährdet wie durch die Unterentwicklung in der Dritten Welt.«

Doch was beim ersten Lesen überzeugend klingt und einleuchtet, hat Dennis Meadows schon früh mit dem Hinweis kritisiert, dass der Brundtland-Bericht von der wunderbaren Vorstellung ausgeht, dass »alle das bekommen [können], was sie sich wünschen, heute und für immer und ewig«, wenn die Menschheit nur nachhaltig wirtschaftet. Diese angenehme Aussicht befreit »die Politik davon, sich ganz konkret mit Problemen zu befassen, die mit Umverteilungsprozessen über den Raum und die Zeit hinweg verbunden sind« und vielen Menschen weltweit Anstrengungen und Einschränkungen abverlangen, über die man sich einigen muss.

Die Politik hat die Thematik der Nachhaltigkeit anfänglich erst einmal links liegen lassen, sie dann aber als Aufgabe für die Vereinten Nationen angenommen und sich schließlich entschieden, nach dem Wechsel in das neue Jahrtausend eine Dekade der »Bildung für nachhaltige Entwicklung« ins Leben zu rufen. Die Staaten der Welt haben sich im Rahmen der Vereinten Nationen inzwischen sogar ein Herz gefasst und Ziele formuliert, die solch ein Vorhaben erreichen kann. Die Staatengemeinschaft einigte sich auf insgesamt 17 Ziele, die am 1. Januar 2016 verkündet wurden und bis 2030 umgesetzt werden sollen. Die deutschsprachige Fassung der jüngsten Wunschliste, die 350 Jahre nach Boyle diesmal nicht eigenständig von einem einzelnen Wissenschaftler ohne äußere Vorgabe, sondern von einer dazu beauftragten und politisch keineswegs unabhängig agierenden Gruppe formuliert wurde, trägt den Titel »Transformation unserer Welt: Die Agenda 2030 für eine nachhaltige Entwicklung«. Wer den im Internet abrufbaren Text studiert, wird sofort bemerken, dass ein Einzelner wie Boyle ohne Verpflichtungen und Rücksichten klarere Ziele ins Auge fassen kann als eine zu Kompromissen gezwungene und unter Druck geratene Gemeinschaft wie die der Vereinten Nationen, selbst wenn ihre Mitglieder noch so solidarisch sein wollen und im Geist der Eintracht zu handeln gedenken.

Zeit für Nachhaltigkeit

Das Bekenntnis zur Nachhaltigkeit erfordert zum einen, darauf zu achten, dass die wirtschaftlichen Aktivitäten der Menschen nicht die biophysikalischen Möglichkeiten des Planeten überfordern, der den Menschen als »System Erde« eine Fülle von Dienstleistungen bietet, ohne die sie langfristig nicht auskommen und überleben können. Und Nachhaltigkeit erfordert zum anderen die Berücksichtigung von sozialen Aspekten, damit sowohl den heute lebenden Menschen als auch kommenden Generationen ein Leben in Würde, Gerechtigkeit und Frieden möglich wird.

Von den Dienstleistungen der Mutter Erde weiß man inzwischen immer genauer, wie sehr sie im Laufe der Evolution ganz selbstverständlich in Anspruch genommen wurden, um den Prozess der Zivilisation voranzutreiben. Dass Kulturen und Gesellschaften von diesem kostenlos genutzten Service aber zugleich auch auf Gedeih und Verderb abhängen, ist eine Erkenntnis, die sich erst durchgesetzt hat, als sich plötzlich Engpässe auftaten und Grenzen in der Widerstandsfähigkeit der natürlichen Bestände festgestellt wurden. Konkret geht es unter anderem um die Verfügbarkeit von sauberem Wasser und von Luft mit ausreichendem Sauerstoffgehalt ebenso wie um die seit Menschengedenken funktionierende Klimaregulierung etwa in Form von Ozeanströmungen oder den Erhalt der Biodiversität.

In den USA haben Ökonomen den Versuch unternommen, den kostenlosen Beitrag der Natur zum Leben der Menschen monetär zu bewerten, und sie konnten dabei berechnen, dass 33 Billionen Dollar benötigt würden, wenn Gesellschaften mit ihren technischen Mitteln versuchen müssten, die Dienstleistungen der Natur selbst zu erbringen. Dabei vergaßen die Wirtschaftsfachleute unabhängig von dem unvorstellbar hohen Geldbetrag nicht, darauf hinzuweisen, dass es aktuell mit aller uns zu Gebote stehenden Gerätekunst und Maschinenkraft nicht einmal im Ansatz gelingen könnte, diese bislang zuverlässig und üppig erbrachte Versorgung des Menschen durch die Natur im globalen Maßstab zu ersetzen. Bei aller Vorliebe für die Technosphäre – ohne die alte Biosphäre kommen Menschen nicht aus. Sie sind untrennbar mit der Natur verbunden und müssen sich wohl oder übel mit ihr arrangieren.

Bevor auf die globalen Anstrengungen zum Umgang mit diesen Problemen näher eingegangen und die dazugehörige Liste der Millenniums-Entwicklungsziele der Vereinten Nationen vorgestellt und kommentiert wird, soll davon erzählt werden, wie ein Mann reagiert hat, als ihm in den ersten Jahren des 21. Jahrhunderts immer klarer vor Augen trat, dass die Zeit für Nachhaltigkeit gekommen ist und das wirtschaftliche Treiben der Menschen einer einschneidenden Kurskorrektur bedarf. Dieser Mann ist der frühere Manager Klaus Wiegandt. Er hat in den 1990er-Jahren als Vorstandssprecher der Metro AG einen Konzern mit Milliardenumsatz und Hunderttausenden von Angestellten erfolgreich geleitet und sich dann am Ende des 20. Jahrhunderts – an seinem 60. Geburtstag – entschieden, die ihm verfügbaren Mittel zu nutzen, um nachhaltig für die Gemeinschaft tätig zu werden. Wiegandt gründete eine Stiftung mit dem Namen »Forum für Verantwortung«, die sich um »nachberufliche wissenschaftliche Weiterbildung« bemühen sollte. In der Europäischen Akademie im saarländischen Otzenhausen wurden zu diesem Zweck Symposien etwa über »Evolution – Geschichte und Zukunft des Lebens« oder über »Mensch und Kosmos – Unser Bild vom Kosmos« abgehalten. Im Vorwort zum ersten Band der im Anschluss an die Symposien erschienenen Buchreihe hat Wiegandt erläutert, was er mit seinem »Forum für Verantwortung« im Sinn hatte:

Er habe schon während seiner Berufszeit mit dem Gedanken gespielt, »wissenschaftliche nachberufliche Weiterbildung« zu ermöglichen, weil ihm in vielen »Gesprächen mit Menschen, die kurz vor oder bereits im dritten Lebensabschnitt stehen«, aufgefallen war, »dass es einen größeren Personenkreis in unserer Gesellschaft gibt, der sich mit zunehmendem Alter den Grundfragen des Lebens und den uns bedrängenden Themen der Gegenwart zuwenden und sich mit beiden wissenschaftlich auseinandersetzen möchte«. Dies sollte mit seiner Initiative nun möglich werden.

Die Reihe der Symposien startete im März 2002. 2005 lautete der Titel des Symposiums »Die Zukunft der Erde«, und die Leitfrage, zu der die eingeladenen Referenten gebeten wurden, sich zu äußern, lautete: »Was verträgt unser Planet noch?« Die Vortragenden kamen aus unterschiedlichsten Disziplinen – unter anderem aus der Klimaforschung, der Ökologie, der Ökonomie, der Bevölkerungswissenschaft, der Ozeanografie, der Geografie, der Geschichte, der Biologie und der Chemie –, und ihren Präsentationen konnten die Zuhörer nicht nur fachspezifisches Wissen entnehmen, sondern sie konnten dabei auch erfahren und lernen, warum »sich die globale Gesellschaft einer wachsenden Bedrohung gegenübersieht, die durch Aktivitäten des Menschen verursacht wird«. Am Ende der Veranstaltung wurde – in den Worten des Stifters – »deutlich, dass wir die großen Probleme der Zukunft ohne eine Entwicklung in Richtung Nachhaltigkeit nicht werden lösen können«, wobei er den Wissenschaftlern und dem Publikum seine Einschätzung vorlegte, »dass dieser Prozess der Umgestaltung Jahrzehnte dauern wird«. Wiegandt handelte trotzdem oder gerade deshalb sofort, er gründete die Initiative »Mut zur Nachhaltigkeit« und erläuterte in verschiedenen Interviews und Vorträgen, warum er der Ansicht war, dass die Zeit für ein solches Umdenken mit dem dazugehörigen Handlungsbedarf gekommen war.

Nachzulesen sind Wiegandts Überlegungen in dem von ihm herausgegebenen, 2016 erschienenen Buch »Mut zur Nachhaltigkeit«, das im Untertitel »12 Wege in die Zukunft« weist. Der interdisziplinär angelegte Band enthält auch einen Beitrag zur Infektionsbiologie, der vor dem Hintergrund der Coronapandemie besondere Beachtung verdient.

Der Autor Stefan H. E. Kaufmann, der das Max-Planck-Institut für Infektionsbiologie in Berlin leitet, weist in seinem 2016 verfassten Aufsatz auf eine bereits damals erkennbare allgemeine Gefahr hin: »Das Risiko für eine sich schnell über viele Länder und Kontinente ausbreitende Seuche steigt«, und ein entsprechender Ausbruch wäre »nicht nur fatal für die ärmeren Länder«, sondern könnte »auch Schwellenländer und Industrienationen in eine ernste Krise stürzen«, wie sie damals von der Wissenschaft prognostiziert wurde und heute von den Menschen erlebt wird. Als Maßnahmen zur Eindämmung von Seuchen hat Kaufmann neben der Ausstattung von Kliniken und der Sicherstellung einer medizinischen Grundversorgung die Einrichtung globaler Überwachungsstrukturen und internationaler Zentren für Notfallmaßnahmen vorgeschlagen, über die man in den Corona-Tagen gerne verfügen würde. Zusätzlich gilt es, die Zusammenarbeit von Human- und Tiermedizin zu verbessern, da 70 Prozent aller neuartigen Krankheitserreger beim Menschen aus der Tierwelt stammen. Die Speziesgrenze überspringen sie in vielen Fällen auf Wildtiermärkten oder in hochverdichteten urbanen Räumen. Das Corona-Covid-19-Virus ist – nach dem derzeitigen

Stand des Wissens – auf solchen Märkten in China aufgetaucht und anschließend von seinem neuen Wirt, dem Menschen, über den Globus verbreitet worden. Inzwischen ist es der Wissenschaft gelungen, wirksame Impfstoffe zu entwickeln, und es besteht Anlass zur Hoffnung, dass es den Menschen in nicht allzu ferner Zukunft wieder vergönnt sein wird, die Wonnen der Gewöhnlichkeit zu genießen. Wenn es so weit ist, sollten sie auf keinen Fall die Warnung des Evolutionsbiologen Jared Diamond vergessen, die am 23. März 2020 in der »Süddeutschen Zeitung« zu lesen war:

»Das Virus, das nach Covid-19 kommt, könnte uns noch viel schlimmer treffen. Die Vernetzung der Weltbevölkerung nimmt zu. Es gibt keinen biologischen Grund, warum künftige Epidemien nicht mehrere Hundert Millionen Menschen töten und den Planeten in eine jahrzehntelange Depression stürzen könnten, wie sie die Geschichte nie gekannt hat.« Nur wenn Menschen mehr wissen, können sie drohende Gefahren dieser Art abwenden.

Die notwendige Nachhaltigkeit

Es ist heute hinlänglich bekannt, wie wenig nachhaltig die Menschen wirtschaften, weltweit gehen Hunderttausende Umweltaktivisten auf die Straße, um dagegen zu protestieren, und die Vereinten Nationen organisieren einen Umweltgipfel nach dem anderen, und trotzdem laufen alle wesentlichen Entwicklungen in diesem Bereich auf dem Globus unbeirrt weiter in die falsche Richtung, und die Bedrohung des Lebens durch die Erderwärmung nimmt stetig zu.

Wiegandt und seinen Mitstreitern zufolge liegt der Grund dafür auf der Hand, zumindest wenn man die modernen Demokratien in den Blick nimmt. Wegen einer seit Jahrzehnten vernachlässigten Umweltpolitik müssten Erfolg versprechende Kurskorrekturen inzwischen so gravierend sein, dass sie für die sich dafür einsetzenden Politiker einem Selbstmord gleichkämen. Ihr bislang unzureichendes Handeln wurde deshalb noch nicht von den Wählern abgestraft, weil nur wenige Prozent der Bevölkerung sich über die Folgen einer unentschlossenen Klimapolitik im Klaren sind. Das fehlende Wissen und der damit ausbleibende Druck von unten machen es nicht weiter verwunderlich, wenn es im Bereich der Nachhaltigkeit keine nennenswerten Fortschritte gibt.

Dieser Befund hat Wiegandt sehr früh veranlasst, einen wissenschaftlichen Diskurs über Nachhaltigkeit in und mit der Zivilgesellschaft zu fordern, um mit seiner Hilfe die Voraussetzungen dafür zu schaffen, dass Politiker weitreichende Maßnahmen beschließen können, ohne dafür abgewählt zu werden. Handeln die politisch Mächtigen danach immer noch halbherzig, können die jetzt informierten Wahlberechtigten ihnen bei der nächsten Stimmabgabe das Mandat verweigern und die Macht solchen Politikern übertragen, die Nachhaltigkeit verstanden haben und umsetzen wollen.

Was die oben angesprochene Beobachtung der Entwicklung in die falsche Richtung angeht, so sind die Schwellenländer zum Beispiel dabei, das wirtschaftliche Erfolgsmodell der wohlhabenden Staaten zu kopieren und ihre Länder flächendeckend mit Industrieanlagen zu bestücken, was fraglos legitim ist. Das Problem wird nur sein, dass Menschen am Ende dieses fortschreitenden Prozesses zwei bis drei weitere Planeten brauchen würden, um die wachsende Weltbevölkerung versorgen zu können. Obwohl dies bekannt ist, kommt ein weltweit die Menschen aufrüttelnder und bewegender Diskurs über Nachhaltigkeit nicht in Gang, weil in vielen Ländern die nötigen Kenntnisse fehlen, und diese Lücke kann nicht ohne adäquate Bildungsangebote geschlossen werden. Außerdem denken die Wirtschaftseliten wie die Mehrheit der Politiker, dass sich sämtliche Probleme mit der Nachhaltigkeit über ein dynamisches Wirtschaftswachstum lösen lassen, und nicht zuletzt hoffen sie darauf, dass dieser Zuwachs der Ökonomie vom Ressourcen- und Energieverbrauch entkoppelt werden kann.

Natürlich bedarf es technologischer Innovationen, um den Planeten zu retten, aber sie nützen nur, wenn sich mit ihnen zugleich das Verhalten der Menschen ändert, was gegenwärtig aber nicht zu beobachten ist. Als einfaches Beispiel lohnt ein Blick auf das mobile Telefonieren. Das Handy ist hinsichtlich seiner Material- und Energieeffizienz enorm verbessert worden. Aber der Ressourcen- und Energieverbrauch für Mobiltelefonie wächst trotzdem weiter, und zwar enorm, weil die jungen

Menschen nicht nur in Europa jedes Jahr ein neues Modell erwarten und erwerben. Und kaum jemand, der auf seinem Handy Bilder oder Nachrichten verschickt, ahnt etwas davon, wie sehr dabei die Umwelt belastet wird. Mit dem iPhone in der Hand sieht man die Server nicht, mit denen die Datenmengen koordiniert um die Welt gesendet werden, und man riecht vor allem nicht, wie sehr dieser Maschinenraum der globalen Kommunikation und Facebook-Seligkeit nach Diesel stinkt und die Luft verpestet.

Ursachen und Ziele

Wer die Ursachen einer nicht nachhaltigen Entwicklung benennen will, wird nicht umhinkönnen, auf die demografische Entwicklung hinzuweisen. Aus den Abschätzungen der Wissenschaft geht hervor, dass acht Milliarden Menschen auf der Erde leben und weitere zwei Milliarden bis zum Jahr 2050 hinzukommen. Sie wollen alle gut leben und an der Wirtschaft teilhaben, und niemand sagt ihnen, dass auf den derzeitigen Märkten nirgendwo der ökologisch erforderliche Preis für die erworbenen Produkte verlangt wird. Die Unternehmen externalisieren all die Kosten, die infolge des Einsatzes von Ressourcen und Energien anfallen. Lange Zeit hat man den Menschen erzählt, sie brauchten nichts zu bezahlen, wenn sie Kohlendioxid in die Atmosphäre abgeben. Es sei doch genug Platz am Himmel. Wir wiegen uns weiterhin in falscher Sicherheit, obwohl wir es inzwischen besser wissen sollten und könnten.

Zu den Zielen, die sich Gesellschaften setzen müssen, wenn sie die von der Brundtland-Kommission definierte Nachhaltigkeit erreichen wollen, gehört an erster Stelle die Begrenzung der durchschnittlichen Erderwärmung auf höchstens zwei Grad. Schon bei der derzeitigen Erwärmung von fast einem Grad sind die Auswirkungen des Klimawandels deutlich spürbar. Bei einer Erwärmung von über zwei Grad sagen führende Klimatologen Kipppunkte voraus, an denen das Klima außer Kontrolle gerät. Die Erderwärmung würde sich so beschleunigen, dass sich bald die Vegetationszonen verschieben. Das wiederum würde zu Flüchtlingsströmen führen, die die derzeit beobachteten weit in den Schatten stellen und die Staaten und ihre Bewohner höchstwahrscheinlich endgültig überfordern. Eine Erderwärmung von drei, vier oder gar sechs Grad Celsius bis zum Ende des Jahrhunderts hätte fatale Folgen allein aus physikalischen Gründen. Es käme zu einer massiven zusätzlichen Verdunstung über den Ozeanen. Der dadurch vermehrt in der Atmosphäre vorhandene Wasserdampf würde in Verbindung mit den gestiegenen Temperaturen – also einer erhöhten Energie – zu einer bislang unbekannten Radikalisierung des Wettergeschehens mit enormen Fluktuationen und dramatischen Konsequenzen für die globale Landwirtschaft führen. Deshalb spielt das Zwei-Grad-Ziel eine so große Rolle für das Leben auf der Erde.

Da inzwischen die Erfüllung des Pariser Klimavertrages allein nicht mehr ausreicht, um dieses Minimalziel zu gewährleisten, müssen zusätzliche Maßnahmen für den Klimaschutz getroffen werden. Großen Erfolg in dieser Hinsicht verspricht dabei das Umsetzen der beiden Waldprogramme, die unter dem Dach der Vereinten Nationen zustande gekommen sind. Es gibt zum einen die erstmals auf einem Klimagipfel der Vereinten Nationen entworfene »New Yorker Erklärung zu den Wäldern« von 2014, die zum Ziel hat, das Abholzen und Abbrennen der Regenwälder zu beenden, und von Dutzenden von Staaten sowie 30 der weltgrößten Unternehmen und mehr als 50 Organisationen der Zivilgesellschaft gebilligt worden ist. Ausdrücklich wird darin den Waldlösungen eine herausragende Rolle bei der Einhaltung des Zwei-Grad-Ziels zugewiesen, da sie eine der umfassendsten und kostengünstigsten heute zur Verfügung stehenden Möglichkeiten zur Reduzierung der CO_2-Emissionen darstellen.

Der New Yorker Erklärung ist die Formulierung einer nach der ehemaligen Hauptstadt der Bundesrepublik Deutschland benannten »Bonn Challenge« aus dem Jahre 2016 gefolgt, in der man sich geeinigt hat, in den nächsten 20 Jahren die Tropen und Subtropen mit mindestens 350 Milliarden Bäumen aufzuforsten. Diese immense Zahl ist nötig, um die Erderwärmung klimarelevant zu beeinflussen, und das Ziel kann als realistisch bezeichnet werden. Weltweit haben nämlich mittlerweile 62 Länder mehr als 172 Millionen Hektar Landfläche für diese Aufforstung zugesagt, und dabei muss es ja nicht bleiben.

Das Aufforstungsprogramm für 350 Milliarden Bäume kostet 20 Jahre lang jährlich etwa 100 Milliarden US-Dollar und würde die globale CO_2-Bilanz langfristig um vier bis fünf Milliarden Tonnen jährlich verbessern. Beiden Programmen fehlt das Geld für die Umsetzung, da Politiker in aller Welt immer noch zu hoffen scheinen, dass man mithilfe des Klimavertrags die Zwei-Grad-Grenze auch ohne Waldprogramme einhalten könne. Sie lassen sich damit auf die größte Spekulation in der Geschichte ein und spielen mit dem Leben von Milliarden Menschen, die noch geboren werden.

Das zweite Ziel muss die Mobilisierung der Zivilgesellschaft sein. Der Schlüssel für eine erfolgreiche Klimaschutzpolitik liegt in einem öffentlichen Diskurs über die relevanten Konsequenzen eines ungebremsten Klimawandels. Wichtig ist, dass breite Schichten der Bevölkerung in diesen Diskurs eingebunden sind. Sie müssen ein Bewusstsein für die Folgen ihres Handelns entwickeln und über die Möglichkeiten informiert werden, wie man die Erderwärmung durch Waldlösungen bremsen kann, ohne eine Massenarbeitslosigkeit zu verursachen. Nur wenn dieses Wissen verbreitet ist, können Politiker dazu gebracht werden, sich für die Waldlösungen einzusetzen. Wenn gesellschaftlicher Wandel erfolgreich und dauerhaft sein soll, muss er von unten kommen, wie viele soziale Bewegungen im Laufe der Geschichte gezeigt haben. Es muss ein politisch initiierter und wissenschaftlich gestützter Diskurs über Nachhaltigkeit geführt werden, damit die Bürger eines Landes entscheiden können, in welcher Welt sie und ihre Kinder morgen leben wollen.

Das dritte Ziel schließt hier an. Es besteht in der verpflichtenden und dauerhaften Implementierung einer Bildung für nachhaltige Entwicklung (BNE) im deutschen Bildungssystem. Solch eine Bildung muss für eine Änderung von Verhaltensweisen in Richtung Nachhaltigkeit durch Vermittlung von interdisziplinärem Wissen sorgen. Damit wird es möglich, Problemzusammenhänge zu erfassen und vorausschauendes Handeln zu initiieren. Es gilt, relevante Wissensbestände zu vermitteln, die zu Veränderungen bei ökonomischen, ökologischen und sozialen Aktivitäten führen und mehr bieten als Reaktionen auf bereits bestehende Probleme. Nachhaltigkeit stellt eine kulturelle Aufgabe dar, weshalb sie als Bildungsziel an die Schulen, Hochschulen und Erwachsenenbildungsinstitutionen gehört und Teil der öffentlichen Debatten auf angemessenem Niveau werden muss.

Als viertes Ziel müssen politische Rahmenbedingungen für die Wirtschaft geschaffen werden. Mit geeigneten Standards und Grenzwerten können stufenweise neben Produkten und Dienstleistungen auch Verhaltensweisen von Verbrauchern nachhaltiger werden, ohne dass sich jemand diesem Prozess entziehen kann, da er über den Preis gelenkt wird. Solch ein Konzept der »Ökoroutine« sollte dazu führen, dass Menschen endlich zu tun anfangen, was viele von ihnen schon längst für richtig halten, und seine Umsetzungschancen zeigen sich dadurch, dass es bereits gelungen ist, viele Produkte durch gesetzliche Standards effizienter zu machen.

Die Waldlösungen

Als der Pariser Weltklimagipfel 2015 zu Ende ging, konnte man meinen, die Welt sei auf einem besseren Weg. 196 Staaten hatten anerkannt, dass der Klimawandel real stattfindet und die Nationen etwas dagegen unternehmen müssten. Bei Wiegandt verflog die Euphorie aber rasch, als er Schwachstellen des Vertrages analysierte, zu denen im Hinblick auf die Selbstverpflichtungen der Unterzeichnerstaaten schwammige und unverbindliche Formulierungen wie »sollen«, »einladen«, »ermutigen« oder »so schnell wie möglich« gehören, die Zweifel an der konkreten Umsetzungsbereitschaft aufkommen lassen. Der wohl wichtigste Beitrag zum Klimaschutz, etwa 50 Prozent des Energieverbrauchs bis zum Jahre 2050 weltweit einzusparen, wird in der Pariser Vereinbarung überhaupt nicht angesprochen, und allenfalls am Rande finden die stetig ansteigende Weltbevölkerung und das Weltwirtschaftswachstum Erwähnung. Wiegandt wusste spätestens jetzt, dass eine andere Lösung nötig sein würde, und zwar die oben erwähnte Waldlösung.

Es gibt inzwischen mehr Menschen, die wie er denken. In einem Interview mit der »Süddeutschen Zeitung« hat zum Beispiel die fast 90-jährige berühmte britische Verhaltensforscherin Jane Goodall erzählt, wie sie durch die Welt reist, um Geld für ihre Jane-Goodall-Stiftung einzuwerben. Die dabei fließenden Dollarbeträge will sie dazu nutzen, »um Bäume zu pflanzen« und eine nachhaltigere Lebensgestaltung zu fördern. Bei diesen Intentionen stimmt sie mit Wiegandt überein. Dieser beging seinen 80. Geburtstag im Jahre 2019, indem er auf der Yukatan-Halbinsel 100 000 Bäume pflanzen ließ. Gemeinsam mit seiner Stiftung sowie der ASKO-Europa-Stiftung initiierte er 2019 auch eine Plattform, um die Bedeutung der Wälder – insbesondere in den Tropen und Subtropen – für den Klimaschutz bekannter zu machen. Im Fokus der Kommunikationskampagne stand dabei die bereits erwähnte Bonn Challenge.

Es ist oft zu hören, dass die Menschheit mehr Zeit braucht, um die notwendige Transformation der Weltwirtschaft in Richtung Nachhaltigkeit und Klimaschutz sozialverträglich zu gestalten, doch leider steht diese Zeit nicht mehr zur Verfügung, weil nach den Erkenntnissen der Klimaforschung die Weichen für ein Aufhalten der Erderwärmung innerhalb der nächsten 15 bis 20 Jahre gestellt sein müssen. Hoffnung machen in diesem Zusammenhang vor allem die Waldlösungen. Wiegandt schreibt: »Die Waldlösungen setzen Meilensteine im Klimaschutz, ohne die Weltwirtschaft und damit die Arbeitsmärkte kurzfristig auf den Kopf zu stellen« und Massenarbeitslosigkeit zu verursachen. »Wären wir nicht bereit, diesen Aufwand zu tragen, würden die Klimafolgekosten in späteren Jahrzehnten allerdings ein Vielfaches jährlich an Schaden verursachen, von den sozialen und politischen Kosten ganz abgesehen«, wobei es seriöse Schätzungen gibt, denen zufolge der Klimaschutz bis zum Jahr 2050 jährlich mindestens ein Prozent des Weltsozialproduktes (etwa 500 Milliarden US-Dollar) erfordern wird.

Wiegandts Fazit: »Mit den Waldlösungen liegt ein praktikables und wirksames Programm zum Abbremsen des Anstiegs der globalen Durchschnittstemperatur vor, das zügig zusätzliche Wirkungen entfaltet und die Treibhausgasreduktionen aus langfristig unabdingbar notwendigen Umstellungen der Energiesysteme, der Wirtschaftsweisen und der Lebensstile absichert. Die Finanzierung könnte durch Einnahmen aus einem verbesserten Emissionshandel, staatlichen Abgaben sowie nationalen Besteuerungen generiert werden.«

Die hier vorgeschlagenen klimarelevanten Waldprogramme haben durch die Untersuchungen einer Forschergruppe der Eidgenössisch Technischen Hochschule Zürich Auftrieb erhalten, die abgeschätzt hat, wie viel Platz die Erde für neu gepflanzte Bäume bietet – offenbar eine Fläche von fast einer Milliarde Hektar. Ihre Bewaldung könnte viele Gigatonnen von Kohlendioxid aus der Luft holen, was die Shell AG zu der Ankündigung bewogen hat, sich mit 300 Millionen Dollar an der Aufforstung zu beteiligen und durch diesen Beitrag zehn Gigatonnen des Schadstoffs zu binden. Diese Mitteilung rief allerdings prompt Kritiker auf den Plan, die meinten, dass das Unternehmen neben dem Pflanzen von Bäumen nicht vergessen sollte, seine CO_2-Emissionen zu senken. Außerdem meinen skeptische Beobachter der Waldinitiativen, dass mit allzu vielen Aufforstungen soziale Verwerfungen in den betroffenen Regionen nicht auszuschließen sind und man eigentlich genug damit zu tun hätte, zum einen den Abbau etwa des Regenwaldes im Gebiet des Amazonas zu stoppen und zum anderen die Ausbreitung weiterer Buschbrände zu verhindern, durch die 2020 in Australien 64 000 Quadratkilometer Waldfläche verloren gegangen sind.

Die Ziele der Vereinten Nationen

Einzelpersonen – wie Robert Boyle im 17. oder Klaus Wiegandt im 21. Jahrhundert – können ihre Ziele kompromisslos zu Papier bringen und sie der Welt ohne Rücksicht auf sorgenvolle und warnende Einwände von anderer Seite bekannt geben. Boyle hatte zudem noch den Vorteil, dass ihm niemand über die Schulter schaute und einen Zeitrahmen anmahnte. Eine Organisation wie die Vereinten Nationen hat diese Freiheit nicht. Was sie sich zum Ziel setzt, wird in endlosen Sitzungen mit vielen Teilnehmern beraten, erörtert, revidiert, verworfen, gekürzt, ergänzt, umgeformt und angepasst, und man ringt so lange um geeignete Formulierungen, bis Gewissheit herrscht, dass man keinem Mächtigen auch nur ganz vorsichtig auf die Füße tritt oder die Interessen von Staatsregierungen tangiert. Insofern darf es als freudige Überraschung begrüßt werden, dass man sich nach einer Reihe von Konferenzen überhaupt auf eine Liste mit »Zielen für nachhaltige Entwicklung«

einigen konnte, wobei die Anzahl limitiert wurde, um das Angestrebte besser kommunizieren zu können, wie zu erfahren ist. Erst machten die Vereinten Nationen eine Umfrage unter ihren Mitgliedsstaaten, um die Themen ermitteln zu können, die als wichtig für eine nachhaltige Entwicklung betrachtet wurden, und die Liste umfasste elf Punkte in der folgenden Reihenfolge: Frieden, Ernährungssicherheit, Wasser und Hygiene, Energie, Bildung, Kampf gegen die Armut, Gesundheit, Mittel zur Durchführung der zur Nachhaltigkeit geplanten Aktivitäten, Klimawandel, Umwelt und Management natürlicher Ressourcen, Beschäftigung.

Im September 2015 – also bereits vor dem Abschluss des Pariser Übereinkommens auf der Klimaschutzkonferenz COP21 im Dezember in der französischen Hauptstadt – fand ein »Weltgipfel für nachhaltige Entwicklung« am Hauptsitz der Vereinten Nationen in New York statt, auf dem die folgende Wunschliste als verbindlich verabschiedet wurde:

1. Armut beenden – Armut in all ihren Formen und überall beenden
2. Ernährung sichern – den Hunger beenden, Ernährungssicherheit erreichen und eine nachhaltige Landwirtschaft fördern
3. Gesundes Leben für alle – ein gesundes Leben für alle Menschen jeden Alters gewährleisten und ihr Wohlergehen fördern
4. Bildung für alle – inklusive, gerechte und hochwertige Bildung gewährleisten und die Möglichkeit des lebenslangen Lernens für alle fördern
5. Gleichstellung der Geschlechter – Geschlechtergleichstellung erreichen und alle Mädchen und Frauen zur Selbstbestimmung befähigen
6. Wasser und Sanitärversorgung für alle – Verfügbarkeit und nachhaltige Bewirtschaftung von Wasser und Sanitärversorgung für alle gewährleisten
7. Nachhaltige und moderne Energie für alle – Zugang zu bezahlbarer, verlässlicher, nachhaltiger und zeitgemäßer Energie für alle sichern
8. Nachhaltiges Wirtschaftswachstum und menschenwürdige Arbeit für alle – dauerhaftes, breitenwirksames und nachhaltiges Wirtschaftswachstum, produktive Vollbeschäftigung und menschenwürdige Arbeit für alle fördern

9. Widerstandsfähige Infrastruktur und nachhaltige Industrialisierung – eine widerstandsfähige Infrastruktur aufbauen, breitenwirksame und nachhaltige Industrialisierung fördern und Innovationen unterstützen
10. Ungleichheit verringern – Ungleichheit in und zwischen Ländern verringern
11. Nachhaltige Städte und Siedlungen – Städte und Siedlungen inklusiv sicher, widerstandsfähig und nachhaltig gestalten
12. Nachhaltige Konsum- und Produktionsweisen sicherstellen
13. Sofortmaßnahmen ergreifen, um den Klimawandel und seine Auswirkungen zu bekämpfen
14. Bewahrung und nachhaltige Nutzung der Ozeane, Meere und Meeresressourcen
15. Landökosysteme schützen, wiederherstellen und ihre nachhaltige Nutzung fördern, Wälder nachhaltig bewirtschaften, Wüstenbildung bekämpfen
16. Frieden, Gerechtigkeit und starke Institutionen – Friedliche und inklusive Gesellschaften für eine nachhaltige Entwicklung fördern, allen Menschen den Zugang zum Recht ermöglichen und leistungsfähige, rechenschaftspflichtige und inklusive Institutionen auf allen Ebenen aufbauen
17. Umsetzungsmittel und globale Partnerschaft für nachhaltige Entwicklung stärken und mit neuem Leben füllen

Zur Konkretisierung wurde ein Katalog mit 169 Zielvorgaben verabschiedet, zu denen auch der Vorschlag gehört, das Subventionieren unter anderem von fossilen Energieträgern und Agrarexporten auslaufen zu lassen und die zur Umsetzung der Wunschliste erforderlichen Maßnahmen einer staatlichen Kontrolle zu unterstellen, allerdings ohne den dafür zuständigen Behörden – in Deutschland etwa dem Statistischen Bundesamt – zu sagen, was sie messen und vergleichen sollen und wie sie an die globalen Indikatoren kommen können, die zu solch einem UN-Programm gehören.

Um exemplarisch zu veranschaulichen, wie vielfältig die zu lösenden Aufgaben sind, soll hier etwas näher auf Punkt 14 eingegangen werden, der zur »Bewahrung und nachhaltigen Nutzung der Ozeane, Meere und Meeresressourcen« aufruft. Unweigerlich fühlt man sich an Boyle erinnert, der den Wunsch geäußert hatte, dass die Menschen eines Tages dazu in der Lage sind, unter Wasser zu bleiben und es dort auszuhalten. »Unter Wasser« ist freilich ein weites Feld, und die Meeresforscher denken dabei nicht zuletzt an die sogenannte Dämmerzone (Twilight Zone) in einer Tiefe zwischen 200 und 1000 Metern unter der Oberfläche. Die Fachleute sprechen vom Mesopelagial und vermuten hier die reichhaltigsten und am wenigsten ausgebeuteten Fischbestände der Ozeane. Diese Dämmerzone übernimmt eine wesentliche Rolle bei der Aufgabe, Kohlendioxid aus der Atmosphäre zu entfernen und dann für Jahrhunderte zu binden. In der Dämmerzone findet man auch große Mengen von Zooplankton, und doch kennt sich die Wissenschaft in dieser Zone nicht gut aus – weder physikalisch noch biogeochemisch und erst recht nicht ökologisch. Selbst die Großzahl der dort lebenden Organismen bleibt ein Geheimnis, von ihrer Diversität und Funktion ganz zu schweigen. Klar ist nur, dass die Dämmerzone durch die Menschen gefährdet wird, und zwar gleich dreifach – zum einen führt das stetige Wachstum der Erdbevölkerung dazu, dass die Suche nach Nahrung unter Wasser intensiviert wird, zweitens entstehen bei der Suche nach Mineralien und Metallen im Meeresboden Abfallprodukte, die dann in diesen Tiefen treiben, und drittens lässt der Klimawandel die Temperaturen steigen, was eine Übersäuerung des Wassers und veränderte Sauerstoffniveaus zur Folge hat. Da die Dämmerzone keinem nationalen Zugriff unterliegt, ist es nicht nur höchst erfreulich, sondern juristisch-politisch geboten, dass sich die Vereinten Nationen dieser Aufgabe annehmen.

Unterstützung könnten sie dabei von Firmen erhalten, die nach neuartigen Medikamenten mit besseren Wirkstoffen suchen, denn in den letzten Jahrzehnten hat sich vielfach herausgestellt, dass es so etwas wie medizinische »Meeresfrüchte« gibt. Aus Organismen der Tiefsee und der Dämmerzone lassen sich Substanzen isolieren, die später eine pharmazeutische Verwendung finden. Das bekannteste Beispiel heißt Azido-thymidin, abgekürzt AZT. Es erwies sich als erste wirksame Arznei ge-gen das HI-Virus, das für Aids verantwortlich gemacht wird. Vielleicht kommt ja eine künftige Therapie gegen das Coronavirus ebenfalls aus den geheimnisvollen Gewässern der Dämmerzone.

Vorrangiges Ziel muss es zunächst aber sein, das Leben unter Was-ser zu regenerieren. Ein Drittel der Fischbestände ist nach Angaben der Vereinten Nationen überfischt, und viele Küsten leiden unter starker Verschmutzung. Ein Historiker darf darauf hinweisen, dass bereits im 19. Jahrhundert erörtert wurde – zum ersten Mal auf der 1883 in London abgehaltenen Internationalen Fischereiausstellung (International Fishe-ry Exhibition) –, ob industrialisiertes Fischen zu einer Erschöpfung des marinen Lebens führen kann. Damals wurden die Fischerboote mit Dampfmaschinen ausgerüstet, und 90 Jahre später – also 1973 – sahen sich die Menschen gezwungen, erste Maßnahmen zu ergreifen, um die durch die Schifffahrt verursachten Schäden zu reduzieren oder zu kon-trollieren. Die entsprechenden Regelungen finden sich im Internationa-len Übereinkommen zur Verhütung der Meeresverschmutzung durch Schiffe, das im genannten Jahr unterzeichnet wurde. 2016 beschloss die Weltschifffahrtsorganisation IMO außerdem eine weltweite Obergren-ze für Schwefeldioxidemissionen bei Schiffskraftstoffen. Damit wächst die Hoffnung, dass das Nachhaltigkeitsziel Nummer 14 erreichbar ist. Die Menschen wissen genug, um zum Handeln zu schreiten.

Die Finanzen und »Fridays for Future«

Man kann von den 17 Zielen der Vereinten Nationen halten, was man will, und sich zum Beispiel auf der politischen Ebene darüber wun-dern, dass Sofortmaßnahmen erst an 13. Stelle zu finden sind, so als wäre keine besondere Eile geboten. Aber unabhängig davon ist klar, dass mit der Verkündigung durch die Vereinten Nationen das Thema Klimaschutz und Nachhaltigkeit ein großes Interesse auch in solchen Kreisen auslöste, die sich alles andere als bedroht fühlten und sich gern gebärdeten, als gehörte ihnen die Welt. »Master of the Universe« – so heißt nicht von ungefähr ein Dokumentarfilm, der die fraglichen Kreise porträtiert. Gemeint sind die Spekulanten und Vermögensverwalter, die in der Regel erst hinhören, wenn Kunden ihnen mehrere Milliarden Dollar anvertrauen. Es gehört längst zu den hinter vorgehaltener Hand geäußerten Allgemeinplätzen, dass ohne die Anlageverwalter keine Nachhaltigkeit zu erreichen ist, denn sie bestimmen, in welche Branchen die großen Geldströme fließen. Zwar warnen Aktivisten schon seit den 1960er-Jahren: Erst wenn die Flüsse verschmutzt, die Luft verpestet, die Meere versauert und die Wälder gestorben sind, werden auch die Boni-Empfänger und Krawattenträger in den Chefetagen der Banken merken, dass sie ihr Geld weder essen noch trinken können. Und bisweilen drückt sich die Wut der Umweltschützer auch in dem aggressiven Schlachtruf »Burn Capitalism, not Coal« aus, der den Blick auf die historisch unbestreitbare Tatsache lenkt, dass der Aufstieg des Kapitalismus und der Einsatz fossiler Rohstoffe Hand in Hand verlaufen sind. Doch alle Weckrufe änderten nichts daran, dass große Fondsgesellschaften wie BlackRock – die größte unter ihnen mit etwa sieben Billionen Dollar an zu verwaltendem Vermögen – vor allem in Unternehmen investierten, die entweder gut darin waren, fossile Energiequellen zu finden und auszubeuten, oder die sich in der Lage zeigten, damit möglichst viele Waffen oder Klimakiller wie Automobile zu bauen. Falls Black-Rock an Klimarisiken interessiert war, brauchten die Entscheider in den dortigen Chefetagen nur bei einer der großen Rückversicherungsgesellschaften anzurufen, die eine Abteilung für »Georisiken« unterhalten, um Investoren vor Extremwettersituationen zu warnen und Aktionären ertragreiche Anlagen zu garantieren.

Deshalb gilt: Wer wirklich Nachhaltigkeit will, muss Zugang zur Finanzwelt finden und die Fondsverwalter von der Dringlichkeit des Anliegens überzeugen. Oben wurde das in New York ansässige Unternehmen BlackRock deshalb erwähnt, weil es sich seit Kurzem tatsächlich zu einem »Nachhaltigen Investieren« bekennt. In der entsprechenden Mitteilung erläutert der Vorstandsvorsitzende Larry Fink erst vorsichtig, dass nachhaltiges Investieren darauf abzielt, »positive Veränderungen im sozialen Bereich und im Umweltschutz herbeizuführen, ohne den finanziellen Aspekt aus den Augen zu verlieren«, um danach die üblichen Managementfloskeln abzuspulen: »BlackRock übernimmt Verantwortung« – allerdings nur für seine Kunden und weil in Anlegerkreisen ganz zart das Pflänzchen der Erkenntnis wächst, »dass der Umgang eines Unternehmens mit den ökologischen und sozialen Aspekten seiner Tätigkeit Rückschlüsse auf die operative Effizienz und Produktivität des Unternehmens zulässt«. Die nachhaltigen Fonds von BlackRock nehmen inzwischen das von vielen Analysten angebotene ESG-Rating eines Unternehmens in den Blick. Bewertet werden dabei die Umwelt- und Sozialverträglichkeit der Firmenaktivitäten und die Art der Firmenführung (ESG steht für die Kriterien Environmental, Social und Governance), wobei die Investoren vor allem darauf achten, dass »ein mit traditionellen Anlagen vergleichbares Renditeprofil gewahrt« bleibt. Man sieht: Die Finanzwelt könnte noch mehr tun, um viele Menschen an den »positiven Veränderungen« teilhaben zu lassen, von denen geschmeidige Manager in Hochglanzbroschüren fabulieren. Aber immerhin glauben die Herren von BlackRock, dass die Corona-Krise den Staaten die Chance bietet, nach einem Sieg über das Virus eine neue und nachhaltige Welt zu schaffen, woran sie sich hoffentlich beteiligen werden.

Geld regiert die Welt, bis sie rettungslos verloren ist – man kann darüber knurren und verstimmt sein und darauf hinweisen, dass BlackRock vor allen Dingen dort investiert, wo der Klimawandel Profite für die Kundschaft verspricht. Man kann sich darüber aber auch freuen, weil die Strategie einer Wertsteigerung durch langfristiges Denken wenigstens einige Unternehmen in einem ersten vorsichtigen Schritt ermutigt, auf die alten fossilen Energieträger zu verzichten und stattdessen Windkraft und andere erneuerbare Energien zu nutzen.

Als BlackRock die Nachhaltigkeit als »neuen Investmentstandard« ankündigte und tatsächlich mit einer Kohle-Devestition loslegte – wieder so ein neues Wort, an das man sich wird gewöhnen müssen –, fragten einige Journalisten den Vorstandsvorsitzenden, ob seine Fondsmanager jetzt auf Greta hörten. Greta ist der Vorname der 2003 geborenen schwedischen Schülerin Greta Thunberg, die die Aufmerksamkeit der ganzen Welt auf sich zog, als sie im August 2018 am ersten Schultag nach den Ferien dem Unterricht fernblieb und sich mit einem Schild vor den Schwedischen Reichstag setzte, auf dem »Skolstrejk för Klimatet« zu lesen war, auf Deutsch: »Schulstreik für das Klima«. Aus diesem Einzelprotest heraus hat sich eine soziale Bewegung entwickelt, deren Initiatoren Schüler weltweit dazu aufriefen, freitags nicht mehr in die Schule zu gehen. An diesen Tagen sollte für die Zukunft gestreikt werden. »Fridays for Future« nennt sich die Bewegung, die viel Sympathie bei Menschen auf dem ganzen Globus fand, auch wenn zum Beispiel Jane Goodall in dem oben zitierten Interview aufmunternd meinte, »statt nicht zur Schule zu gehen«, finde sie es besser, »konkrete Dinge zu tun, zum Beispiel Bäume pflanzen, Flüsse säubern, die Ärmel hochkrempeln«.

An Greta Thunberg gefällt, dass sie auf der einen Seite den handelnden Managern und Politikern klarmacht, dass sie dabei sind, nicht nur ihre eigene Existenz, sondern die Zukunft der kommenden Generationen zu ruinieren, während sie auf der anderen Seite nicht mit dem Anspruch auftritt, selbst etwas besser zu wissen. Sie vertraut vielmehr der Wissenschaft und möchte, dass die gesellschaftlich verantwortlich Handelnden auch auf Wissenschaftler hören, die Umweltschäden bilanzieren und im historischen Kontext zu verstehen versuchen. Damit deren Stimme vernehmbar wird, unterzeichneten im März 2019 mehr als 26 000 Forscher aus Deutschland, Österreich und der Schweiz ein Bekenntnis mit dem Titel »Die Anliegen der demonstrierenden jungen Menschen sind berechtigt«. Im Anschluss daran wurde die Initiative »Scientists for Future« ins Leben gerufen, deren Initiator, der am Museum für Naturkunde in Berlin tätige Gregor Hagedorn, geschrieben hat: »Nur wenn die Menschheit schnell und entschlossen handelt, können wir die globale Erwärmung begrenzen, das anhaltende Massensterben von Tier- und Pflanzenarten stoppen und die natürlichen Grundlagen für die Nahrungsversorgung und das Wohlergehen heutiger und künftiger Generationen erhalten.«

Das Wachstum der Grenzen

Es soll im Zusammenhang mit dem »Club of Rome« und »Fridays for Future« nicht verschwiegen werden, dass es neben den vielen Mahnern auch Beobachter gibt, die wesentlich zuversichtlicher in die Zukunft blicken. Menschen versuchen alles, um Grenzen zu überwinden, und aus diesem tiefen anthropologischen Verstehen heraus leuchtet ein, dass die »Grenzen beim Wachstum«, so gut sie begründet sein mögen und so genau sie berechnet werden können, Menschen nur dazu herausfordern, sie zu überwinden. Zwar hat der Schock, den der »Club of Rome« mit seinem Szenario einer gefährdeten Zukunft ausgelöst hat, lange Zeit viele Optimisten verstummen lassen, aber inzwischen sind ihre Stimmen vereinzelt wieder zu vernehmen. Im März 2020 hat der Schweizer Physiker Simon Aegerter, ehemals Leiter des Technoramas seines Landes, den Spieß von Dennis Meadows umgedreht und ein Buch mit dem Titel »Das Wachstum der Grenzen« vorgelegt, in dem er »die unerschöpfliche Erfindungskraft der Menschen« lobt, die seiner Auffassung nach dafür sorgen kann, dass im 22. Jahrhundert eine geradezu paradiesische Zeit anbricht. Nach Aegerters Einschätzung wird sich bis dahin die Zahl der Menschen bei elf Milliarden stabilisiert haben, die meisten von ihnen wohnen dann in Hochhäusern und pendeln mit dem Aufzug nach unten in die Welt der Arbeit. Medizinische Fortschritte heilen alle Krankheiten, der Krebs ist besiegt und das Altern abgeschafft, was konkret durch Beeinflussung der Endstücke von Chromosomen (Telomere) gelingt. In dem skizzierten Paradies ohne natürlichen Tod funktioniert die Landwirtschaft längst nicht mehr auf herkömmliche Weise. Stattdessen produzieren Treibhaus-Wolkenkratzer alle Arten von Gemüse und Obst, und die für deren Wachstum benötigten Nährlösungen werden aus Abfällen gewonnen, was zusammen eine permanente Kreislaufwirtschaft ergibt. Da sich alles vollständig recyceln lässt, wird der Bergbau überflüssig. Fleisch wird aus Zellkulturen gewonnen. An ihre Urlaubsorte bringen die Menschen emissionsfreie Elektroflugzeuge, und für den Nahverkehr steigt man in ebenfalls elektrisch betriebene Taxis ein, die leicht verfügbar sind.

Simon Aegerter beschreibt eine Welt für andere Menschen als die, die heute leben. Zum Dasein der heutigen Sorte Mensch gehört die Sterblichkeit, das Wissen um die Vergänglichkeit ebenso wie die Sorge um die Gesundheit, die keine technische Größe ist. In einem sorgenfreien

Paradies haben Menschen es noch nie ausgehalten – »Sesam öffne dich! Ich möchte hinaus!«, wie der polnische Aphoristiker Stanisław Jerzy Lec in seinen »Unfrisierten Gedanken« geschrieben hat. Aber mit solchen Erwägungen hält sich Aegerter nicht lange auf. Er ist mehr mit der Fachfrage beschäftigt, woher seine sorgenfreie Welt ihre Energie beziehen soll, und da kommen für ihn nur die Kernkraftwerke in Betracht. Seine unzeitgemäße Sichtweise begründet er mit einer Fülle von sorgfältig recherchierten Details, bei deren Präsentation er auch die derzeit populären Standardargumente gegen den Einsatz von Kernenergie dumm aussehen lässt.

In schweren Zeiten ist es sicher nicht verkehrt, eine Stimme zu hören, die an die Wissenschaft und die durch sie gestaltete Zukunft glaubt und den Menschen gerade im Angesicht der erschöpften Ressourcen etwas Unerschöpfliches an die Seite stellt, nämlich das Wissen, das sie erwerben können, wenn sie sich nur deutlich genug zu den Fähigkeiten ihrer technischen Rationalität bekennen. Als der große Physiker Werner Heisenberg in den Kriegsjahren 1941/42 über den Umgang mit der Wirklichkeit nachdachte, hat er seinen Trost in den schweren Zeiten ebenfalls in der hoffnungsvollen Ansicht gefunden, dass »die Fähigkeit des Menschen, zu verstehen, unbegrenzt« ist. Die Grenzen beim Wachstum werden ihn dabei nur anstacheln. Menschen möchten frei sein, und sie hoffen darauf, dass ihnen das Wissen dabei hilft.

Das System Erde
Die Wege zum Wissen im Anthropozän

»Der Mensch erscheint im Holozän« – so vermeldet es der Titel einer Erzählung von Max Frisch, und verschwinden wird er vielleicht im »Novozän«, dem neuen Zeitalter, an dessen Schwelle wir zu stehen scheinen, wenn wir den Thesen des inzwischen einhundertjährigen britischen Naturforschers und Erfinders James Lovelock glauben wollen. Der rüstige Grandseigneur der Ökowissenschaft erwartet in der von ihm angekündigten Epoche eine Dominanz der künstlichen Intelligenz, mit der Cyborgs, also Mischwesen aus Mensch und Maschine, ausgestattet sein werden. Über diese Daseinsformen denken Menschen seit den zugleich fortschrittsbegeisterten und wissenschaftskritischen 1960er-Jahren nach, wobei die anfängliche Angst vor den hybriden Kreaturen nach und nach einem Gefühl der Neugierde gewichen ist. Im Fokus der Aufmerksamkeit steht mittlerweile die Frage, wie eine biologische Art mit einer durch sie bewirkten technischen Weiterentwicklung zurechtkommt, der es möglicherweise gelingt, das Leben der Menschen auf der Erde auch noch in ferner Zukunft zu sichern. Doch welche Hoffnungen man auch immer auf Cyborgs oder andere »denkende Maschinen« setzt, sie bleiben trotz all ihrer Qualitäten dümmer als kleine Kinder. Über Intelligenz verfügen sie keinesfalls, auch wenn ihnen die Medien diese Eigenschaft – verbunden mit dem Attribut »künstlich« – bereitwillig bescheinigen. Der vor allem in Verbindung mit IQ-Tests benutzte Ausdruck geht nämlich ins Leere, wenn man unter der kognitiven Leistung namens Intelligenz die Fähigkeit eines Menschen versteht, Probleme zu lösen. Das Wort »Problem« stammt aus dem Griechischen und meint wörtlich etwas »Vorgeworfenes« – vorgeworfen in die erwartete Zeit der Zukunft hinein. Intelligent kann nur sein, wer weiß, dass es eine Zeit gibt, die vor ihm liegt und auf die es sich vorzubereiten gilt, indem man wohlüberlegte Entscheidungen trifft. Zwischen verschiedenen Möglichkeiten wählen – genau das ist übrigens auch die ursprüngliche Bedeutung des lateinischen Verbs »intellegere«. Während Menschen wissen, dass sie abzuwägen und zu entscheiden haben, führen Maschinen nur Befehle aus, ohne etwas über die Folgen ihres Tuns zu wissen. Sie wissen nicht einmal, dass vor ihnen nur neue und immer neue Rechenaufgaben liegen.

Die Cyborgs und vergleichbare Apparate mögen schnell, zuverlässig und vernetzt sein, sie mögen auch viele andere Vorzüge haben, sie können komplizierteste Aufgaben mit hohen Datenmengen in Millisekunden berechnen und ihre Antworten auch durch einen Sprachimitator mitteilen, aber sie sehen trotzdem keine Probleme vor sich und können deshalb auch keine lösen. Mit anderen Worten: Es gibt nur natürliche (vor allem menschliche) Intelligenz, und die mithilfe dieses Vermögens zu lösenden Aufgaben können nicht auf Maschinen übertragen und von ihnen übernommen werden, auch wenn viele unserer Zeitgenossen das noch so gerne hätten. Der Homo sapiens kann natürlich die Dienste von Computern in Anspruch nehmen, aber zu guter Letzt muss er immer den eigenen Kopf mit dem darin enthaltenen Wissen einsetzen, wenn er das im Laufe seiner langen Geschichte mühsam Erreichte bewahren und die angenehmen Bedingungen seines Daseins auf der Erde erhalten will – und das lohnt sich allein schon aus Neugierde auf das, was aus ihm noch werden kann oder was gar nach ihm kommt.

Zum Holozän

Was der Dichter sagt, wird von der Wissenschaft bestätigt: Der Mensch mit seinen besonderen Fähigkeiten, die ihm seine Einzigartigkeit verleihen, erscheint tatsächlich im Holozän, und dieser Begriff eines späten Erdzeitalters meint in der Sprache der Wissenschaft »die ganz neue

Zeit« – nach der griechischen Wurzel des Fachwortes. Holozän benennt den gegenwärtigen Abschnitt der historischen Entwicklung des Planeten, der nach Auskunft der Geologen vor etwa 12 000 Jahren begonnen hat und an dessen Anfang ein Ende stand, nämlich das Ende einer Eiszeit. In der damals neuen Epoche nimmt durch natürliche Ursachen die Temperatur auf dem Planeten für die Menschen angenehm zu, was nicht bedeutet, dass in diesem Zeitalter keine größeren klimatischen Schwankungen zu verzeichnen wären. Aus zeitgenössischen Chroniken wissen wir, dass die Menschen um das Jahr 1000 eine mittelalterliche Warmzeit erleben, bevor sich im 17. Jahrhundert erneut eine kleine Eiszeit einstellt, wie Berichten und Zeugnissen aus den Tagen nach der Renaissance und mitten im Dreißigjährigen Krieg zu entnehmen ist. Dokumentiert ist das Leben unter diesen unwirtlichen Bedingungen zum Beispiel auf einigen zeitgenössischen Gemälden. Eines davon zeigt Menschen beim »Eisvergnügen«, das ihnen die zugefrorenen Kanäle verschaffen und das sie allen Widrigkeiten zum Trotz genießen – womit sie eine Zähigkeit und Unverdrossenheit an den Tag legen, die Menschen und Gemeinschaften in Krisensituationen schon immer ausgezeichnet hat.

Hendrick Averkamp, »Das Eisvergnügen«, um 1620.

Es gab in jüngster Zeit weitere Einschnitte im klimatischen Geschehen, unter anderem in den Jahren 1815/1816, als es zum bereits erwähnten Sommer ohne Sonne kam. Damals brach der Vulkan Tambora auf Indonesien aus und spuckte 30 Millionen Tonnen Schwefel in die Luft. Er wurde in der Höhe zu Schwefeldioxid umgewandelt, was zur Folge hatte, dass zum einen saurer Regen auf die Erde fiel und zum anderen die Stratosphäre die Sonnenstrahlen schluckte, die sonst Felder und Wälder, Dörfer und Städte, Kinder, Frauen, Männer und auch die Tiere der Erde erwärmt hätten. Das heißt, das Jahr 1816 ging ohne Sommer vorbei, nachdem die Schwefelmassen sich global verteilt und chemisch reagiert hatten, was insgesamt 80 000 Menschen das Leben kostete und den Lauf der Welt dauerhaft veränderte – und zwar positiv, auch wenn dies beim ersten Lesen merkwürdig klingt. Von der eher hellen Rückseite der Geschichte lässt sich nämlich vermelden, dass die Menschen aus der Katastrophe gelernt haben. Der Sommer ohne Sonne löste im frühen 19. Jahrhundert eine der letzten Versorgungskrisen in der westlichen Welt aus. Danach zeigten sich deren Bewohner für vergleichbare Notlagen immer besser gewappnet. Natürlich wünscht man niemandem, dass er bei einer Katastrophe zu Schaden kommt, aber dennoch lässt sich selbst solchen Tiefpunkten etwas Positives abgewinnen, denn gerade sie sind es, die in den alten Trümmern neues Leben erblühen lassen. Die Evolution hat schließlich eine im Überlebenskampf erfahrene Spezies hervorgebracht, die ihre Mittel einzusetzen weiß, um die Welt und das Leben in ihr zu retten.

Die genetische Variabilität

Dass es nach dem Sommer ohne Sonne und im Verlauf des 19. Jahrhunderts immer besser gelang, Lebensmittelknappheit zu verhindern, ist umso bemerkenswerter, als bereits am Ende des 18. Jahrhunderts der britische Ökonom Thomas Malthus die Ansicht propagiert hatte, eine zunehmende Diskrepanz zwischen der seit der Industriellen Revolution stark wachsenden städtischen (proletarischen) Bevölkerung und der eher zurückbleibenden Produktion von Nahrungsmitteln auf dem Lande sei unvermeidlich. Diese Prognose des Schreckens versetzte Charles

Darwin um 1838 in die Lage, in dem unter diesen Umständen zu erwartenden Kampf um die Ressourcen ein allgemeines Prinzip der Natur zu erkennen, das heute »Evolution durch natürliche Selektion« heißt und die entscheidende Theorie des Lebens auf der Erde darstellt. Darwins großer Gedanke – und seine Einsicht in die Bedeutung des Sterbens für das Leben – kann auf die landwirtschaftliche Erzeugung von Essbarem selbst angewendet werden, und das sich aus diesem Gedanken entwickelnde Wissen ist im weiteren Verlauf des 19. Jahrhunderts gezielt genutzt worden, um die Produktivität auf den Bauernhöfen zu erhöhen, sodass die Erträge mit dem exponentiellen Wachstum der Bevölkerung in den Industriegebieten stets Schritt halten konnten.

Was anfänglich von den Landwirten noch intuitiv unternommen wurde, konnte im frühen 20. Jahrhundert auf eine solide wissenschaftliche Basis gestellt werden, als es dank der um 1900 erstmals systematisch beschriebenen Erbregeln von Gregor Mendel möglich wurde, ein genetisch fundiertes Verständnis der Tier- und Pflanzenzucht zu gewinnen. Zu dem dafür wichtigen Wissen gehörte die Kenntnis, dass am Anfang jedes Züchtungsvorhabens ausreichend viele genetische Variationen vorzuliegen haben. Solange bei den folgenden Kreuzungen und Ernten das Muster an genetischer Variation konstant bleibt, so lange kann die zu treffende Auswahl für den Zuwachs der entweder gewünschten oder benötigten Eigenschaften in den landwirtschaftlichen Sorten und Produkten sorgen. Heute ernähren sich Menschen fast ausschließlich von Lebensmitteln, die durch Selektion – natürliche Zuchtwahl – zu ihren Gunsten verändert worden sind. Das heute übliche Rindfleisch wurde aufgrund einer »marmorierten« Struktur aus Muskeln und Fett selektioniert, um bei der Zubereitung zart zu bleiben, und die Kartoffeln, aus denen die Pommes frites gemacht werden, verfügen über eine erhöhte Resistenz gegenüber Pflanzenkrankheiten. Es war auf jeden Fall das von Darwin, Mendel und ihren Nachfolgern gelieferte Wissen, mit dem Menschen dafür sorgen konnten, dass die von Malthus prophezeiten Hungerkatastrophen weitgehend ausblieben, wobei hier anzufügen ist, dass etwa die Kartoffelpest, die Irland in der Mitte des 19. Jahrhunderts heimsuchte, durch die viel zu geringe genetische Vielfalt der genutzten

Kartoffel-Varietät bedingt war, was auf der Insel niemand wusste. Eine Landwirtschaft kann nur auf darwinistischer Grundlage gedeihen, wie die Sowjetunion im 20. Jahrhundert schmerzlich zu spüren bekam, als Stalin meinte, es besser zu wissen und die Existenz von Genen leugnen zu müssen, was sehr viele Menschen in den Hungertod trieb. Ideologen retten niemals die Welt. Sie bringen ihre Bewohner nur um. Die Produzenten von Nahrungsmitteln auf dem Land und die Konsumenten in den Städten sollten immer an Katastrophen dieses Ausmaßes denken, sie sollten auf diese Weise den Wert des Wissens kennen und schätzen und sich fragen, ob sie selbst darüber verfügen und damit umgehen können.

Vom Wert des Instinkts

Wenn oben von kleinen Eiszeiten und einem Sommer ohne Sonne die Rede war, dann wurden damit klimatische Veränderungen angesprochen, die auf natürliche Ursachen zurückzuführen sind. Dabei kann es sich um Vulkanausbrüche handeln, aber auch um eine durch Schwankungen in der Erdumlaufbahn bedingte geringere Sonneneinstrahlung auf den Planeten oder um auffällige Phänomene auf dem Zentralgestirn, zum Beispiel um Sonnenflecken. Wenn heute vom Klimawandel gesprochen und sein Einfluss auf den Lauf der Welt befürchtet wird, dann denken die Menschen dabei an ein Geschehen, das sie mit ihrer Art des Lebens und Wirtschaftens selbst zu verantworten haben, und die Voraussetzungen dafür wurden ausgerechnet in der Zeit geschaffen, als Darwin seine Evolutionstheorie konzipierte. Im Jahr 1859, in dem in England sein wirkmächtiges Werk »Über den Ursprung der Arten« erschien, fand in den USA die erste erfolgreiche Ölbohrung statt, »and the rest is history«, wie man jetzt sagen könnte.

Zum Einsatz kamen Erdöl und andere fossile Energieträger seitdem nicht nur in großen Industrieanlagen, sondern zunehmend auch in den Verbrennungsmotoren der höchst beliebten Privatfahrzeuge. Dass dabei in beträchtlichen Mengen das Treibhausgas Kohlendioxid freigesetzt wird, bereitete zunächst niemandem Sorge. Doch die unvermeidbare Nachtseite des Wissens meldete bald ihre Rechte an. Die Anwesenheit des Atemgiftes Kohlendioxid in der Luft hat seit 1900 nachweislich dazu geführt, die durchschnittliche Temperatur an der Erdoberfläche um ein Grad Celsius zu erhöhen, und das Ende der Fahnenstange ist bekanntlich noch nicht erreicht. Die atmosphärische CO_2-Konzentration ist seit dem Beginn der Industriellen Revolution im 18. Jahrhundert um mehr als 40 Prozent gestiegen, und die Hälfte dieses Anstiegs entfällt auf die letzten 50 Jahre.

In den Klimakonferenzen der jüngsten Zeit dreht sich vieles um die Frage, welche globale Erwärmung dem Planeten zuzumuten ist. In dem gefeierten Übereinkommen der 2015 in Paris abgehaltenen Klimarahmenkonvention der Vereinten Nationen haben sich die Staaten auf ein Zwei-Grad-Ziel verpflichtet, was in der Theorie gut klingt, aber in der Praxis an den Realitäten vorbeigeht, zumal nicht ausgeschlossen werden kann, dass große Akteure, wie zum Beispiel die USA unter ihrem ahnungslosen Präsidenten Donald Trump, nach Belieben aus dem Vertrag aussteigen. Dabei können wir es uns schlechterdings nicht leisten, den Ernst der Lage zu verkennen, zumal alles mit allem zusammenhängt und niemand vor den Folgen eines ungebremsten Klimawandels gefeit sein wird.

In den Weltmeeren wird nicht nur der Säuregrad steigen, bis er Fischen nicht mehr zuträglich ist, sondern es kommt auch und vor allem die das Sonnenlicht nutzende Fotosynthese des Phytoplanktons zum Erliegen. Phytoplankton heißen die mikroskopisch kleinen Algen, die frei schwebend im Meer leben und für zwei Drittel des Sauerstoffs verantwortlich sind, den Menschen an Land einatmen müssen, um zu leben, bevor sie das Kohlendioxid ausatmen, von dem sie hoffen, dass jemand anders es einatmet oder aufnimmt. Über den Phytoplankton berichten die Medien zwar kaum, aber wenn dieser seit den 1950er-Jahren um 40 Prozent geschrumpfte Lebensschwarm seinen Dienst einstellt, werden nicht allein Tiere, sondern auch Menschen massenhaft an Sauerstoffmangel sterben.

Ähnlich bedrohlich ist die Lage im Reich der Insekten, deren Bestände sich in Deutschland um 75 Prozent reduziert haben. In ihrem bereits erwähnten Buch »111 Insekten, die täglich unsere Welt retten« berichten Holger und Roland Grumt Suárez davon, dass die Menschheit ohne das kleine Getier, das – um nur zwei Aufgaben zu nennen – bei der Bestäubung hilft und für den Erhalt der Bodenfruchtbarkeit sorgt, nicht einmal sechs Monate überleben könnte. Es sind tatsächlich Insekten, die den Planeten für die Menschen bewohnbar machen, und auf sie gilt es, Rücksicht zu nehmen, auch wenn sie manchmal stechen und auf andere Weise nerven und einem die Stimmung verderben können.

Als sich der Temperaturanstieg und seine unmittelbaren Folgen immer deutlicher ankündigten, traten zum ersten Mal auch Denker auf den Plan, die in der Erde mehr als einen Planeten sahen, nämlich ein System, das mit endlichen Ressourcen ausgestattet ist, eine Art Raumschiff, das durchs All schwebt und sich auf die Sonne als Energiequelle verlässt (was ja bis in die Fossilien hinein stimmt, deren frühere Existenz ihre Energie von dem Zentralgestirn des von Menschen bewohnten Planetensystems bezogen hat). Heute kann man in grüner Fortsetzung dieses ursprünglich technischen Gedankens vom Ökosystem Erde lesen, das erst dann in seiner Dynamik zu verstehen ist, wenn man die Stoffkreisläufe und die Energieflüsse nachvollziehen kann, die zu seinem Unterhalt notwendig ablaufen müssen und zudem mannigfach miteinander in Wechselwirkung treten. Bei deren Analyse tauchte Mitte der 1970er-Jahre in einer Kooperation zwischen James Lovelock und der Mikrobiologin Lynn Margulis das auf, was inzwischen als Gaia-Hypothese zirkuliert. Gemeint ist der Vorschlag, die Erde und ihre Biosphäre als ein Lebewesen zu verstehen, das über die erstaunliche Eigenschaft zur Selbstorganisation verfügt und sein harmonisches Gleichgewicht zu finden scheint, wenn man es in Ruhe werkeln lässt. Inzwischen wissen die Naturkundigen, dass die Erde über die nötigen Mechanismen verfügt, um sich etwa ausgedehnten Trockenperioden anzupassen und ihre Ökosysteme auf die jeweils neuen globalen Bedingungen einzustellen – vorausgesetzt, man macht es ihr nicht zu schwer.

In der griechischen Mythologie ist Gaia die Große Mutter, die alles Leben hervorbringt. Die Bezeichnung betont vor allem den dynamischen und Schutz gewährenden Charakter des Planeten für die auf ihm sich tummelnden Wesen, ohne dass die Wandelbarkeit ihrer kosmischen Heimat dabei aus dem Blickfeld gerät. Die auf der Metapher einer

Erdgottheit beruhende Gaia-Hypothese hebt die Beobachtung hervor, dass das Leben selbst seine Umwelt verändert, seit es entstanden ist. Leben ist erschaffene und erschaffende Natur zugleich, es ist Zuschauer und Mitspieler im Drama der Existenz, wodurch auf und mit der Erde ein System aus vielen Teilen und Komponenten entsteht, deren Ineinandergreifen einfach nicht mit geradliniger Logik und akkuraten Gesetzen zu erfassen ist, sondern andere Wege des Erschließens verlangt. Lovelock selbst sagt explizit, bei seinen ersten Überlegungen habe er »instinktiv« gewusst, dass sich das Geschehen auf seinem Heimatplaneten nicht mit der gewohnten Rationalität der Wissenschaft allein erklären lässt, auch wenn die Menschen selbstverständlich immer weniger auf sie verzichten können und stets auf sie angewiesen bleiben.

Es lohnt sich, einen Augenblick bei diesem archaisch klingenden Konzept des Instinktes zu verweilen. Instinkt ist etwas, was man eher mit Tieren in Verbindung bringt; sein Wirken kann die Neurophysiologie aber auch bei Menschen nachweisen, wenn sie sich plötzlich in einer Gefahrensituation befinden – etwa wenn sie am Rand einer Klippe stehen und abzustürzen drohen. Das Gehirn erkennt die Lage in Sekundenbruchteilen und blockiert jedes Weitergehen, auch wenn die betroffene Person sich darüber noch nicht im Klaren ist und die Bedrohung das Bewusstsein noch nicht erreicht hat. »Wo Gefahr ist, wächst das Rettende auch«, hat Friedrich Hölderlin einmal gedichtet, und diese Worte lassen sich auch auf den Instinkt anwenden, mit dem die Natur dem Menschen einen Ausweg weist. Wer diese Kraft der Bewahrung genauer und allgemeiner definieren möchte, könnte sagen, dass mit dem Instinkt die unübersehbare und lebensnotwendige Fähigkeit von Menschen gemeint ist, sich in einer wahrgenommenen Gefahrenlage so zu verhalten, dass rettende Ziele erreicht werden, ohne dass man das jeweilige Ergebnis des Handelns im Detail hätte voraussehen oder gar planen können. Der Physiker Wolfgang Pauli, der sich viele Gedanken über die unvermeidliche »böse Hinterseite der Naturwissenschaften« und ihre unbeabsichtigten Implikationen wie Luftverschmutzung, Klimawandel, Plastikmüll und Artensterben machte, hat darauf hingewiesen, dass die dabei entstandene missliche Lage nicht durch Vernunft allein, sondern nur durch Besinnung auf komplementäre Gegensatzpaare kontrolliert werden kann. Pauli hoffte, das Denken durch das Fühlen zu meistern, die Vernunft durch den Instinkt zu leiten und den Logos durch den Eros abzufedern. 1958 schrieb er, dass sich die Gegenwart sprachlich auf eine Hälfte der genannten Paare fixiert zeigt, was den Menschen auf diese Weise den Weg zur nötigen Ganzheit psychologisch verbaut. Auf den Punkt gebracht hat dies schon im 17. Jahrhundert der Mathematiker und christliche Philosoph Blaise Pascal: »Das Herz hat seine Gründe, von denen der Verstand nichts weiß.« Bei Pascal nachzulesen ist auch der Satz: »Das Unbekannte, das in mir das denkt, was ich sage, das über alles und über mich selbst nachdenkt, kennt sich selbst nicht mehr als das Übrige.« Dass wir uns selbst fremd sind, gehört offenbar zu den Grundbedingungen unserer menschlichen Existenz, und diese gilt es mitzubedenken, wenn wir uns die Frage stellen, wie wir unser Wissen sinnvoll anwenden können.

Von der Bio- zur Technosphäre

Zurück zu den konkreten Lebensverhältnissen auf der Erde, die in den 1970er-Jahren sowohl als Raumschiff wie auch als Urmutter betrachtet wurde – eine Art der Komplementarität, die sich ebenfalls in der Wahrnehmung der Natur widerspiegelt: Auf der einen Seite verehren wir sie als Schöpfungsgrund und Mutterschoß, auf der anderen Seite beuten wir sie aus. Mit den Ressourcen, die die Natur bereitstellt, verändern die Menschen die Welt derart, dass inzwischen davon gesprochen wird, aus der ursprünglichen Biosphäre sei längst eine Technosphäre geworden, was jeder Einzelne in seinem privaten und öffentlichen Leben leicht nachvollziehen kann. Im Alltag taucht die Natur nur noch als Schwundstufe auf – etwa in Form von Blumen auf dem Tisch oder bei Waldspaziergängen auf gespurten Wegen –, während Menschen mit dem Auto in die Firma und dort mit dem Aufzug in ihr Büro fahren, wo sie ihren Laptop einschalten und eine Kaffeemaschine bedienen, wenn sie nicht gerade auf dem Smartphone daddeln. Natürlich sind in den Geräten umgeformte Naturstoffe enthalten, aber die reine Natur stört die maschinelle Perfektion – etwa Sand in einer Uhr oder Wasser in einer Kamera. Inzwischen haben die eingesetzten Technologien derart an Umfang zugenommen, dass sie das Geschehen auf der Erde wohl stärker beeinflussen als die Natur selbst. Aus diesem Grund spricht die Wissenschaft seit einigen Jahrzehnten davon, dass aus dem Holozän ein Anthropozän wurde: ein Zeitalter, in dem der alles bestimmende Faktor der Mensch ist. Der Begriff ist seit den 1980er-Jahren im Umlauf, und er sollte zunächst speziell den Einfluss von industriellen Abfallstoffen und der damit verursachten Umweltverschmutzung auf das Tierleben in und um Binnenseen erfassen. Mit dem Beginn des 21. Jahrhunderts hielt der Begriff Anthropozän Einzug in die allgemeine Diskussion über die Lage des Planeten, wobei man sich in guter wissenschaftlicher Tradition zunächst einmal darüber stritt, was genau damit gemeint ist und seit wann das Holozän als beendet anzusehen ist. Eine einfache und zugleich einleuchtende Definition des Anthropozäns kann man durch den Hinweis liefern, dass damit die zweite Stufe der Nutzung der Sonnenenergie erreicht ist. Auf der ersten Stufe hat die Fotosynthese Pflanzen dazu befähigt, das Licht der Sonne in chemische Energie umzuwandeln. Und auf der zweiten Stufe bezieht der Mensch seine Energie aus den fossilen Quellen, die sich eben aus diesen Pflanzen im Laufe von Jahrmillionen durch geeigneten Druck gebildet haben. Ob die dritte Stufe einer Nutzung der Solarenergie schon in Sicht ist – Lovelock meint, sie in dem erwähnten Novozän erblicken und an Computer koppeln zu können –, soll hier offenbleiben.

Auf die Frage, wann die neuartige Phase der Erdgeschichte genau einsetzt, bietet die Wissenschaft zwei Antworten. Als Anfangspunkt sehen die einen den Abwurf der ersten Atombombe, der sich sogar in der Ablagerung von radioaktiver Materie in Erdschichten niedergeschlagen hat und insofern an die klassische Tradition der Einteilung von Erdzeitaltern anschließt. Als Alternative gilt den anderen die große Beschleunigung der ökonomischen Entwicklung in den 1950er-Jahren, als der Einsatz von Energie und der Verbrauch von Ressourcen wie Öl und Wasser dramatisch anstieg und die Menschen in Massen anfingen, als Touristen die ganze Welt zu bereisen. Seit dieser Zeit verbraucht die Menschheit mehr Energie und mehr Rohstoffe, als der Planet langfristig zur Verfügung stellen kann, was im Grunde nach einem neuen Wissen verlangt, mit dem sich die Bedingungen der menschlichen Existenz wenigstens erhalten lassen, auch wenn man sie seit den ersten Tagen der modernen Naturwissenschaft eigentlich verbessern wollte.

Plastik und Müll und mehr

Zu den konkreten und jahrzehntelang nur hochgelobten und nach wie vor begehrten Produkten des industriellen Zeitalters gehören jene Kunststoffe, die auch gerne mit einem Sammelwort als »Plastik« bezeichnet werden. In »Die Reifeprüfung«, einem Kinohit der 1960er-Jahre, hat der Hauptdarsteller Dustin Hoffman nicht nur mit den Verführungskünsten einer Nachbarin, Mrs Robinson, sondern auch mit der Frage zu kämpfen, was er nach dem Schulabschluss machen soll und in welcher Branche er eine lohnende Zukunft findet. »Plastik!«, lautet die eindeutige und im Brustton der Überzeugung vorgetragene Antwort eines Familienfreundes, und in der Tat bot die chemische Industrie damals eine Fülle von Kunststoffen an, die unter diesem Oberbegriff zusammengefasst wurden. Sie waren zugleich formbar und hart, zugleich elastisch und bruchfest, in der Herstellung günstig und vielfach einsetzbar – als Folie, als Tüte, als Verpackungsmaterial, in Lacken und Klebstoffen und zahllosen anderen Erzeugnissen. Der Alltag füllte sich seit 1950 mit Plastikprodukten wie Legosteinen und Joghurtbechern – damals wurden 1,5 Millionen Tonnen Plastik pro Jahr hergestellt, und heute ist die Menge auf über 400 Millionen Tonnen gestiegen –, von denen 80 Prozent nach ihrem Gebrauch auf Müllhalden landeten, was die Nachtseite der Wunderstoffe zum Vorschein und in Erinnerung brachte.

Wer heute über Plastik spricht, fügt meistens ohne Zögern die Silbe »-müll« hinzu, und das Bundesministerium für Umwelt, Naturschutz und nukleare Sicherheit bietet als Reaktion auf diese Mode im Netz eine besondere Seite zum Thema an: »Plastikmüll – ein Problem, das uns alle angeht.« Dabei wächst in jüngster Zeit vor allem die Angst vor dem, was in den Medien zutreffend als Mikroplastik bezeichnet wird, kleinste Kunststoffkügelchen, die übrigens auch in der Zahnpasta und bei Produkten mit Schmirgeleffekt (also beim Peeling) zum Einsatz kommen. Wenn eine leere Kunststoffflasche achtlos in einen Fluss geworfen wird, gelangt sie irgendwann ins Meer, wo die hochpolymeren Verbindungen nicht etwa zerfallen, sondern zerrieben werden, und laut wissenschaftlichen Berechnungen dauert es fast ein halbes Jahrhundert, bis sich besagte Flasche vollständig aufgelöst hat. Mehr als zehn Millionen Tonnen Abfälle dieser Art gelangen jährlich in die Ozeane. Sie kosten Abertausende von Meerestieren das Leben und bedrohen Seevögel, die inzwischen Plastik mit natürlicher Nahrung verwechseln und nach dem Konsum elend verenden.

Trotzdem: Vom technischen Standpunkt aus betrachtet, kann man die Kunststoffe der chemischen Industrie zunächst nur loben. Stünden sie nicht zur Verfügung, wären die Herausforderungen der modernen Zivilisation schwieriger zu bewältigen, und das gewohnte Leben würde viel mehr Geld kosten und Umstände machen. Der gerechtfertigte und wachsende Einwand gegen die Kunststoffe betrifft das politische oder gesellschaftliche Versäumnis, seinen Gebrauch als Wegwerfmaterial zu regulieren. Die entscheidende Frage ist, ob die nützlichen Plastikstoffe nicht so hergestellt oder behandelt werden können, dass die hierin verarbeiteten Moleküle zum Beispiel in Treibstoff umgewandelt oder verbrannt werden können, anstatt auf wachsenden Müllhalden deponiert zu werden oder in der Umwelt zu vergammeln.

An der Leuphana Universität in Lüneburg gibt es ein Institut für Nachhaltige Chemie und Umweltchemie, das sich Gedanken darüber macht, wie man die Chemie und ihren industriellen Einsatz neu denken kann, um das Ziel zu erreichen, das ein Forscherteam unter der Leitung von Klaus Kümmerer – ein passender Name für ein derartiges Projekt – in dem amerikanischen Fachmagazin »Science« als »circular economy« bezeichnet und das man im Deutschen als »Kreislaufwirtschaft« vorstellen und einführen könnte. Es geht dabei um zwei Aufgaben, die sich in solch einer Ökonomie mit einem Schlag lösen ließen, nämlich die Schonung der Ressourcen und die Vermeidung von Abfällen. Die Lüneburger Wissenschaftler ermutigen dazu, nach Wegen zu suchen, Produkte so zu entwickeln, dass sie recycelt werden können. Welche

Probleme ein solches Recyclingvorhaben mit sich bringt, führen sie am Beispiel des Kupfers vor.

Bis zum Jahr 2012 haben Menschen weltweit 560 Millionen Tonnen Kupfer gefördert, knapp 20 Millionen allein im Jahr 2010. Nur die Hälfte des Metalls ist nach wie vor im Gebrauch, was automatisch die Frage aufwirft, wo der Rest geblieben ist. Nachforschungen zeigen, dass sich nicht ohne Weiteres sagen lässt, wie viel Prozent des zum Beispiel in Kabeln verwendeten Kupfers für eine Weiterverwertung noch verfügbar sind, und niemandem braucht gesagt zu werden, dass eine Gesellschaft, die nahezu vollständig von ungestört fließendem Strom abhängt und täglich immer mehr elektrische Geräte betreibt, in Zukunft immense Kupfermengen für ihr Stromnetz benötigt. Dabei sind die leicht zugänglichen Lagerstätten von Kupfer längst erschöpft, und der kommende Abbau muss mit hohem Energieeinsatz und zusätzlichen Schritten zur Anreicherung des Metalls aus den geförderten Erzen durchgeführt werden.

Bei anderen Metallen ist die Lage ähnlich, und vor noch größere Probleme stellen uns Produkte mit sogenannten offenen Umweltanwendungen, zum Beispiel Pestizide, Kosmetika oder pharmazeutische Stoffe. Ein Recyceln wird hier besonders schwierig, weil viele dieser Chemikalien in niedriger Konzentration zum Einsatz kommen und sich zusätzlich weit in der Umwelt verteilen. Damit sich diese Produkte dennoch in eine Kreislaufwirtschaft einfügen lassen, schlagen die Lüneburger Forscher vor, dass die Enderzeugnisse in ihrer Zusammensetzung so einfach wie möglich gehalten sind und der Anteil toxischer Zusatzstoffe auf ein Minimum beschränkt wird, weil diese beim Recyceln nur mit großem Aufwand – also unter hohem Einsatz von Energie – abgetrennt werden können. Um die industrielle Chemie in eine Kreislaufwirtschaft zu integrieren, empfehlen die Leuphana-Wissenschaftler, sich an einer Liste von insgesamt 15 Vorschlägen zu orientieren. Dazu zählen unter anderem ein Produktdesign, das die Wiederverwertbarkeit im Blick behält, eine Verringerung der molekularen Komplexität etwa von bislang hochpolymeren Kunststoffen, die Anpassung der Geschwindigkeit der Innovation an die des Recycelns, eine Minimierung der Produktkomponenten, eine Sicherstellung der Aufspürbarkeit von Komponenten, eine Vereinfachung der Herstellungsprozesse, eine Vermeidung von sogenannten Rebound-Effekten, die etwa dazu führen, dass der geringere Einsatz von Kohlenstoff höhere Rückgriffe auf Metalle zur Folge hat, und die Übernahme von Verantwortung für den ganzen Lebenszyklus der hergestellten und eingesetzten Waren.

Ein Großteil der jährlich produzierten 359 Millionen Tonnen Plastik basiert auf einem Molekül mit dem langen Namen Polyethylenterephthalat, freundlich abgekürzt PET. Mit 70 Millionen Tonnen schlagen die aus diesem Molekül angefertigten thermoplastischen Kunststoffe, enthalten in Flaschen, Folien und Textilfasern, jährlich zu Buche, und die Bemühungen, es aus den Plastikflaschen und anderen Produkten zurückzugewinnen, um viel Müll (und Geld) zu sparen, sind bislang daran gescheitert, dass die verfügbaren Verfahren zum Verlust der erwünschten mechanischen Eigenschaften führen, für die PET berühmt ist. Inzwischen kann die Fachwelt aber – Grünen-Anhänger aufgepasst! – mit gentechnischer Hilfe Proteine (Enzyme) herstellen, die sie ursprünglich in Bakterien beobachtet hat und die das PET-Gebilde sanft zerlegen und wiederverwendbar machen. Diese im Reagenzglas synthetisierten Bio-Katalysatoren sind zum Recyceln der Plastikflaschen besser geeignet als die alten Verfahren, was der Industrie zum ersten Mal erlaubt, über eine »zirkuläre PET-Ökonomie« zum Nutzen der Allgemeinheit nachzudenken und Pläne für ihre Umsetzung zu entwickeln.

Noch ein Wort zur Chemie, die als Wissenschaft in der Öffentlichkeit bevorzugt mit Risiken und giftigen Stoffen in Verbindung gebracht wird. Eigentlich müsste jeder, der die Welt retten will, ein Hohelied auf diese Wissenschaft anstimmen, die wahrhaft biblisch agiert, indem sie die Nackten kleidet, die Hungrigen ernährt und die Kranken mit Medikamenten versorgt, wie man sich gar nicht oft genug klarmachen kann. Die Chemie hat auch große Verdienste um die Haltbarmachung von Lebensmitteln. Durch die Erfindung von Konservendosen hat sie Millionen von Menschen das Leben gerettet, zum Beispiel den Soldaten, die mit Napoleon in den Krieg gezogen waren. Ohne Konserven wäre ihnen das mitgeführte Fleisch an der Front verschimmelt. Es hätte sie

Der französische Koch Nicolas Appert entwickelte ein Verfahren zur Konservierung von Speisen, das Napoleon Bonaparte nutzte, um die Versorgung seiner Truppen zu sichern.

erst geschwächt und dann getötet. Napoleon wusste den Wert der Erfindung sehr zu schätzen und sprach dem Koch Nicolas Appert, der das Hungerproblem seiner Soldaten löste, die überaus großzügig bemessene Summe von 12 000 Francs zu, wobei man natürlich der Ansicht sein kann, dass der Korse weniger an das Leben seiner Kämpfer und mehr an deren Einsatz für ihn selbst gedacht hat. Ein weiteres Beispiel für die Ambivalenz des technischen Fortschritts.

Geoengineering

Wenn von der Bedrohung der Erde und des Lebens auf ihr die Rede ist, kann man auch immer wieder den Vorschlag hören, dass man diesen Gefahren mit den Mitteln des Geoengineerings begegnen soll. Gemeint ist damit ein gezieltes und umfassendes Eingreifen des Menschen in zahlreiche Kreisläufe des Systems Erde. Überlegungen zur Beeinflussung des regionalen oder saisonalen Wetters unternehmen Menschen seit Jahrhunderten, und im Verlauf der 1960er-Jahre haben sie angefangen, auch das Klima ins Visier zu nehmen. 1965 wurde dem amerikanischen Präsidenten Lyndon B. Johnson eine Denkschrift mit dem Titel »Zur Wiederherstellung der Qualität unserer Umwelt« vorgelegt, die darauf abzielte, den Temperaturanstieg auf der Erde zu begrenzen. Gelingen sollte dies, indem man das Reflexionsvermögen der Erde, von Forschern Albedo genannt, erhöhte. Die Ingenieure hofften auf diese Weise, der menschengemachten Erwärmung etwas anderes Menschengemachtes entgegensetzen zu können. In den 1970er-Jahren tauchte dann der Begriff Geoengineering in Verbindung mit der Idee auf, das als gefährlich erkannte Kohlendioxid einzufangen und zu speichern. Das Vorhaben nannte sich CO_2-Sequestrierung, und für die Lagerung des Kohlenstoffs wurden teils abenteuerliche Vorschläge gemacht. So wurden Sedimentschichten in der Tiefsee als mögliche Speicherstätten ebenso in Erwägung gezogen wie Erdölraffinerien. Da die meisten Techniken nicht für planetare Dimensionen ausgelegt sind und die ökonomischen Kosten und sozialen Risiken unkalkulierbar bleiben, sind diese Bemühungen um eine Rettung der Welt bislang in den Kinderschuhen stecken geblieben. Will man der Lage Herr werden, so wird ein Umdenken wohl unumgänglich sein. Dennoch sollte man technische Lösungsansätze nicht vernachlässigen. Sie können einen wesentlichen Beitrag zur Bewältigung des Problems leisten. Ein Beispiel bieten Chemieingenieure, die an Verfahren tüfteln, bei denen Kohlendioxid genutzt und gebunden wird, unter anderem durch Einsatz bei der Erzeugung von pflanzlicher Biomasse und der Gewinnung von Bioenergie. Wissenschaftler aus Oxford meinen, dass sich auf diese Weise jährlich Gigatonnen von Kohlendioxid nützlich verwenden ließen.

Was Ingenieurskunst vermag und was ihr zugetraut wird, zeigen auch die unterschiedlich weit gediehenen Planungen zur Abwehr der Gefahren, die von einem auf die Erde zusteuernden Asteroiden ausgehen könnten. Bei Asteroiden mit einem Durchmesser von einem Kilometer geht die Wissenschaft davon aus, dass zwischen zwei Einschlägen mehrere Hunderttausend oder gar Millionen Jahre vergehen, was erdgeschichtlich zwar von Bedeutung ist, die Menschen im Anthropozän aber nicht zu beunruhigen braucht. In absehbarer Zeit wird ihnen wohl kaum der Himmel auf den Kopf stürzen, wie es Asterix und Obelix und die Bewohner ihres gallischen Dorfes befürchten. Dennoch richtet die renommierte International Academy of Astronautics alle zwei Jahre eine Konferenz für planetarische Sicherheit (Planetary Defense Conference) aus, auf der überlegt wird, mit welchen Waffen und Mitteln die Menschen reagieren könnten, wenn sich ein Asteroid im Anflug befände. Sie könnten ihm Raketen mit Lasern entgegenschicken, die das Felsgestein des unerwünschten Himmelskörpers pulverisieren. Sie könnten eine Seite des Asteroiden mit Silberfarbe besprühen, damit sie genügend Sonnenlicht reflektiert, um dem kosmischen Todesboten den Schwung zu verleihen, der ihn aus seiner Bahn lenkt, oder sie könnten atomare Sprengköpfe zum Einsatz bringen, wobei die dabei auseinanderstiebenden Brocken nach wie vor in Richtung Erde unterwegs wären. Insgesamt lässt sich sagen, dass die Menschen in gewisser Weise gewappnet zu sein scheinen. Sie würden es aber trotzdem sicher vorziehen, Asteroiden nur aus der Ferne zu beobachten, während sie auf ihrer kosmischen Bahn weiter friedlich die Sonne umrunden.

Eine neue Aufklärung

Der Wechsel von der im Evolutionsprozess sich wandelnden Biosphäre zur kulturell eingerichteten und sich ausweitenden Technosphäre hat nicht zuletzt dazu geführt, dass Menschen von immer mehr Dingen umgeben sind, die die wenigsten von ihnen noch verstehen, obwohl sie sie doch hervorgebracht haben. Zwar redet man in europäischen Breiten gerne wohlmeinend davon, dass den Menschen in den Entwicklungsländern der Wert der Nachhaltigkeit deswegen nicht vermittelt werden kann, weil ihnen neben den finanziellen Mitteln auch die nötige Bildung fehlt, um zu verstehen, dass der weltweite Einsatz bestimmter Techniken inzwischen die Lebensgrundlagen unserer gesamten Spezies bedroht. Mir scheint allerdings, dass es auf dieser Ebene der Bildung keinen Unterschied zu der Bevölkerung in hoch entwickelten Staaten wie Deutschland und Frankreich gibt, denn auch hier wird eine Wissensökonomie mit Apparaten betrieben, die den meisten ihrer Bürger ein Rätsel bleiben. Naturwissenschaft und Technik gehören nach wie vor nicht zum Bildungskanon in Deutschland, und das könnte sich noch bitter rächen.

Kürzlich haben einige Gewässerökologen auf die wachsende Kluft hingewiesen, die sich zwischen dem Wissen der Fachwelt und den Kenntnissen in der Öffentlichkeit auftut. Die Forscher sprechen vom »Wissen im Dunkeln« (Knowledge in the Dark). Die griffige Formel soll veranschaulichen, warum sich gesellschaftlich nichts in die richtige Richtung bewegt, obwohl die Wissenschaft schon für viele Probleme Lösungen entwickelt hat und die Forscher mit ihrem Wissen auch nicht hinter dem Berg halten. Nur versteht sie eben keiner, und im öffentlichen Diskurs nimmt man von ihren Vorschlägen kaum Notiz – aus tiefer liegenden und schwer korrigierbaren Gründen, die gleich erläutert werden.

Bereits Einstein hat sich mit drastischen Worten über die Denkfaulheit und Trägheit in einer technisierten Welt beklagt, als er im Jahr 1930 in Berlin eine Internationale Funkausstellung eröffnete und dabei seinen Zuhörern ins Gewissen redete: »Sollen sich alle schämen, die gedankenlos sich der Wunder der Wissenschaft und Technik bedienen und nicht mehr davon erfasst haben als die Kuh von der Botanik der Pflanzen, die sie mit Wohlbehagen frisst.« Gefruchtet hat die Mahnung nicht, und man kann sich des Eindrucks nicht erwehren, dass sich die modernen Menschen offenbar gern wie die Kühe auf Einsteins Weide verhalten und wahrscheinlich auch dann nichts von ihrer Ahnungslosigkeit wissen wollen, wenn sie zur Schlachtbank geführt werden – einige würden wohl auch dann noch gebannt auf ihr iPhone blicken, ohne zur Kenntnis zu nehmen, welches Ungemach ihnen droht.

Zu schämen braucht sich deshalb aber niemand – und hier kommt das eigentliche Versagen der vorgeblichen Eliten in Deutschland zum Tragen –, hat doch schon der weiter oben zitierte Max Weber 1917 in seiner Rede über »Wissenschaft als Beruf« seinem sich für gebildet haltenden Publikum die Absolution erteilt und ihm ausdrücklich erklärt, dass die Menschen »nichts davon zu wissen« brauchen, wie etwa eine Straßenbahn fährt, ein Telefon funktioniert oder Stimmen aus einem Radioapparat kommen. Bis heute übersehen Webers Fachkollegen, seine Biografen und selbst viele kritische Journalisten, dass sich der Heidelberger Gelehrte gezielt der Philosophie der Aufklärung entgegenstellt und seine Mitmenschen als sozialwissenschaftlicher Anti-Aufklärer dazu ermuntert, aus Bequemlichkeit ihren eigenen Verstand ausgeschaltet zu lassen. Sie sollen gar nicht erst zu erfassen versuchen, was um sie herum mit den staunenswerten Wundern einer immer raffinierteren Technik tatsächlich passiert, und sich stattdessen auf ihrem Faulbett ausruhen. Es bleibt unklar, warum diese verquere Dialektik der Aufklärung in der intellektuellen Öffentlichkeit immer noch wohlwollend zitiert wird und ungeteilte Zustimmung findet. Solange man das Technisch-Naturwissenschaftliche kleinreden kann, sind sich die Sozialphilosophen einig, auch wenn die Welt dabei zugrunde geht und ihre möglichen Retter nicht zu Wort kommen.

Dabei wäre das Gegenteil einer Anti-Aufklärung vonnöten, denn wenn Wissen die Welt retten soll, müssen alle informiert sein, sich auskennen und Bescheid wissen. Es braucht offenbar den Aufruf zu einer neuen Aufklärung, um dies zu erreichen. Es müsste endlich gelingen, das leichtfertig verbreitete und in Endlosschleife wiederholte Diktum einer »Entzauberung der Welt« durch die technischen Wissenschaften als das zu bezeichnen, was es ist: eine hartnäckige und aufgrund ebendieser Hartnäckigkeit fast schon unethisch wirkende Verneblung der tatsächlichen Verhältnisse durch die Sozialphilosophen. Spätestens seit 1942 kann man wissen, dass die Naturwissenschaften die Geheimnisse der Welt nicht aufheben oder gar lüften, sondern im Gegenteil immer weiter vertiefen, wie Carl Friedrich von Weizsäcker damals bemerkt hat. Wissen verzaubert die Welt, und entzaubert werden dabei bestenfalls die Menschen, die dies nicht bemerken und sich ahnungslos in der Öffentlichkeit zeigen.

Wer die sozialwissenschaftlich sanktionierte Abschaffung der Aufklärung im Bereich des naturwissenschaftlichen Wissens verhindern oder abwenden möchte, könnte damit beginnen, dass er den Menschen hilft, das Staunen wieder zu lernen. Dies wird möglich, wenn man sich ernsthaft auf die Bemühungen der Naturwissenschaften einlässt, selbst das scheinbar Einfache zu erfassen, etwa die Bildung von Blättern in Pflanzen – ein Phänomen, das bereits Goethe fasziniert hatte, weil es ihm vor Augen führte, »wie Natur im Schaffen« lebt. Doch statt sich mit solchen Wundern zu beschäftigen, zitiert man im Land der Dichter und Denker lieber den Literaturkritiker Marcel Reich-Ranicki, der gern davon sprach, wie rasch ihn die Natur langweile. Es hat ihn offenbar niemand darauf hingewiesen, wie viele Geheimnisse sie bei allem

Verständnis für ihre Gesetze bewahrt. Erfahren kann dies jeder, der seine Neugierde nicht in seinem Bildungsdünkel ertränkt. Es steht jedem frei, ohne Vorverurteilung der Wissenschaft über das Begreifliche und Unbegreifliche der Natur mit Staunen zu sinnieren, und es bleibt zu hoffen, dass eine große Anzahl von Menschen in einer fortgeschrittenen Zivilgesellschaft mit ausreichendem Bildungsangebot von dieser Möglichkeit in Zukunft Gebrauch machen wird. Es gilt, Lust auf den Erwerb des Wissens zu bekommen, das dringender denn je für das Überleben der Menschheit benötigt wird.

Moderne Magie

Jede einigermaßen fortschrittliche Stufe der technischen Entwicklung ist schon lange nicht mehr von Magie zu unterscheiden, wie der Wissenschaftsautor Arthur C. Clarke bereits in den 1960er-Jahren festgestellt hat. Was Clarke meint, braucht niemandem erläutert zu werden, der mit seinem Finger übers Handy wischt und sich über bunte Nachrichten von Familienmitgliedern freut, die sich gerade vom anderen Ende der Welt mit einem Strandvideo melden, auf dem ihre fröhlichen Stimmen zu vernehmen sind. Wie sind sie und ihre Welt eigentlich in dieses Gerät gekommen? Und warum wollen alle da hinein?

Als Steve Jobs auf der Mac World 2007 das erste von inzwischen mehreren Milliarden iPhones vorstellte, versprach er den Menschen – jedem Einzelnen – im Publikum mehrfach genau das, nämlich ihm »ein Wunder für seine Hand« herbeizuzaubern, und der Apple-Boss verwies stolz darauf, dass der Touchscreen – der auf Berührung durch Finger reagierende Bildschirm – wie Magie funktioniert: »It works like magic.« Natürlich vergaß der smarte Zaubermeister auf der Bühne dabei nicht zu erwähnen, wie viel Forschungsarbeit und Entwicklungskosten für die Schaffung dieser technischen Sensation aufzuwenden waren. Solche Angaben aus dem Maschinenraum des Wunderwerks nehmen natürlich nichts von dem Zauber weg, den das iPhone wortwörtlich ausstrahlt. Das Ding entzaubert nichts, es verzaubert im Gegenteil die Menschen, auch wenn sie dies nicht wahrhaben wollen und stattdessen lieber unverdrossen an einer »Entzauberung der Welt« festhalten, an die sie nur glauben können, wenn sie all ihre Sinne ausschalten.

Neue Aufklärung, das müsste eigentlich bedeuten, dem Plädoyer für eine bequeme Ahnungslosigkeit – »Wer weiß, wie man ein Gerät bedient, weiß schon genug« – ein Bildungsprogramm zum Verständnis der Technik entgegenzustellen. Doch leider ist es nicht nur so, dass bei allen politischen Bekenntnissen zu Bildungsprogrammen auf diesem Gebiet eine klammheimliche Übereinkunft des öffentlichen Schweigens herrscht, sondern es ist darüber hinaus auch zu vermerken, dass solch ein Schritt ausgerechnet aus den Kreisen der Wissenschaft und der Entwickler unterlaufen wird. Handys müssen sich verkaufen. Deshalb wurden sie so gebaut, dass sie das Wissenschaftlich-Technische unter der glänzenden Oberfläche verstecken. Sie sollen sich ohne jede Mühe und auf intuitive Weise bedienen lassen und ihren Zweck erfüllen, ohne dass man dazu auch nur einen Gedanken an das Wissen verschwenden müsste, das man verpackt in Händen hält. Die Konsumenten sollen spielen und sich zu Tode amüsieren, ohne etwas zu verstehen, und die Frage sei erlaubt, warum ausgerechnet die kritischen Soziologen, die sich gern über die Verkindlichung (Infantilisierung) der Gesellschaft aufregen und gar nicht übersehen können, wie wohl sich viele ihrer Mitglieder im Zustand der verordneten Unmündigkeit fühlen, an dieser Stelle schweigen und sich mit dem Tippen ihrer Finger begnügen.

Mit der in den Maschinen eingebauten Nutzerfreundlichkeit wurde bereits in den 1940er-Jahren allgemein die große Idee des Fortschritts verknüpft, denn »eine Zivilisation schreitet durch die Zahl der wichtigen Operationen voran, die Menschen ausführen können, ohne darüber nachdenken zu müssen«. So hat es Norbert Wiener, der Vater der Kybernetik, in seinem Buch »Mensch und Menschmaschine« von 1966 zutreffend festgestellt, als er die gesellschaftlichen Folgen der von ihm mit entworfenen neuen Wissenschaft untersuchte, die sich der Nachrichtenübertragung im Lebewesen und in der Maschine widmete. Im Silicon Valley ließ Wieners Gedanke eine Generation später die kommerziell ertragreiche Rede von Technologien aufkommen, »die verschwinden« sollen, indem sie mit dem Alltagsleben verwoben werden und nicht mehr von ihm zu unterscheiden sind. Aus dem Menschen mit seiner Maschine wird die Menschmaschine, die heute in Gestalt des Handyhalters überall zu besichtigen ist. Niemand scheint sich dem Trend entziehen zu können. Man ist heute nichts mehr ohne Handy und kommt ohne seine Hilfe kaum noch um die nächste Ecke – und ich frage mich, wie viele Leser bei der Lektüre dieser Zeilen ihr iPhone parat halten, um jederzeit weiß Gott was für Nachrichten lesen zu können und nur ja nichts zu verpassen.

Gegen das Nichtwissen

Wenn weiter historisch argumentiert werden darf, dann gehört zu einer neuen Aufklärung die Kenntnis, dass die alte Aufklärung die Romantik hervorgebracht hat – nach Newtons Licht kam Hoffmanns Nacht – und mit ihr die Einsicht, dass nicht die Geschichte die Menschen macht, sondern dass die Menschen die Geschichte machen, für die sie anschließend in kausaler und ethischer Hinsicht verantwortlich sind. Nun sollten auch abgebrühte Sozialwissenschaftler verstehen oder einsehen, dass Menschen ihre Geschichte durch Wissenschaft hervorbringen; sie betreiben Wissenschaft als Geschichte. Und damit stellt sich der Gesellschaft eine gigantische Aufgabe, nämlich als neue Aufklärung das Wirken der Wissenschaft so zu vermitteln, dass Menschen sie als diese historische Kraft begreifen können. Es gilt zu lernen und zu verstehen, dass die Gegenwart, die sie erleben, vor allem eine durch Wissenschaft und Technik geprägte Zeit ist, für die alle Menschen verantwortlich sind. Es stimmt, was der französische Philosoph Michel Serres einmal geschrieben hat: »Weder die Wechselfälle der politischen oder militärischen Verhältnisse noch die Ökonomie können – für sich genommen – hinreichend erklären, wie sich unsere heutigen Lebensweisen durchgesetzt haben.« Dies kann nur, wer sich nicht nur nebenbei auf die von Menschen gemachte Geschichte der Naturwissenschaften und ihrer Techniken einlässt und das Werden der aktuellen Zivilgesellschaft unter diesem Gesichtspunkt erfasst. Oder in den Worten meines Lehrers Max Delbrück: »Ich habe schon früh entdeckt, dass man als Wissenschaftler die Welt stärker verändern kann als Caesar. Und während man das tut, kann man ganz ruhig in einer Ecke sitzen.« Neue Aufklärung heißt, dass man diesen Satz ernst nimmt und sein Verständnis der Gegenwart danach ausrichtet.

Dies geschieht viel zu wenig, und so steckt das Verständnis für Wissenschaft wie ein schwarzes Loch in der Mitte der Gesellschaft, und diese Metapher ist so wörtlich gemeint, wie sie klingt. Denn zu dem so bezeichneten Endzustand von Materie gehört ein Ereignishorizont, dem man sich bestenfalls nähern und den man nicht überschreiten kann, da an ihm die Zeit stillsteht wie in mancher Amtsstube. Erst dahinter spürt man die Sogwirkung der geballten und implodierten Materiemenge, die zu schwarzen Löchern führen kann. Wer über sie redet, steht außerhalb dieses Ereignishorizonts. Und was die Wissenschaft angeht, so steht das Publikum ebenfalls noch außerhalb der genannten Grenze. Es spürt die Anziehungskraft der Wissenschaft nicht. Noch nicht. Aber alles führt zu ihr hin, wie Tag für Tag deutlicher wird. Menschen lassen sich durch Grenzen nicht aufhalten. Sie bilden die biologische Spezies, deren Mitglieder Grenzen zuerst erkennen und dann überwinden oder zumindest überwinden wollen.

Es ist merkwürdig: Die moderne Wissenschaft ist zwar wirkungsmächtiger als in den 1960er-Jahren geworden, aber damals zeigte sich mehr Mut zu großen Zukunftsprojekten. In dieser Zeit des Aufbruchs zum Mond erfreuten sich die emsigen Futurologen großer Aufmerksamkeit. Sie wollten die Geschichte hinter sich lassen und nur nach vorne blicken, um den neuen Menschen zu schaffen, wie sie stolz verkündeten. Dies klang zwar mutig und wirkte verwegen, führte deshalb aber trotzdem nicht zum Ziel, wie sich unter anderem mit einer Besonderheit der Aufklärung verständlich machen lässt. Deren Grundprinzip kann man nämlich so formulieren, dass Menschen erst vernünftige Fragen über die Welt stellen und dann mit ihrem eigenen Verstand vernünftige Antworten darauf geben. Und wenn diese bekannt sind, kann man die Zukunft so gestalten, wie man will, und das heißt, man handelt so, dass die Menschen letztlich Glück empfinden und ein zufriedenstellendes Leben führen können. Das war das Programm der Aufklärung. Ihren Betreibern ist nicht in den Sinn gekommen, was die Romantiker nach ihnen gesehen und gespürt haben und was die Wissenschaft mit dem 20. Jahrhundert erfahren musste: dass nämlich vernünftige Antworten auf vernünftig gestellte Fragen bisweilen zu Widersprüchen führen. Einstein machte diese Erfahrung als Erster, als er merkte, dass Licht sowohl Welle als auch Teilchen sein kann.

Es ist nicht zu übersehen, wie hilflos Zeitgenossen wären ohne Radio und Fernsehen, ohne Fernbedienung und Funkuhr, ohne Computer und Handy, ohne Auto und Flugzeug, ohne Kühlschrank und Küchenlicht, ohne Stahl und Styropor und ohne alle anderen Bequemlichkeiten, die ihnen zur Verfügung stehen. Hier wird nicht vorgeschlagen, die Einzelheiten der Technikgeschichte zur Kenntnis zu nehmen, die etwa von der Dampfmaschine über den Verbrennungsmotor zu einer mit Tankstellen und Autowerkstätten ausgefüllten Infrastruktur geführt haben. Vielmehr geht es darum, über den menschlichen Antrieb nachzudenken, der diese historische Entwicklung überhaupt in Gang gebracht hat. Er besteht bis heute unvermindert fort und wird weitere Neuerungen und Verbesserungen hervorbringen, auch wenn das individuelle Leben dadurch mehr Komplexität verkraften und sich immer wieder anpassen muss. Die Romantik, die auf die Aufklärung geantwortet hat, kennt als zentrale Einsicht, dass alles Bewegung ist, dass es nur Bewegung (Werden) gibt, weil Menschen unausgesetzt schöpferisch tätig sind und sich und die Welt immer neu erschaffen – und mit ihr die Aufklärung, die dazugehört.

Eine neue Wissenschaft

Es ist gesagt worden, dass das Anthropozän durch dramatische Entwicklungsschübe im Anschluss an den Zweiten Weltkrieg eingeläutet wurde. Als die Menschen Atombomben bauten, das Wirtschaftswachstum Unmengen an Energie verschlang und die Fließbänder in den Fabriken nicht mehr stillstanden, da meldete sich eine neue Idee zu Wort, die mindestens so wirkmächtig wurde wie die Idee des Anthropozäns. Die Idee kam Mitte der 1940er-Jahre sowohl in der Nachrichtentechnik als auch in den Lebenswissenschaften auf und dominiert beide Bereiche heute ebenso wie das gesamte öffentliche Leben. Bekannt wurde sie unter dem Namen »Information«, und ihre systematische Verbreitung und Anwendung hat in der Zwischenzeit zu dem geführt, was man Digitalisierung nennt. Tatsächlich zeigt sich im Anthropozän eine digitale Welt, die eine Fülle von datenverarbeitenden Maschinen hervorgebracht hat. Mit ihrer Hilfe können Menschen weltweit ihr Wissen teilen. Die als Internet bekannte Vernetzung von allen erdenklichen Informationsmaschinen und Wissensspeichern ermöglicht der Forschung eine völlig neue Art, Wissen zu generieren. Man spricht bereits von der neuen Ära einer »vernetzten Wissenschaft« und staunt über die »Weisheit der Menge«, die in der Lage zu sein scheint, die kollektive Intelligenz der Menschheit zu verstärken. Als Beispiel kann auf das sogenannte Polymath-Projekt hingewiesen werden, bei dem der mit vielen Preisen ausgezeichnete Mathematiker Timothy Gowers ein von der Fachwelt noch ungelöstes Problem ins Netz stellte. Nach einem schleppenden Anfang meldeten sich fast 30 Nutzer zu Wort, die annähernd 1000 Kommentare schrieben, wobei es nicht nur gelang, das ursprüngliche Problem zu lösen, sondern auch ein schwierigeres, das die Originalfrage als Spezialfall enthielt.

Die Digitalisierung fördert neues Wissen zutage, wobei sich viele profitierende Disziplinen neben der Mathematik finden lassen, zum Beispiel die Molekularbiologie mit der Genomforschung, die von Anfang an nicht ohne die Speicherkapazitäten der immer zuverlässigeren Computer ausgekommen wäre. Was die neuen Lebenswissenschaften an Informationen generieren, findet sich weniger in den Köpfen und mehr in einer zunehmenden Zahl von Genbanken, und diese Datenspeicher stehen als Open Source allen Menschen in aller Welt zur Verfügung. Sie können auf diese Weise in großer Zahl versuchen, aus den Informationen das Wissen zu machen, das für das Leben und die Welt relevant ist.

In dem Zusammenhang öffnet sich die Wissenschaft der Allgemeinheit und bietet jedem Einzelnen die Möglichkeit, sich auf unterschiedliche Weise an der Suche nach neuem Wissen zu beteiligen. Dieser Wandel ist inzwischen als »Bürgerwissenschaft« in die Literatur eingegangen, nachzulesen etwa auf der Online-Plattform »Bürger schaffen Wissen«. Es geht dabei nicht nur um die private Beobachtung von

Störchen oder die persönliche Analyse von Strandfunden. Erwünscht ist ebenso, dass die Bürger mit ihrer erfreulichen Neugierde an echten Forschungsvorhaben mitwirken, zum Beispiel bei der Sichtung und Begutachtung der Millionen Bilder, die im Rahmen der digitalen Durchmusterung des Himmels aufgenommen werden und online im »Sloan Digital Sky Survey« zu finden sind. Die Astronomen haben die vielen Aufnahmen seit 2007 in einem allgemein zugänglichen »Galaxy Zoo« zusammengestellt, und einigen Amateurbeobachtern fiel tatsächlich ein auf den Bildern zu erkennender blauer Fleck auf, der den Experten offenbar entgangen war. Die Farbtupfer haben sich inzwischen als seltenes Echo eines Quasars erwiesen, und das Phänomen wird nun intensiver unter die Lupe genommen.

Es erscheint auf diese Weise durchaus möglich, dass durch die Bürgerbeteiligung sogar das Wissen zustande kommt, das Menschen brauchen, um die Welt zu retten. Auf jeden Fall kann diese offene Art der Forschung nur dazu führen, dass sich mehr Menschen für das naturwissenschaftliche Wissen interessieren und dieses zu einem Bildungsgut machen, mit dem der Gesellschaft das gewohnt angenehme Leben auch in Zukunft möglich sein wird.

Wenn Wissen die Welt retten soll, muss es aus den Laboratorien auf den Markt gelangen, und dieser Schritt führt durch die Räume der Politik, in denen sich manch ein Hindernis auftürmt. Wenn etwa Mediziner verlangen, Impfungen gegen Masern durchzuführen, dann werden sich aus einigen Parteien Stimmen erheben, die den Bürgern freie Entscheidungen auch in dieser Frage überlassen wollen. Und wenn die Wissenschaft verlangt, dass CO_2-Emissionen zurückgefahren werden, melden sich Lobbyisten und andere Gruppen zu Wort, die auf Arbeitsplätze verweisen und jede nutzbringende Aktion verhindern. Vielleicht lassen sich berufsmäßige Skeptiker oder ängstliche Eltern durch die neuen Wege überzeugen, auf denen seit den Tagen der Digitalisierung das Wissen erworben und erweitert wird. Es scheint, die Welt steht in der derzeitigen Krise am Anfang eines Weges, auf dem Wissen auf bislang unerschlossene Weise zustande kommt. Menschen erfinden das Erfinden und das Sammeln des Wissens neu und verwandeln dabei die erfassten

Informationen in ein lebendiges Gebilde, mit dem sich nicht nur besser verstehen lässt, wie das Universum funktioniert und wie mittendrin eine Wohnstätte für die Menschen entstehen konnte. Mit der vernetzten Wissenschaft wird man auch besser sehen, wie sich die kritischen Probleme behandeln lassen, die ein Weiterleben bedrohen. »Was alle angeht, können nur alle lösen«, heißt es in Friedrich Dürrenmatts Drama »Die Physiker«. Der Satz besticht durch seine Prägnanz und greift dennoch zu kurz. Was alle angeht, können nur dann alle lösen, wenn sie zusammen wissen, was es denn genau ist, was alle angeht – im konkreten Fall der Klimawandel auf der Erde und die Ahnungslosigkeit in den Köpfen der Menschen. Erst wenn breite Schichten der Bevölkerung über die nötigen Kenntnisse verfügen und wenn sie selbst herausgefunden haben, welche Aufgaben zu lösen sind und mit dem verfügbaren Wissen auch tatsächlich gelöst werden können, werden sie einsehen, was zu tun ist. Und dann werden sie auch gemeinsam zur Tat schreiten. Menschen sind schließlich allesamt Überlebenskünstler.

Am Ende
Bleibendes Wissen

»Der Schock des Alten« – so lautet der Titel eines Buches, in dem der britische Historiker David Edgerton darstellt, wie sich »Technologie und globale Geschichte seit 1900« gemeinsam entwickelt haben. Edgertons eindringlicher Vorschlag besteht darin, nicht ständig nur auf die aufsehenerregenden technischen Errungenschaften des 20. Jahrhunderts zu starren. Die weltumspannende Stromversorgung, die Luftfahrt, die Kernkraft, der Transistor, der Laser, das Überschallflugzeug, die Gentechnik, das iPhone oder das Internet sind zweifelsfrei Sensationen, die uns in ihren Bann ziehen, aber zum Gesamtbild gehören auch unscheinbarere Erfindungen: das Wellblech, die Insektizide, der Kühlschrank, der Zement, die Rikschas, das Telefon, das Küchenmesser und eine Menge anderer Dinge, ohne die sich viele Menschen – einschließlich des Autors – ihr Leben nicht mehr vorstellen können. Man sollte eine Geschichte der Technik und des Wissens nicht erzählen, indem man anführt, was einzelne Menschen erfinden und ersinnen oder ersonnen und erfunden haben, sondern indem man zeigt, welches Wissen viele Menschen durchgängig im Alltag einsetzen und zum allgemeinen Gebrauch gewählt haben. Und wer das tut, der erlebt den Schock durch das Alte, vor allem durch das alte Wissen, das bleibt und bleibt und bleibt. Dazu zählen das kleine und das große Einmaleins, die traditionellen Kenntnisse über die Wirkung von Pflanzen und das Leben von Bäumen nebst ganz elementaren Kenntnissen aus den Wissenschaften. Organismen bestehen nach wie vor aus Zellen, und immer noch gilt, dass Energie weder erzeugt noch vernichtet werden kann, auch wenn Politiker manchen Energieformen gerne das Attribut »erneuerbar« zuschreiben. Bei allem Verlangen nach wissenschaftlichen und wirtschaftlichen Innovationen lohnt es sich, den Wert des Alten im Auge zu behalten. Wo nur das Neue gilt, wächst vor allem das Alte, wie es allein schon die Logik gebietet. Sobald das Neue nämlich da ist, wird es zum Alten, und man sehnt sich nach noch Neuerem.

Edgertons Buch beginnt mit einem Zitat aus Bertolt Brechts Gedicht »Parade des alten Neuen« aus dem Jahr 1939: »Ich stand auf dem Hügel, da sah ich das Alte herankommen, aber es kam als das Neue. Es kroch heran auf neuen Krücken, die man nirgends je gesehen hatte, und stank nach neuen Dünsten der Verwesung, die man nirgends je gerochen hatte.« Natürlich gibt es ab und zu etwas Neues unter der Sonne. Leider gehört das menschliche Denken über das Neue nicht dazu. Es ist sogar so alt, dass man sich schämen sollte. Seit dem 19. Jahrhundert zirkuliert zum Beispiel unverändert die Ansicht, dass Erfinder ihrer Zeit voraus sind und ihre Hervorbringungen die menschliche Gesellschaft unvorbereitet treffen, sie sogar überfordern. Möglicherweise hat es solche Ideen und Erfindungen gegeben. Aber sie sind bald gescheitert. Darüber ist viel zu wenig bekannt, denn die Geschichte der Verlierer schreibt niemand auf. Leider erzählt hierzulande auch kaum jemand die Geschichte der Sieger, also der Dinge, die sich tatsächlich durchgesetzt haben und in stetem Gebrauch sind – Motoren, Laser, Transistoren, Airbags. Gesellschaften gieren offenbar nach dem Neuen und wollen nicht wissen, woher das Alte kommt, selbst wenn es sie überrennt. Vielleicht sollten sich die Menschen besser mit ihm anfreunden. Sie brauchen es die ganze Zeit und führen ihr Leben mit seiner Hilfe.

Übrigens – einer der größten Erfolge, die man unter der Überschrift »Technologie und globale Geschichte« vermelden könnte, handelt von der Kombination Laser und Blech. Für den Außenstehenden klingt das zunächst so, als ob eine neue Technik an ein altes Material verschwendet würde. Doch wer so denkt, übersieht die charakteristische Eigenschaft unserer vielfältig durch sogenannte Innovationen geprägten Gesellschaft: Menschen wollen das Neue, aber sie leben von und mit dem Alten – etwa mit den Wellblechen, mit denen sich alles Mögliche konstruieren lässt, nicht zuletzt Ganzmetallflugzeuge, und zwar schon seit bald 100 Jahren. Vielleicht besteht der wichtige und wahrlich humane Fortschritt darin, das gute Alte – das Blech – mit dem ebenfalls guten Neuen – dem Laser – zu kombinieren. Auf diese Weise bekommen die Menschen die bessere Welt, für deren Erreichen einige von ihnen Wissenschaft und Technik zu Beginn der Neuzeit erfunden haben. Maschinenbauer zeigen, dass der Plan aufgeht.

Wenn es auch gilt, das Alte zu bewahren, so sollte sich niemand daran hindern lassen, es von Zeit zu Zeit zu erneuern. Zu den großartigen Errungenschaften der vergangenen Jahrhunderte gehört die Verleihung der Nobelpreise für die Wissenschaften, deren Überreichung kurz vor Weihnachten in Stockholm wie ein Mysterienspiel inszeniert und durch den schwedischen König geadelt wird. Als Alfred Nobel sie in seinem Testament von 1895 der Welt schenkte, wollte er Forscher auszeichnen, die etwas »zum Nutzen der Menschheit« beigetragen hatten. Im ausgehenden 19. Jahrhundert lag es nahe, dabei an die Disziplinen Physik, Chemie und Physiologie oder Medizin zu denken, und so erfolgreich das ganze Unternehmen der seit dem Jahr 1901 von der Nobel-Stiftung vergebenen Preise agiert, die Menschen, die in der digitalisierten Welt des Anthropozäns etwas für den Nutzen der Menschheit tun oder zur Rettung der Welt beitragen, arbeiten nicht mehr unbedingt in Universitäten oder Akademien und auch kaum noch in den Laboratorien der Physiker, Chemiker oder Physiologen. Als der Theologe Adolf von Harnack um 1900 gefragt wurde, was denn mit der deutschen Philosophie sei, warum es keine großen Denker mehr im Kaiserreich gebe, da meinte der weise Mann: »Natürlich gibt es noch große Philosophen, nur arbeiten sie jetzt in einer anderen Fakultät, und sie heißen Planck und Einstein.«

Die Wahrnehmung der Welt

In diesem Buch wird zum einen angenommen, dass es nach wie vor Menschen gibt, die zum Nutzen der Welt tätig sind – wie Nobel es wollte – und über ihre Rettung nachdenken, und zum Zweiten soll der

Vorschlag unterbreitet werden, sie künftig mit dem Nobelpreis auszuzeichnen, da diese Würdigung die Preisträger in den Blickpunkt der Öffentlichkeit bringt, der sie dann auch etwas zu sagen haben. Das Hindernis für diesen Weg stellt die Satzung der Nobelpreisstiftung dar, die dahin gehend geändert werden müsste, dass nicht mehr Vertreter der im 19. Jahrhundert festgelegten Disziplinen im Dezember nach Stockholm eingeladen werden, sondern man sich an den ursprünglichen Sinn des Preises und den Wunsch seines Stifters erinnert, Personen auszuzeichnen, die sich um das Gute auf dieser Welt verdient machen – wie Literaten und Friedensinitiativen zum Beispiel – und umsetzbare Gedanken zu diesem Thema vorlegen. Die auf diese Weise zu ehrenden und vornehmlich säkularen Bewahrer der Schöpfung muss man im 21. Jahrhundert wie Harnack um 1900 in anderen Fakultäten als den bisher berücksichtigten suchen. Die Retter oder Bewahrer der Welt kommen nicht mehr aus den Reihen der bislang erfolgreichen naturwissenschaftlichen Disziplinen, sondern aus dem Kreis der genuin interdisziplinär Nachdenklichen, zu deren ersten Helden Planck und Einstein gehören. Sie kommen, wenn man so will, aus der Gemeinschaft der Philosophen, vorausgesetzt, man versteht unter Philosophie etwas anderes als die Scharmützel und Gefechte um ethische Vorschriften für wissenschaftliches Tun und die Sorgen um die angeblich durch Naturgesetzlichkeiten bedrohte menschliche Freiheit. Gemeint sind also eher solche Philosophen, die sich mit ihrem Denken an der großen Aufgabe versuchen, die Carl Friedrich von Weizsäcker in einem Buchtitel einmal »Wahrnehmung der Neuzeit« genannt hat, denn diese lässt uns klar erkennen, »dass unsere Zukunft nicht gesichert, dass der Friede bedroht ist«. Wünschenswert ist eine Philosophie, die nicht um die in Ethikkommissionen gerne verhandelte Frage kreist, was einer »Wissenschaft für die Zukunft« verboten sein müsste, sondern die fächerübergreifend erörtert, worin – im Gegenteil – deren grundlegende Aufgabe besteht und welches Wissen den Menschen fehlt, um mit den Bedingungen ihrer Existenz und der Natur in Frieden zu leben. »Wissenschaft für die Zukunft« – so lautet der Titel eines Buchs, in dem der Naturphilosoph Klaus Michael Meyer-Abich, ein Schüler Weizsäckers, eigene Vorschläge unterbreitet hat, um das »holistische Denken in ökologischer und gesellschaftlicher Verantwortung« entwickeln zu können, das Menschen befähigt, die »alles entscheidende Frage« beantworten zu können, wie sie in Zukunft leben möchten oder wie sie die Welt bewahren können.

Weizsäcker spricht ausdrücklich vom »Erwachsenwerden der Wissenschaft«. Sie muss den Zusammenhang erkennen, der zwischen dem von ihr gelieferten Wissen und der möglichen Veränderung der Welt besteht. Wichtig ist dabei, dass solch eine Erkenntnis der Verantwortung für das eigene Tun den traditionellen Begriff des Wissens verändern würde. Auf die Frage, wie Wissende zum Handeln kommen, wenn sie den Tatsachen ins Auge sehen, antwortet Weizsäcker mit dem vermeintlichen Augustinus-Wort »Ama, et fac quod vis«. »Liebe und tu, was du willst«, würde man bei der ersten Lektüre übersetzen, doch Fachleute weisen zu Recht darauf hin, dass Weizsäcker den Kirchenvater offenbar aus dem Kopf und folglich leider nicht korrekt zitiert hat. Augustinus hat geschrieben: »Dilige et quod vis fac«, also »Schätze [die Welt und die Menschen] hoch ein, und was du dann tun willst, das tu.« Wer handelt, sollte vorher Gefallen am und im Leben finden und Freude oder auch Liebe zeigen, und das wirft im 21. Jahrhundert die Frage auf, was Menschen an und in ihrer Welt oder Umwelt lieben können und wie man es erreichen kann, dass mehr von der Hochachtung zu spüren ist, auf die Augustinus ebenso wie Carl Friedrich von Weizsäcker ihre Hoffnungen richten.

In diesen Fällen bekommen die Menschen schon lange keine Auskunft mehr aus den naturwissenschaftlichen Laboratorien, so wichtig und maßgebend das dort Erreichte und Begriffene für die Menschen ist und bleibt. In diesen Fällen kann aber eine interdisziplinär betriebene Philosophie helfen, wie sie zum Beispiel Jürgen Mittelstrass in seinen Betrachtungen über die »Schöne neue Leonardo-Welt« entfaltet, in denen er unter anderem fragt, ob es »Grenzen des Wissens« gibt und was man unternimmt, wenn man davorsteht. Das nötige Nachdenken kann sich auch auf den »Sinn des Denkens« einlassen, wie es der Philosoph Markus Gabriel in einem Buch mit ebendiesem Titel unternimmt. Darin stellt er das Denken gleichberechtigt neben die Sinnesvermögen des

Menschen. Sie machen zusammen die Weltwahrnehmung aus, die als humane Fähigkeit in der Neuzeit vernachlässigt worden ist, obwohl sie mehr Aufmerksamkeit verdient hat.

Wahrnehmung heißt auf Griechisch »aisthesis«, was im Laufe der Geschichte den Begriff der Ästhetik hervorgebracht hat, der heute eher mit der Kunst als mit der Wissenschaft in Verbindung gebracht wird. Ausgerechnet als Darwin im 19. Jahrhundert seine segensreichen Überlegungen zu Papier brachte, zog sich der Begriff des Ästhetischen in die Kunst zurück. Die Philosophie – unter der Führung von Georg Wilhelm Friedrich Hegel – erlaubt es der Natur nicht mehr, schön zu sein. Ihre Schönheit konnten nur Kunstwerke zeigen, die nun zum Terrain der Ästhetik werden, was dem Erkenntnisbemühen der Menschen nicht unbedingt zuträglich war. Noch im 18. Jahrhundert hatte Alexander Gottlieb Baumgarten in Frankfurt an der Oder versucht, eine selbstständige Theorie des sinnlichen Erkennens von Natur zu entwerfen, die er »Aesthetica« nannte und die im Kollegenkreis, zum Beispiel bei Kant, leider auf wenig positive Resonanz stieß. Dabei vertrat Baumgarten eine Auffassung, die heute wieder sehr en vogue ist. Er war der Ansicht, dass Menschen einem Irrtum unterliegen, wenn sie annehmen, dass mathematische und logische Strukturen ausreichen, um den gesamten Reichtum der wahrnehmbaren Erscheinungen erfassen zu können.

Wenn Baumgarten über die wahrgenommene Schönheit spricht, dann meint er damit auch so etwas wie die Vollkommenheit, von der bei den frühen Alchemisten, den Vorgängern der Wissenschaftler, die Rede war. Die Vollkommenheit muss aber in Freiheit existieren, um schön zu wirken, wie viele ästhetische Theorien konstatieren und wie es zum Beispiel in Friedrich Schillers Werk »Über die ästhetische Erziehung des Menschen« nachzulesen ist. Es lohnt sich auf jeden Fall, Natur wieder durch das Schöne in ihr wahrzunehmen, vor allem weil Menschen heute vielfach nach moralischen Grundsätzen im Umgang mit der Natur suchen, auch um sie retten zu können. Tatsächlich gehen wir seit Aristoteles davon aus, dass es so etwas wie ästhetische Grundlagen von Moral gibt. Schließlich zeigt die Wirklichkeit ihren Wert durch ihre Schönheit. Das betont die Romantik, und die Menschen wissen es aus sich heraus, auch wenn ihnen dies niemand sagt oder beibringt. Das Naturschöne, wenn es denn wahrgenommen wird, fordert die unmittelbare Achtung des Betrachters und weckt seine Scheu und Zurückhaltung. Mit diesen Vorgaben kann etwas gelingen, was gemeinhin als ausgeschlossen gilt, nämlich die Kluft zwischen Sein und Sollen zu schließen oder zu überwinden.

Die Kluft zwischen Sein und Sollen, diese dogmatische Setzung der alten Schule einer wertfreien Wissenschaft, die keine Brücke zwischen diesen Bereichen sieht, existiert für den wahrnehmenden (ästhetisch orientierten) Menschen nicht. Es wissen alle Eltern, die ihre Kinder ansehen, dass sie sie nicht allein lassen können, dass sie ihnen bei vielen Gelegenheiten helfen müssen und für sie verantwortlich sind. Sein und Sollen sind in der Erscheinung eines neugeborenen Kindes untrennbar miteinander verbunden, wie Hans Jonas in seinem »Prinzip Verantwortung« geschrieben hat. Er findet »das elementare ›Soll‹ im ›Ist‹ des Neugeborenen«, dessen bloßes Atmen die Mitmenschen dazu auffordert, sich seiner anzunehmen. Diese Einsicht fasst Jonas in dem schönen Satz zusammen: »Sieh hin, und du weißt.«

»Die Schönheit wird die Welt erretten«

In diesen Tagen machen sich viele Menschen Sorgen um die Zukunft der Natur, die durch den unvermindert anhaltenden Wachstumswunsch von wirtschaftenden Menschen vollkommen entleert und ruiniert wird. Wir gehen verantwortungslos mit der Ressource Natur um, und die Frage lautet, wie dieser Raubbau gebremst oder verhindert werden kann. Wer darüber nachdenkt, wie die Welt zu retten ist – von Menschen und nicht von Göttern –, muss nicht, wie Jonas meint, »Ehrfurcht und Schaudern« wieder lernen, damit diese die Welt vor den Irrwegen der Macht des Wissens schützen. Es geht nicht darum, dass die Ehrfurcht den Menschen ein »Heiliges« enthüllt, etwas »unter keinen Umständen zu Verletzendes«.

Statt in himmlische Höhen zu streben, empfiehlt es sich vielmehr, mit beiden Beinen auf der Erde zu bleiben. Statt die Ehrfurcht vor dem Heiligen anzurufen, gilt es zu lernen, von dem Naturschönen ergriffen zu werden. Der Philosoph Nicolai Hartmann definiert diese Einstellung in seiner Ästhetik durch die Bemerkung, dass sich der wahrnehmende Mensch »des Gefühls nicht erwehren kann, mit einem Schlag von Angesicht zu Angesicht mit dem Wunder der Schöpfung zu stehen«. Für Hartmann ist klar, dass die naturwissenschaftliche Schau ästhetisch faszinierend sein kann, wenn sich der Naturforscher über die Tiefe klar wird, in die das Naturschöne hinabreicht.

Dieses Innewerden könne die Menschen zuletzt moralisch werden lassen. So steht es zwar nicht mehr bei Hartmann, dafür aber beim Poeten Joseph Brodsky, der im Januar 1996 gestorben ist. In einem posthum publizierten Essay heißt es:

»Jede neue ästhetische Realität präzisiert die ethische. Denn die Ästhetik ist die Mutter der Ethik. Die Begriffe ›Schön‹ und ›Nicht-Schön‹ sind zunächst ästhetische Begriffe, welche den Kategorien ›Gut‹ und ›Böse‹ vorausgehen. In der Ethik ist gerade deshalb nicht ›alles erlaubt‹, weil in der Ästhetik nicht ›alles erlaubt‹ ist, zum Beispiel, weil die Farbskala des Spektrums begrenzt ist.«

Am Anfang des wahrnehmenden und sinnlichen Lebens steht nach Brodsky eine ästhetische Wahl, und bei dieser Wahl richten sich Menschen nach der Schönheit, die sie erfassen. Es ist nun diese auf andere Menschen gerichtete Wahrnehmung, aus der moralische Vorstellungen fließen, und es ist diese Wahrnehmung des Schönen, die sinnliche Erkenntnis der Wirklichkeit, auf die es sich zu besinnen gilt. Denn, so schreibt Brodsky:

»Je reicher die ästhetische Erfahrung eines Individuums, desto unbeirrbarer sein Geschmack, desto präziser sein moralisches Urteil, desto größer seine Unabhängigkeit.« Und er fügt hinzu:

»Gerade in diesem eher praktischen als platonischen Sinne muss der Ausspruch Dostojewskijs verstanden werden, ›Die Schönheit wird die Welt erretten‹, oder die Worte von Matthew Arnold, ›Uns wird die Lyrik retten.‹ Es wird wohl nicht mehr gelingen, die Welt zu erretten, aber den Einzelnen kann man immer retten. Der ästhetische Instinkt äußert sich eruptiv, denn selbst, wenn der Mensch nicht weiß, wer er ist und was er in Wirklichkeit braucht, weiß er doch in der Regel, was ihm gefällt und was ihm gegen den Strich geht. Anthropologisch gesehen ist der Mensch, ich wiederhole es, zunächst ein ästhetisches und dann erst ein ethisches Wesen. Deshalb ist die Kunst, und speziell die Literatur, nicht ein Nebenprodukt der Entwicklung der Art, sondern genau umgekehrt. Wenn das, was uns von den übrigen Spezies unterscheidet, die Sprache ist, so muss die Literatur und insbesondere die Lyrik als höchste Form sprachlichen Ausdrucks, vereinfacht gesagt, die Bestimmung unserer Art sein.«

Konkret müssen Menschen aufhören, die Natur als bloße Ressource anzusehen, und anfangen, in ihr mehr das Schöne als das Schadhafte (Naturzerstörung) wahrzunehmen. Es gilt, auch die Zukunft wahrnehmbar zu machen, die für Kinder und Enkel dieselben Möglichkeiten bereithalten soll, die den Menschen in der Gegenwart zur Verfügung stehen. Das Konzept der Nachhaltigkeit bietet dazu eine Chance. Mit ihm und der Besinnung auf das Ästhetische wird die gute Philosophie in dem oben beschriebenen Sinn möglich. Die Menschen brauchen sie schon jetzt – und nicht erst, wenn es zu spät ist. Auf die Eule der Minerva und ihr Losfliegen in der einbrechenden Dämmerung kann nicht mehr gewartet werden. Vielleicht lässt sie sich mit der Aussicht auf einen Nobelpreis für die Rettung der Welt anlocken und bewegen.

Der neue Humanismus

Zu guter Letzt soll gewagt werden, der erwarteten und vielleicht rettenden Form von Philosophie einen Namen oder ein Etikett zu geben, ohne Angst vor den eingangs zitierten Zeilen von Brecht zu haben: »Ich stand auf dem Hügel, da sah ich das Alte herankommen, aber es kam als das Neue.« Das hier vorgeschlagene Neue bekommt die Krücken eines alten Namens, der gerne mit der Renaissance in Verbindung gebracht wird. Gemeint ist der Begriff Humanismus, der die Entfaltung der menschlichen Fähigkeiten durch die Kombination aus erworbenem Wissen und bewährter Tugend meint und es seinen Verfechtern erlaubt, den Weg zu einer besseren Existenzform zu finden. Die Vertreter dieses im Rückblick traditionsreichen und in der Vorausschau optimistischen Denkens könnte man Humanisten nennen, und ihnen gebührt meiner

Ansicht nach ein künftiger Nobelpreis und die damit einhergehende öffentlichen Beachtung und Aufmerksamkeit. Es gilt, das Wissen aus unterschiedlichen Bereichen wie den Natur-, Sozial- und Geisteswissenschaften zu einem bewegten und konsistenten Ganzen zusammenzubringen, und durch diese Einbeziehung oder Konsilienz könnte eine Humanwissenschaft entstehen, die diesen Namen verdient und davon erzählt, wie die Menschen durch das Wechselspiel von Natur und Technik so geworden sind, wie sie jetzt auftreten und sich anpassen und bewegen. Was diese Humanisten vermitteln, könnte man Herzensbildung nennen – »die Ausbildung des eigenen Herzens, damit man die Menschlichkeit anderer Menschen erkennt«, wie der amerikanische Politikwissenschaftler Charles King in seinem Buch über die »Schule der Rebellen« die besondere Hervorbringung des Anthropologen Franz Boas nennt, der davon überzeugt war, dass Menschen die soziale Welt schaffen, in der sie leben und überleben. Und mit dem, was sie erschaffen haben, werden sie weitermachen, und die dazugehörige Welt werden sie bewahren wollen – mit dem Wissen des Herzens.

Natürlich hört oder liest man bei aktuellen oder früheren Philosophen eine Fülle von Einwänden gegen das Bekenntnis, ein Humanist zu sein oder Humanwissenschaft zu betreiben, weil sich mit diesen Bezeichnungen oft nichts Bestimmtes verbinden lässt. Häufig genug trifft das auf die mit allem beschäftigte Philosophie selbst zu, etwa wenn sie sich ohne ein Objekt ihres Nachdenkens präsentiert und meint, mit ihrem Denken für sich bestehen zu können, anstatt zum Beispiel sehr viel konkreter eine Philosophie der Wissenschaft oder des Staates anzubieten, was natürlich entsprechende Fachkenntnisse voraussetzt.

Um diese Bedenken zu zerstreuen, empfiehlt sich an dieser Stelle ein kurzer Blick auf die Korrespondenz zwischen dem Physiker Wolfgang Pauli und dem Seelenarzt Carl Gustav Jung. In einem langen Brief vom 27. Februar 1953 formuliert Pauli seine Gedanken zum Kairos, zum günstigen Zeitpunkt für den Gebrauch des Wissens zum weiteren Werden der Welt, und schlägt im Anschluss an diese Gedankengänge vor, »diese Fragmente einer Philosophie ›kritischen Humanismus‹ zu nennen«. Pauli weist Jung darauf hin, dass Wissenschaft vor allem »Aussagen über den Menschen« machen will, wie er unterstreicht. Deshalb müsse sie in der Neuzeit lernen, dem Willen zur Macht eine »chtonische, instinktive Weisheit« entgegenzusetzen, um sich vor den Gefahren der Atomkraft und der Umweltzerstörung zu retten, wobei sich »chtonisch« von dem griechischen Wort »chton« für die Erde ableitet. Für Pauli drückt die schon zu seiner Zeit beobachtete und inzwischen zunehmende »Vergesellschaftung von Wissenschaft und Macht« aus, »dass dem naturwissenschaftlichen Zeitalter die geistige Kritik abhandengekommen ist«. Auf solch eine Art von Wissenschaftskritik will er mit seinem Vorschlag eines Humanismus hinaus, wie er dem Psychologen Carl Gustav Jung schreibt, der leider in seinem Antwortschreiben vom 7. März 1953 auf Paulis Vorschlag nicht eingeht. Das Schweigen des berühmten Mannes soll aber niemanden daran hindern, Paulis Frage, ob man bei seinem Denken von einem kritischen Humanismus sprechen könnte, mit einem emphatischen »Ja!« zu beantworten. Wäre dem Theologen Harnack Paulis Konzept eines kritischen Humanismus bekannt gewesen, so hätte er vermutlich neben Planck und Einstein auch ihn zu den Philosophen gezählt.

Kritischer Humanismus – das ist der Name für das Denken, das die Welt in der hier vertretenen Sicht braucht, um gerettet und für die Menschen bewahrt zu werden. Ohne die Humanisten fällt sie in die Hände der Transhumanisten, die das Leben des Menschen ohne viel Federlesens transformieren und auf rücksichtslose Weise optimieren wollen, wobei sie sich offenbar keine großen Gedanken darüber machen, dass Menschen nur in Gemeinschaft überleben können und sich eine Gesellschaft nicht so einfach manipulieren lässt wie ihre Mitglieder. Es gilt, sich um eine menschliche Welt zu bemühen, »in der der Mensch sich selbst und seiner Welt freundlich begegnet«, wie Jürgen Mittelstrass mit aller philosophischen Vernunft schreibt. Wenn dieses Alte das Neue wird, können Menschen mit sich selbst zufrieden sein und in sich selbst zur Ruhe kommen. Kritische Humanisten könnten helfen, diese Welt zu schaffen und zu retten. Es gilt, diese Menschen zu finden und auszuzeichnen. Dann wird das Neue, was das Alte war, nämlich das Gute.

Danksagung

Ich danke Axel Bojanowski für seine Anregungen während seiner Zeit als Chefredakteur von »bild der wissenschaft«, die erst zu einem kurzen und dann längeren Aufsatz über die Wunschliste von Robert Boyle geführt haben, ich danke Rüdiger Müller für seine Ermutigungen, daraus ein ganzes Buch für den S. Hirzel Verlag zu machen, ich danke Maximilien Vogel aus Heidelberg für seine vielen Verbesserungen am Text, und ich danke dem Stifter Klaus Wiegandt für seine Durchsicht des ihn erwähnenden Kapitels und allgemein für seine Freundschaft.

Heidelberg, im Februar 2021

Ernst Peter Fischer

Literaturverzeichnis

EIN PROLOG

Fischer, Ernst Peter: Die andere Bildung – Was man von den Naturwissenschaften wissen sollte, Berlin 2001.

Fischer, Ernst Peter: Wie der Mensch seine Welt neu erschaffen hat, Heidelberg 2013.

Fischer, Ernst Peter: Unzerstörbar – Die Energie und ihre Geschichte, Heidelberg 2014.

Grossner, Claus u. a. (Hrsg.): Das 198. Jahrzehnt – Eine Team-Prognose für 1970 bis 1980, Hamburg 1969.

Neubauer, Dieter: Demokrit lässt grüßen – Eine andere Einführung in die Anorganische Chemie, Reinbek 1999.

Rose, Michael R.: Darwins Schatten, Stuttgart 2001.

Renn, Jürgen: The Evolution of Knowledge – Rethinking Science for the Anthropocene, Princeton 2020.

Schwanitz, Dietrich: Bildung – Alles was man wissen muss, Frankfurt am Main 1999.

Zhuangzi: Das Buch der daoistischen Weisheit, aus dem Chinesischen von Viktor Kalinke, Stuttgart 2020.

AM ANFANG

Blumenberg, Hans: Der Prozess der theoretischen Neugierde, Frankfurt am Main 1966.

Brecht, Bertolt: Leben des Galilei, Frankfurt am Main 1981.

Curtius, Ernst Robert: Elemente der Bildung, München 2017.

Elias, Norbert: Wissen und Macht, Gesammelte Schriften Band 17, Frankfurt am Main 2005.

Kreuzer, Helmut: Die zwei Kulturen – Literarische und naturwissenschaftliche Intelligenz, C. P. Snows These in der Diskussion, München 1987.

Musil, Robert: Der Mann ohne Eigenschaften, Reinbek 1977.

Neubauer, Dieter: Demokrit lässt grüßen – Eine andere Einführung in die Anorganische Chemie, Reinbek 1999.

Osterhammel, Jürgen: Die Verwandlung der Welt – Eine Geschichte des 19. Jahrhunderts, München 2009.

Popper, Karl R.: Logik der Forschung, Tübingen [3]1969.

Popper, Karl R.: Auf der Suche nach einer besseren Welt, München 1984.

Rossi, Paolo: Die Geburt der modernen Wissenschaft in Europa, München 1997.

Stehr, Nico; Adolf, Marian: Ist Wissen Macht?, Weilerswist 2015.

EINE LISTE AUS DEM 17. JAHRHUNDERT

Bergdolt, Klaus: Der Schwarze Tod in Europa, München 1994.

Binswanger, Hans Christoph: Geld und Magie, Stuttgart 1985.

Burton, Robert: Anatomie der Melancholie, München 1991.

Cohen, I. Bernard: Revolutionen in der Naturwissenschaft, Frankfurt am Main 1994.

Eckart, Wolfgang: Geschichte der Medizin, Heidelberg ²2005.

Fischer, Ernst Peter: »Wissenschaft rettet die Welt«, in: bild der wissenschaft, Februar 2020, S. 14–24.

Gebelein, Helmut: Alchemie – Die Magie des Stofflichen, München 1996.

Priesner, Claus; Figala, Karin (Hrsg.): Alchemie – Lexikon einer hermetischen Wissenschaft, München 1998.

Rosling, Hans: Factfulness – Wie wir lernen, die Welt so zu sehen, wie sie wirklich ist, Berlin ⁵2020.

Rossi, Paolo: Die Geburt der modernen Wissenschaft in Europa, München 1997.

Sobel, Dava: Längengrad – Die wahre Geschichte eines einsamen Genies, welches das größte wissenschaftliche Problem seiner Zeit löste, München 2010.

Van Doren, Charles: Geschichte des Wissens, München 2000.

Wagner, Lioba: Alchemie und Naturwissenschaft – Über die Entstehung neuer Ideen an der Reibungsfläche zweier Weltbilder, gezeigt an Paracelsus, Robert Boyle und Isaac Newton, Würzburg 2011.

Weinrich, Harald: Knappe Zeit, München 2004.

Zündorf, Uwe: 100 Jahre Aspirin – Die Zukunft hat gerade erst begonnen, hrsg. von der Bayer AG, Leverkusen 1997.

SELBSTBEFREIUNG DURCH WISSEN

Alt, Robert (Hrsg.): Erziehungsprogramme der Französischen Revolution, Berlin 1949.

Bachelard, Gaston: Die Psychoanalyse des Feuers, München 2007.

Bachelard, Gaston: Die Bildung des wissenschaftlichen Geistes, Frankfurt am Main 1987.

Bensaude-Vincent, Bernadette: »Lavoisier: Eine wissenschaftliche Revolution«, in: Michel Serres (Hrsg.): Elemente einer Geschichte der Wissenschaften, Frankfurt am Main 1994, S. 645–686.

Bowler, Peter J.; Morus, Iwan Rhys: Making Modern Science – A Historical Survey, Chicago 2005.

Bury, John B.: The Idea of Progress – An Inquiry into Its Origins and Growth, Teddington 2006.

Condorcet, Marie Jean Antoine de: Entwurf einer historischen Darstellung der Fortschritte des menschlichen Geistes, hrsg. von Wilhelm Alff, Frankfurt am Main 1976 (Suhrkamp Taschenbuch Wissenschaft 175).

Daston, Lorraine: »Condorcet und die Aufklärung«, in: Zeitschrift für Ideengeschichte 1/4 (2007), S. 59–82.

Meyer-Abich, Klaus Michael: Wissenschaft für die Zukunft, München 1988.

Fauvel, John u. a. (Hrsg.): Newtons Werk – Die Begründung der modernen Naturwissenschaft, Basel 1993.

Fischer, Ernst Peter: Kritik des gesunden Menschenverstandes, Hamburg 1988.

Fischer, Ernst Peter: Aristoteles, Einstein & Co., München 2005.

Isaacson, Walter: Benjamin Franklin – An American Life, New York 2003.

Lepore, Jill: Diese Wahrheiten – Geschichte der Vereinigten Staaten von Amerika, München 2019.

Lichtenberg, Georg Christoph: Sudelbücher, Frankfurt am Main 1984.

Matt, Peter von: Öffentliche Verehrung von Luftgeistern, München 2005.

Metz, Karl H.: Ursprünge der Zukunft – Die Geschichte der Technik in der westlichen Zivilisation, Paderborn 2006.

Popper, Karl R.: Auf der Suche nach einer besseren Welt, München 1984.

Serres, Michel (Hrsg.): Elemente einer Geschichte der Wissenschaften, Frankfurt am Main 1994.

Williams, David: Condorcet and Modernity, Cambridge 2004.

WISSENSCHAFT WIRD ZUM BERUF

Brague, Rémi: Die Weisheit des Westens – Kosmos und Welterfahrung im westlichen Denken, München 2006.

Christensen, Dan Ch.: Hans Christian Ørsted – Reading Nature's Mind, Oxford 2013.

Fischer, Ernst Peter: Stille Kräfte, große Fülle – Die Geschichte der Süd-Chemie, München 2004.

Fischer, Ernst Peter: Die aufschimmernde Nachtseite, Lengwil 2004.

Fischer, Ernst Peter: Das große Buch der Elektrizität, Köln 2011.

Fischer, Ernst Peter: Unzerstörbar – Die Energie und ihre Geschichte, Heidelberg 2014.

Fraunberger, Fritz: Illustrierte Geschichte der Elektrizität, Köln 1985.

Geison, Gerald L.: The private Science of Louis Pasteur, Princeton 1995.

Gigerenzer, Gerd u. a. (Hrsg.): Das Reich des Zufalls – Wissen zwischen Wahrscheinlichkeiten, Häufigkeiten und Unschärfen, Heidelberg 1999.

Hamberger, Erich; Pietschmann, Herbert: Energie – Die Essenz von Sein und Leben, Freiburg 2020.

Herre, Franz: Jahrhundertwende 1900, Stuttgart 1998.

Hüppauf, Bernd; Weingart, Peter (Hrsg.): Frosch und Frankenstein – Bilder als Medium der Popularisierung von Wissenschaft, Bielefeld 2009.

Nuland, Sherwin B.: Ignaz Semmelweis – Arzt und großer Entdecker, München 2006.

Osterhammel, Jürgen: Die Verwandlung der Welt – Eine Geschichte des 19. Jahrhunderts, München 2009.

Perrot, Annick; Schwartz, Maxime: Robert Koch und Louis Pasteur – Duell zweier Giganten, Darmstadt 2014.

Plume, Werner: Carl Duisberg – Anatomie eines Industriellen, München 2016.

Rosling, Hans: Factfulness – Wie wir lernen, die Welt so zu sehen, wie sie wirklich ist, Berlin [5]2020.

Schott, Heinz (Hrsg.): Meilensteine der Medizin, Dortmund 1996.

Serres, Michel (Hrsg.): Elemente einer Geschichte der Naturwissenschaften, Frankfurt am Main 1994.

Weber, Max: Schriften 1894–1922 (hrsg. von Dirk Kaesler), Stuttgart 2002.

Weizsäcker, Carl Friedrich von: »Rechenschaft über die eigene Rolle: Als Physiker zwischen Philosophie und Politik« in: ders.: Wahrnehmung der Neuzeit, München 1983.

DER VERLUST DER UNSCHULD

Born, Max: Physik im Wandel meiner Zeit, Braunschweig 1983.

Coulson, Charles A.: Die chemische Bindung, Hirzel, Stuttgart 1969.

Fischer, Ernst Peter: Das Schöne und das Biest, München 1998.

Fischer, Ernst Peter: Der Physiker – Max Planck und das Zerfallen der Welt, München [2]2007.

Fischer, Ernst Peter: Die Hintertreppe zum Quantensprung, München 2012.

Herre, Franz: Jahrhundertwende 1900 – Untergangsstimmung und Fortschrittsglauben, Stuttgart 1998.

Roth, Eugen: Sämtliche Menschen, München 2018.

Szöllösi-Janze, Margit: Fritz Haber (1868–1934) – Eine Biographie, München 1998.

Tallack, Peter (Hrsg.): Meilensteine der Wissenschaft – Eine Zeitreise, Heidelberg 2001.

»DER WEG INS JAHR 2000«

Andel, Tjeerd H. van: Das neue Bild eines alten Planeten, Hamburg 1985.

Blumenberg, Hans: Die Vollzähligkeit der Sterne, Frankfurt am Main 1997.

Carson, Rachel: Der stumme Frühling, München 2005.

Dahl, Roald: Alle Küsschen! – 25 ungewöhnliche Geschichten, Reinbek 2016.

Fischer, Ernst Peter: »Über die Verantwortung der Naturwissenschaftler«, in: Meinhard Claasen (Hrsg.): Internisten und Innere Medizin im 20. Jahrhundert, München 1994, S. 58–74.

Fischer, Ernst Peter: Information – Kurze Geschichte in 5 Kapiteln, Berlin 2010.

Fischer, Ernst Peter: Hinter dem Horizont – Eine Geschichte der Weltbilder, Berlin 2017.

Flexner, Abraham: The Usefulness of Useless Knowledge, Princeton 2017.

Grossner, Claus u. a. (Hrsg.): Das 198. Jahrzehnt – Eine Team-Prognose für 1970 bis 1980, Hamburg 1969.

Grumt Suárez, Holger und Roland: 111 Insekten, die täglich unsere Welt retten, Köln 2019.

Gugerli, David: Wie die Welt in den Computer kam – Zur Entstehung der digitalen Wirklichkeit, Frankfurt am Main 2018.

Jungk, Robert; Mundt, Hans Josef (Hrsg.): Der Weg ins Jahr 2000 – Bericht der »Kommission für das Jahr 2000«, München 1968.

Kevles, Daniel J.; Hood, Leroy (Hrsg.): The Code of Codes – Scientific and Social Issues in the Human Genome Project, Cambridge (Mass.) 1992.

Mandelbrot, Benoît: Schönes Chaos, München 2013.

Mandelbrot, Benoît: Die fraktale Geometrie der Natur, Heidelberg 2014.

Nielsen, Michael: Reinventing Discovery – The New Era of Networked Science, Princeton 2012.

Revelle, Roger, zitiert nach dem Wikipedia-Eintrag Forschungsgeschichte des Klimawandels, Absatz 3.5. Online unter URL: https://de.wikipedia.org/wiki/Forschungsgeschichte_des_Klimawandels (abgerufen am 12.2.2021).

Wagner, Friedrich: Weg und Abweg der Naturwissenschaft, München 1970.

Wiener, Norbert: Mensch und Menschmaschine – Kybernetik und Gesellschaft, Frankfurt am Main 1966.

Wolstenholme, Gordon (Hrsg.): Man and His Future, London 1963.

MUT ZUR NACHHALTIGKEIT

Aegerter, Simon: Das Wachstum der Grenzen – Über die unerschöpfliche Erfindungskraft der Menschen, Zürich 2020.

Bailey, Ronald: »Climate Change: How Lucky Do You Feel?«, in: Reason, Januar 2020.

Cohn-Bendit, Daniel; Mohr, Reinhard: 1968 – Die letzte Revolution, die noch nichts vom Ozonloch wusste, Berlin 1988.

Duarte, Carlos M. u. a.: »Rebuilding Marine Life«, in: Nature, Band 580, Ausgabe vom 2. April 2020, S. 39–51.

Fischer, Ernst Peter; Wiegandt, Klaus (Hrsg.): Evolution – Geschichte und Zukunft des Lebens, Frankfurt am Main 2003.

Fischer, Ernst Peter; Wiegandt, Klaus (Hrsg.): Die Zukunft der Erde – Was verträgt unser Planet noch?, Frankfurt am Main [2]2006.

Gerstengarbe, Friedrich-Wilhelm; Welzer, Harald (Hrsg.): Zwei Grad mehr in Deutschland – Wie der Klimawandel unseren Alltag verändern wird, Frankfurt am Main 2013.

Gertner, Jon: The Ice and the End of the World – An Epic Journey Into Greenland's Buried Past and our Perilous Future, New York 2020.

Grober, Ulrich: Die Entdeckung der Nachhaltigkeit – Kulturgeschichte eines Begriffs, München 2010.

Harper, Kyle: Fatum – Das Klima und der Untergang des Römischen Reiches, München 2020.

Heffernan, Olive: »Help for the High Seas«, in: Nature Band 580; Ausgabe vom 2. April 2020, S. 20–22.

Hepburn, Cameron u. a.: »The technological and economic prospects for CO_2 utilization and removal«, in: Nature, Band 575, Ausgabe vom 7. November 2019, S. 87–97.

ICCP Special Report on the Ocean and Cryosphere in an Changing Climate 2019 – verfügbar unter www.icpp.ch

Manabe, Syukuro; Broccoli, Anthony J.: Beyond Global Warming – How Numerical Models Revealed the Secrets of Climate Change, Princeton 2020.

Martin, Adrian u. a.: »Study the twilight zone before it is too late«, in: Nature, Band 580, Ausgabe vom 2. April 2020, S. 26–29.

McKibben, Bill: »A Very Hot Year«, in: The New York Review of Books, Ausgabe vom 12. März 2020.

Meadows, Dennis L. u. a.: Die Grenzen des Wachstums, Stuttgart [14]1987.

Palmer, Jane: »The pollution detectives«, in: Nature, Band 577, Ausgabe vom 23. Januar 2020, S. 464–466.

Pattyn, Frank; Morlighem, Mathieu: »The uncertain future of the Antarctic Ice Sheet«, in: Sience, Band 367, Ausgabe vom 20. März 2020, S. 1331–1335.

Thompson, Philip D. u. a.: Das Wetter, Reinbek 1970.

Vaughan, Adam: »Will trees save the world?«, in: New Scientist, Ausgabe vom 29. Februar 2020, S. 20.

Wiegandt, Klaus (Hrsg.): Mut zur Nachhaltigkeit – 12 Wege in die Zukunft, Frankfurt am Main 2016.

DAS SYSTEM ERDE

Fischer, Ernst Peter: Die aufschimmernde Nachtseite, Lengwil 2004.

Fischer, Ernst Peter: Brücken zum Kosmos – Wolfgang Pauli zwischen Kernphysik und Weltharmonie, Lengwil ³2014.

Grumt Suárez, Holger und Roland: 111 Insekten, die täglich unsere Welt retten, Köln 2019.

Hepburn, Cameron u. a.: »The technological and economic prospects for CO_2 utilization and removal«, in: Nature, Band 575, Ausgabe vom 7. November 2019, S. 87–97.

Kümmerer, Klaus; Clark, James H.; Zuin, Vania G.: »Rethinking chemistry for a circular economy«, in: Science, Band 367, Ausgabe vom 24. Januar 2020, S. 369–370.

Jeschke, Jonathan M.: Knowledge in the Dark: Scientific Challenge and Ways Forward, Earth-ArXiv Preprints 2018. Online unter URL: https://eartharxiv.org/repository/view/1399/ (abgerufen am 21.2.2021).

Lovelock, James: Gaia, Oxford 2016.

Lovelock, James: Novozän – Das kommende Zeitalter der Hyperintelligenz, München 2020.

Nielsen, Michael: Reinventing Discovery – The New Era of Networked Science, Princeton 2012.

Pascal, Blaise: Wissen des Herzens, Bern 2012.

Renn, Jürgen: The Evolution of Knowledge – Rethinking Science for the Anthropocene, Princeton 2020.

Tournier, V. u. a.: »An engineered PET Depolymerase to break down and recycle plastic bottles«, in: Nature, Band 580, Ausgabe vom 9. April 2020, S. 216–219.

Twain, Mark: Mark Twain's Fables of Man, Berkeley 1992.

AM ENDE

Brodsky, Joseph: On Grief and Reason, New York 1995.

Edgerton, David: The Shock of the Old – Technology and Global History since 1900, Oxford 2007.

Fischer, Ernst Peter: Das Schöne und das Biest – Ästhetische Momente der Wissenschaft, München 1997.

Fischer, Ernst Peter: Brücken zum Kosmos – Wolfgang Pauli zwischen Kernphysik und Weltharmonie, Lengwil ³2014.

Franke, Ursula: »Ist Baumgartens Ästhetik aktualisierbar?«, in: Studia Leibnitiana, Band 6, Heft 2 (1974), S. 272–278.

Gabriel, Markus: Der Sinn des Denkens, Berlin 2020.

Hartmann, Nicolai: Ästhetik, Berlin 1966.

Jonas, Hans: Das Prinzip Verantwortung, Frankfurt am Main 1979.

Jonas, Hans: Technik, Medizin, Ethik – Praxis des Prinzips Verantwortung, Frankfurt am Main 1985.

King, Charles: Schule der Rebellen – Wie ein Kreis verwegener Anthropologen Race, Sex und Gender erfand, München 2020.

Meier, Carl Alfred (Hrsg.): Wolfgang Pauli und C. G. Jung – Ein Briefwechsel 1932–1958, Berlin 1992.

Meier-Abich, Klaus Michael: Wissenschaft für die Zukunft – Holistisches Denken in ökologischer und gesellschaftlicher Verantwortung, München 1988.

Mittelstrass, Jürgen: Schöne neue Leonardo-Welt, Berlin 2013.

Pascal, Blaise: Wissen des Herzens, Bern 1987.

Weizsäcker, Carl Friedrich von: Wahrnehmung der Neuzeit, München 1983.

Personenregister

Bildnachweis

Der Autor

Prof. Dr. Ernst Peter Fischer, einer der renommiertesten Wissenschaftler in der Republik, lehrt Wissenschaftsgeschichte an der Universität Heidelberg und ist Autor zahlreicher Sachbücher, unter anderem des Bestsellers »Die andere Bildung«.